근거 중심의

지역사회영양학

이론에서 현장까지

근거 중심의

지역사회영양학

이론에서 현장까지

초판 발행 2025년 8월 25일

지은이 정효지 · 위경애 · 신상아 · 최슬기 · 전신영 · 하경호
펴낸이 류원식
펴낸곳 교문사

편집팀장·책임진행 성혜진 | **디자인·본문편집** 신나리

주소 10881, 경기도 파주시 문발로 116
대표전화 031-955-6111 | **팩스** 031-955-0955
홈페이지 www.gyomoon.com | **이메일** genie@gyomoon.com
등록번호 1968.10.28. 제406-2006-000035호

ISBN 978-89-363-2694-4(93590)
정가 27,000원

저자와의 협의하에 인지를 생략합니다.
잘못된 책은 바꿔 드립니다.

EVIDENCE-BASED COMMUNITY NUTRITION

근거 중심의
지역사회영양학

이론에서 현장까지

정효지 · 위경애 · 신상아 · 최슬기 · 전신영 · 하경호 지음

교문사

머리말

지역사회영양학은 개인의 건강한 식생활을 넘어서 지역사회의 구성원 모두의 건강증진과 건강 형평성 실현을 목표로 하는 실천적이고 융합적인 학문입니다. 초고령 사회의 도래, 만성질환의 증가, 사회적 약자의 건강 불평등 문제 등 오늘날 우리가 직면한 보건영양 이슈는 점차 복잡해지고 있으며, 이에 대한 해결을 위해서는 지역사회 특성과 과학적 근거에 기반한 통합적 접근이 요구됩니다.

이러한 변화에 능동적으로 대응하고자, 본 교재는 실제 지역사회영양활동 경험을 갖춘 전문가 집필진이 참여하여 개발하였으며, 국내외 최신 건강 · 영양 통계 및 정책 자료를 반영하여 현재 상황에 대한 현실적 이해를 돕고자 하였습니다.

본 교재는 다음과 같은 4개 파트, 총 13개 장으로 구성되어 있습니다.

Part 01. 지역사회영양학의 개요에서는 지역사회영양학의 기본 개념, 우리나라 국민의 건강 및 영양 현황, 그리고 식생활에 영향을 미치는 사회 · 환경적 요인을 다룹니다.

Part 02. 근거 중심의 지역사회영양학에서는 영양과 건강의 관계에 대한 평가 방법, 영양정보의 이해와 활용, 건강행동 이론과 모형을 통해 과학적이고 체계적인 분석 역량을 기를 수 있도록 구성하였습니다.

Part 03. 지역사회 영양사업의 개발, 실행과 평가에서는 요구조사, 프로그램 설계, 실행, 평가의 전 과정을 실무적 활용을 중심으로 제시하며, 학생들이 실제 현장에서 사업을 기획하고 운영할 수 있는 역량을 함양하도록 구성하였습니다.

Part 04. 지역사회 영양정책과 영양사업에서는 국내 주요 영양정책과 사업, 그리고 국제 영양문제와 국제기구 활동을 소개하며, 국내외 지역사회영양활동을 폭넓게 이해할 수 있도록 하였습니다.

각 장에는 학생들이 실제 문제를 분석하고 해결해 보는 다양한 활동과 연습문제를 포함하였으며, 이를 통해 단순한 지식 습득을 넘어 비판적 사고와 실천 역량을 함양할 수 있도록 하였습니다. 이러한 구성은 보건소, 공공기관, 지방자치단체, 학교, 산업체, NGO, 국제기구 등 다양한 진로를 준비하는 식품영양학 전공자들에게 실질적인 도움이 될 것입니다.

본 교재가 여러분의 학문적 성장뿐만 아니라, 건강한 지역사회와 지속가능한 식생활 환경을 만들어가는 전문가로서의 진로 설계에 든든한 길잡이가 되기를 바랍니다. 변화하는 시대에 능동적으로 대응하며, 지역과 세계를 잇는 건강 리더로 성장하는 여러분의 여정을 진심으로 응원합니다.

2025년

저자 일동

차례

CHAPTER 03 식생활에 영향을 미치는 요인 65

PART

02 근거 중심의 지역사회영양학

PART 03 지역사회 영양사업의 개발, 실행과 평가

PART 04

지역사회 영양정책과 영양사업

지역사회영양학에 대한 이해를 돕기 위해 본 파트에서는 지역사회 건강증진을 위한 영양학의 중요성, 지역사회 영양사의 종류 및 활동 범위, 미래의 역할을 살펴본다. 또한 관심 있는 지역사회의 식생활 특성을 이해하는 데 도움을 주고자 우리나라 국민의 식생활 실태 및 식생활과 관련된 건강 문제 현황을 살펴본다. 나아가 개인의 식생활에 영향을 미치는 요인, 식행동 및 식환경의 변화 추세를 확인하여, 지역사회영양활동에서의 활용 방안을 모색한다.

PART 01

지역사회영양학의 개요

CHAPTER 01

지역사회영양학의 이해

과학기술의 발달은 현대인의 생활환경을 빠른 속도로 변화시켰다. 수명 연장 및 저출산으로 인해 인구 구조가 달라졌으며, 이로 인한 생활 방식의 변화로 질병 양상도 크게 변화하고 있다. 각 국가와 지역사회에서는 구성원의 건강을 증진하고 질병을 예방하기 위한 다양한 활동들을 기획하여 실행하고 있으며, 최근에는 빅데이터와 인공지능 등의 첨단기술까지 다양하게 활용되고 있다. 본 장에서는 지역사회 건강증진을 위한 영양학의 중요성을 이해하고, 그 과정에서 영양사의 역할에 대해 살펴보고자 한다.

학 습 목 표

1. 지역사회의 특성을 이해할 수 있다.
2. 지역사회 건강증진을 위한 영양학의 중요성을 파악할 수 있다.
3. 지역사회 영양사의 종류 및 활동 범위를 확인하고, 미래 지역사회 영양사의 역할을 모색할 수 있다.

1. 지역사회의 특성

1) 지역사회의 정의

지역사회community는 공통의 관심사, 우려 또는 정체성을 공유하는 사람들의 집단으로, 공간적으로 연결되어 있을 수도 있고 그렇지 않을 수도 있다. 지역사회 구성원은 그동안 지역사회를 발전시켜 온 신념, 가치관, 규범을 공유함으로써 개인적 · 사회적 정체성을 형성한다. 또한 집단 공통의 필요를 인식하고, 이를 충족하려는 의지를 공유한다.

지역사회를 규정하는 방식에는 크게 지리적 의미, 기능적 의미, 그리고 두 가지 모두를 동시에 고려하는 경우로 나눌 수 있다.

지리적 의미의 지역사회는 행정적 또는 지리적 특성에 따라 구분되며 시(도), 군(구) 등 단위로 주민들과 조직의 지리적 활동 범위에 초점을 맞춘다. 즉, 함께 생활하는 장소를 기반으로 정의된다. 이러한 특성을 기반으로 지리적 지역사회는 다른 지역사회와 구별되는 고유한 특성과 정체성을 가진다.

기능적 의미의 지역사회는 지리적 위치를 배제하고 서로 같은 특정한 이익을 추구하고 동질성을 가지는 공동체의 특성을 강조하여 형성된 집단이다. 건강증진과 질병 예방활동에서는 지역사회를 건강증진활동에 필요한 특징을 기준으로 구분할 수 있다. 예를 들면, 어린이집, 학교, 산업체 등 특정 시간을 함께 공유하는 집단이 이에 해당한다. 가구의 경제력, 개인의 교육 수준과 같은 사회경제적 특성, 혹은 비만이나 고혈압 등의 건강상태, 어린이 · 노인 · 임산부 등의 생애주기별 특성에 따라 분류할 수도 있다. 최근에는 과학기술의 발전으로 유전적 소인, 알레르기 민감성, 마이크로바이옴 특성 등 생물학적 요인에 따른 분류가 가능해졌으며, 디지털 공간을 기반으로 한 새로운 유형의 디지털 지역사회도 등장하고 있다.

지역사회를 건강하게 만들기 위한 활동은 지역사회의 특성을 이해하고 이를 기반으로 활동을 기획하여 실행할 때 효과적이다. 따라서 지역사회의 분류는 필요에 따라 적절하게 조절하여 활용하는 것이 중요하다.

2) 건강을 위한 지역사회활동

지역사회 건강증진활동은 건강상태를 개선하기 위한 지역사회의 집단적 노력을 의미한다. 오타와 헌장에서는 지역사회가 함께 건강 문제의 우선순위를 설정하고, 더 나은 건강 수준을 목표로 전략을 세워서 실행하는 과정을 건강증진의 핵심으로 강조하고 있다. 즉, 지역사회 건강증진활동은 지역사회 구성원들이 스스로 자신의 삶을 결정하는 건강 행동을 통제할 수 있는 역량을 강화하는 과정이라 할 수 있다.

> **오타와 헌장**
> 1986년 11월 캐나다 오타와에서 세계보건기구(WHO)와 캐나다 정부가 공동으로 개최한 제1회 세계건강증진대회에서 건강증진의 정의, 전략, 활동에 대해 발표한 내용임

지역사회 역량강화community empowerment는 다른 사람에 의해 부여되는 것이 아니라 구성원의 노력으로 파트너십, 리더십, 소통, 네트워크 등을 통해 지역사회 통제력을 획득하는 과정이다. 이러한 역량강화는 지역사회 참여community engagement를 통해 이루어진다. 지역사회 참여란 이해관계자들이 함께 건강 문제를 해결할 수 있도록 관계를 구축하고 발전시키는 과정이자 결과이다. 이 과정에서는 주로 정보 제공, 협의, 참여, 협력, 역량강화 등을 통해 참여 수준을 개선한다. 따라서, 효과적인 지역사회 참여를 위해서는 구성원들의 특성(변화의 주체, 이해관계자, 사회관계망)과 현재의 건강증진 역량(기존 활동 방식, 환경, 참여경험, 참여수준, 신뢰수준, 보건 상태, 참여 원칙, 활용 가능한 인프라, 문제 해결 방식 및 능력 등)을 종합적으로 고려해야 한다.

지역사회 참여는 참여 수준, 해결해야 할 문제, 건강증진 대책에 따라 크게 네 가지 수준으로 구분할 수 있다.

- **수준 1. 지역사회 지향(community-oriented)** 지역사회는 강력한 외부 지원을 바탕으로 즉각적인 단기 우려 사항을 해결하는 데 참여하도록 정보를 얻고 동원되어 참여함
- **수준 2. 지역사회 기반(community-based)** 지역사회는 외부 지원을 통해 지역사회 건강증진활동을 기획하고 건강증진서비스 활동에 대한 접근성을 개선하기 위해 협의하고 참여함
- **수준 3. 지역사회 관리(community-managed)** 외부 지원 여부와 관계없이 구성원들이 지역사회 리더와 협력하여 문제 해결의 우선순위를 선정하고 스스로 의사결정을 통해 건강증진활동을 기획하고 실행함

- **수준 4. 지역사회 소유(community-owned)** 지역사회는 파트너 및 외부 자원과 협력하여 자체 거버넌스 시스템을 개발하고, 스스로 문제 해결의 우선순위를 설정하며, 자체 자원을 동원하여 개입을 실행할 수 있고, 지속가능한 건강증진 메커니즘을 개발할 수 있는 역량을 보유함

2. 건강증진과 지역사회영양학

1) 건강증진

WHO는 1948년 건강을 '질병이 없거나 허약하지 않다는 것을 말하는 것이 아니라 신체적, 정신적, 사회적으로 완전히 안녕한 상태에 놓여 있는 것'이라고 정의하였다. 이 정의는 신체적, 정신적, 사회적 측면을 모두 포함하여 포괄적 개념으로 규정하였다. 이후 1957년에는 건강을 '유전적 및 환경적으로 주어진 조건에서 적절한 생체기능을 나타내고 있는 상태'로 정의하며, 건강 유지를 위해 끊임없는 노력이 필요함을 강조하였다.

건강증진은 사람들이 자신의 건강에 대한 통제력을 높이고 개선할 수 있도록 하는 과정이다. 이것은 개인의 기술과 역량을 강화하기 위한 조치뿐만 아니라 사회적, 환경적, 경제적 건강 결정요인을 개선하여, 집단과 개인의 건강에 미치는 영향을 최적화하는 활동을 포함한다.

오타와 헌장에서는 건강증진을 위한 전략으로, 건강에 필수적인 조건을 만들기 위한 건강 옹호advocacy for health to create the essential conditions for health, 모든 사람이 건강 잠재력을 최대한 발휘할 수 있도록 하는 것enabling all people to achieve their full health potential, 그리고 건강을 추구하는 지역사회의 다양한 이해관계를 중재하는 것mediating between the different interests in society in the pursuit of health을 제시하였다. 우선적으로 행동해야 할 건강증진의 다섯 가지 영역으로는 건강한 공공정책 수립, 건강을 위한 지원환경 조성, 건강을 위한 지역사회활동 강화, 개인 기술 개발, 건강서비스 재조정을 들고 있다. 이러한 영역은 조금씩 조정되고 있으나, 현재까지 중요한 영역으로 다루어지고 있다.

WHO는 2016년에 제9차 국제건강증진 컨퍼런스에서 건강을 증진하고 지속가능한 발전을 도모하기 위한 3대 축으로 좋은 거버넌스, 건강정보 이해능력, 건강한 도시와 공동체를 선

정하였다.

- **좋은 거버넌스(good governance)** 모든 사람이 접근 가능한 정책과 거버넌스를 강화하는 것으로, 다양한 건강 결정요인들을 사회 전체의 협업을 통해 해결할 필요가 있다는 논리적 근거에 기반하고 있다. 이를 위한 활동에는 건강을 보호하고 증진할 수 있는 시스템 구축, 보편적 의료보장 도입, 국제 이슈를 해결할 수 있는 글로벌 거버넌스 강화, 전통의학적 가치 제고 등이 있다.
- **건강정보 이해능력(health literacy)** 건강정보 이해능력을 향상시키는 것은 자신의 건강 문제를 개선하는 데 중요한 역할을 할 뿐만 아니라 지역사회 건강증진활동에도 기여하며, 지역사회의 건강형평성 제고에도 책임을 다할 수 있는 기반이 될 수 있다. 이를 위한 활동에는 건강정보 이해능력이 건강의 핵심적 결정요인이라는 인식 제고, 국가적·지역적 전략 마련, 지역사회 구성원의 건강관리능력 향상, 건강한 선택을 장려하는 소비환경 조성 등이 있다.
- **건강한 도시와 공동체(healthy settings)** WHO의 모든 사람을 위한 건강health for all 전략에서 유래한 것으로, 건강한 환경의 핵심요소에는 지역사회 참여, 파트너십, 역량 강화, 형평성 제고 등이 포함된다. 다른 정책과 상호 도움이 되는 정책의 우선 선택, 사회혁신기술 활용, 사회적 평등과 포용 추구, 보건·복지 서비스의 형평성 재정립을 위한 활동을 포함한다.

2) 건강 결정요인

건강에 영향을 미치는 요인은 다양하고 복잡하게 상호작용한다. 일부 결정요인은 수정할 수 없고(예: 나이, 출생지, 유전적 속성 등), 일부 요인은 노력으로 변경할 수 있다.

건강증진은 기본적으로 잠재적으로 변경할 수 있는 건강 결정요인, 즉 개인의 활동과 관련된 요인에 초점을 두며, 개인이나 집단의 통제 범위를 벗어나는 요인들(예: 소득, 교육, 고용, 근로조건, 건강서비스 접근성 등) 중에서 개인의 행동에 영향을 주는 요인들도 함께 다룬다. 건강 결정요인을 해결하기 위한 모든 활동은 건강 형평성 및 자원의 분배와 관련이 있다.

건강 결정요인의 종류는 다음과 같다(**그림 1-1**).

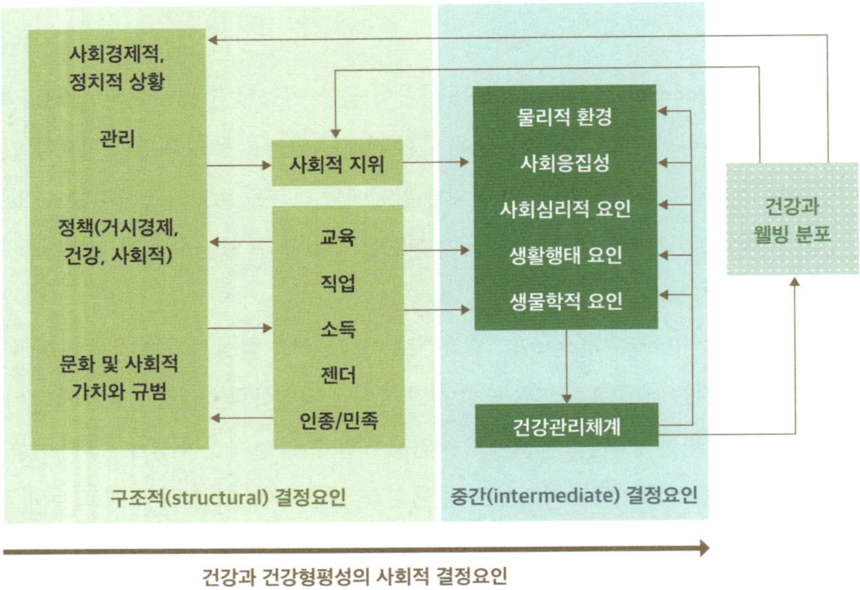

그림 1-1 건강결정요인

- **물리적 환경** 안전한 식수, 깨끗한 공기, 건강한 직장환경, 안전한 주택, 커뮤니티 기반 시설, 도로 등의 요인은 모두 건강에 기여함
- **고용 및 근무 조건** 고용 여부, 근무환경, 근무 조건 통제력에 따라 건강상태가 달라질 수 있음
- **사회적 지원 네트워크** 가족, 친구 및 지역사회 구성원의 지지와 영향은 더 나은 건강행태와 관련이 있음
- **문화** 관습과 전통, 가족과 지역사회의 신념은 건강에 영향을 미침
- **건강 서비스 및 정책** 질병을 예방하고 치료하는 서비스의 접근성 및 이용 가능성은 건강에 영향을 줌
- **개인적 행동 및 대처 기술** 균형 잡힌 식사, 활동적인 생활, 흡연, 음주, 삶의 스트레스와 도전에 대처하는 방법은 모두 건강에 영향을 미침
- **소득 및 사회적 지위** 소득과 사회적 지위에 따라 건강상태가 달라질 수 있음
- **교육 수준** 낮은 교육 수준은 건강 정보 이해능력에 영향을 줄 수 있고, 소득 수준과 연계되어 건강상태에도 영향을 줄 수 있음

- **성별과 연령** 남성과 여성은 서로 다른 연령대에서 다른 유형의 질병을 겪을 수 있음
- **유전** 수명, 건강 및 특정 질병에 걸릴 가능성에 영향을 미침

3) 지역사회영양학

영양학은 식품을 통해 우리 몸에 필요한 영양소와 성분을 섭취하고 이용하는 과정을 다루는 생명과학 분야로, 식품 · 음료 · 보충제 등을 통한 섭취, 소화, 흡수, 이용, 배설되는 전 과정을 다룬다.

사람은 우리 몸에 필요한 영양소를 충분히 공급하기 위해 적절하게 식품을 섭취해야 한다. 식품으로 섭취한 영양소와 성분들은 뇌, 근육, 뼈, 신경, 피부, 혈액순환 및 면역체계를 유지하고 기능하는 데 사용된다.

적절한 영양공급은 성장 발달과 건강 유지에 필수적인 요소이며, 더 나은 영양상태는 건강증진에 중요한 역할을 한다. 이는 특히 영유아, 어린이, 임산부의 건강, 면역체계 강화, 안전한 임신과 출산, 비 전염성 질환의 위험성 저하, 감염성 질환의 예방, 건강 수명 등 밀접한 관련이 있다. WHO에서도 기아와 영양불량으로부터 자유로운 것은 인간의 기본권리이며, 모든 지속가능발전목표Sustainable Development Goals, SDGs와도 직 · 간접적으로 연계되어 있다고 명시하였다.

지역사회 영양문제를 해결하기 위해서는 개인 수준뿐만 아니라 집단 수준에서도 동시에 접근하는 것이 더 효과적이라는 인식이 대두되면서, 영양정보의 사회환경적 활용 방안을 적극적으로 도입하게 되었다. 따라서, 더 많은 지역사회 구성원이 건강증진을 위해 영양정보를 활용할 수 있으려면, 지역사회의 특성을 고려한 환경 개선 접근전략이 필요하다. 이를 위해 영양학 정보를 다른 학문 분야(예: 사회, 경제, 문화, 정책, 교육 등)와 통합하여 인구집단 특성에 적합한 문제 해결전략을 수립해야 한다. 즉, 지역사회 건강증진활동의 효과를 높이기 위해서는 다양한 부문과의 협력이 필수적이며, 이와 같은 다학제적 · 통합적 접근은 지역사회 영양학의 기본개념이다. 즉, 지역사회영양학은 영양학적 정보를 지역사회 구성원들이 효과적으로 활용할 수 있도록 다분야 협력 방안을 연구하는 학문이다.

4) 지역사회영양학의 활용

지역사회영양활동은 식생활 관리를 통해 지역사회 구성원의 건강증진과 질병 예방이라는 공통된 요구를 충족하기 위한 활동이다.

지역사회 식생활 개선활동은 전통적으로 개인의 식행태 개선에 초점을 두지만, 최근에는 효과를 높이기 위해 개인의 식행태에 영향을 주는 사회환경적 요인을 함께 다루고 있다. 따라서 개인의 건강정보 이해능력을 높이고 실천 역량을 강화하는 활동과 함께, 사회생태학적인 접근을 통해 식품안정성food security, 식품위생food safety, 영양관리nutritional management의 결정요인과 관련성이 높은 정책, 서비스, 자원, 정보에 대한 접근성을 함께 다룬다.

지역사회영양활동의 대상은 지역사회의 모든 구성원, 그리고 이들이 속한 조직과 환경을 포함한다. 지역사회 구성원에는 건강한 사람부터 질병의 위험요인을 가진 사람, 질병을 앓고 있는 사람, 회복한 사람까지 모든 유형이 존재하며, 특정 개인과 집단, 그리고 그들이 속한 조직 모두가 포함된다.

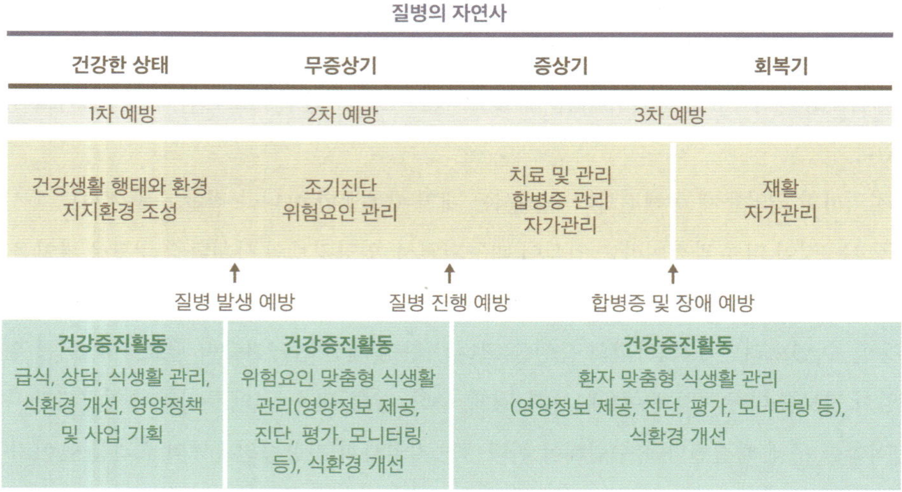

그림 1-2 질병단계별 건강증진활동 대상 및 역할

지역사회 건강증진을 위한 영양개선 활동의 예는 다음과 같다(**그림 1-2**). 건강한 구성원을 대상으로 한 건강증진활동은 주로 급식 제공이나 영양정보 전달을 통해 건강을 유지하고 증진하는 데 초점을 맞춘다. 무증상이지만 위험요인을 가진 구성원을 위한 활동은 보건소 또는 병원에서 건강검진 담당 영양사들이 위험요인을 개선하기 위한 상담과 지원을 제공하는 활동이다. 또한 증상기와 회복기의 구성원을 위해서는 임상영양사 또는 맞춤형 영양관리 전문영양사가 직접 영양관리 서비스를 제공할 수 있다. 그뿐만 아니라 지역사회 구성원 전체를 위한 정책이나 사업을 기획하고 평가하는 업무에는 보건영양사가 중요한 역할을 할 수 있다.

지역사회영양학과 보건영양학은 모두 영양학적 정보를 활용한다는 점에서 유사하지만, 다루는 주제와 영역에는 차이가 있다. 보건영양학은 모든 지역사회의 건강 및 영양상태를 모니터링하고, 질병 예방과 건강증진을 위해 정책 및 환경 개선에 초점을 두고 있다. 이 과정에서 다양한 부문의 협력을 위한 파트너십과 리더십이 중요하다. 반면, 지역사회영양학은 특정 지역사회의 고유한 영양 요구를 충족시키기 위해 맞춤형 활동을 개발 · 실행 · 평가하는 데 초점을 두고 있다. 즉, 지역사회영양학은 특정한 지역사회에서 영양서비스를 직접 제공하고, 이를 통해 지역사회 건강증진 및 질병 예방에 기여하는 것을 주요 목표로 한다.

3. 지역사회 영양사의 역할

1) 지역사회 영양사에게 필요한 역량

지역사회 영양사는 지역사회의 식생활과 관련된 문제를 다루는 전문가로, 식생활에 영향을 미치는 교육수준, 경제력, 생활 행태, 문화 등 다양한 요인을 이해하고, 이를 바탕으로 문제를 진단하며 해결 방안을 기획 · 실행 · 평가할 수 있는 다양한 능력이 요구된다(**표 1-1**).

표 1-1 지역사회 영양사에게 필요한 역량

영역	내용
지역사회 진단능력	• 대상 지역사회의 특성, 구성원의 영양 및 건강상태를 파악 • 최신 과학적 근거를 수집·해석하고, 기존 데이터(예: 국민건강영양조사, 지역사회 건강조사, 청소년 건강행태조사 등)를 분석 • 필요한 경우 직접 설문조사, 대면조사, 우편조사, 인터넷 조사 등 적절한 방법을 선택하여 조사를 수행. 간이영양평가, 24시간 회상법, 식사 기록법 등 다양한 영양 평가 도구 활용
기존 정책 및 사업에 대한 이해	• 국가의 건강증진정책(예: 국민건강증진종합계획 2030)과 영양 관련 중점과제(예: 식품안정성, 나트륨 섭취 감소, 가공식품 섭취 관리 등)를 인식하고 이해 • 국가적 과제와 지역사회의 고유 문제를 연계하여 우선순위를 설정, 추가로 해결이 필요한 문제 파악
식생활 평가기준 활용능력	• 한국인을 위한 영양소 섭취기준, 식약처·환경부 고시 등 식생활 관련 기준의 이해 • 이를 기반으로 식생활의 적절성 및 건강 위험요인 평가
식생활 변화 추세에 대한 이해	• 배달 문화, 편의점 활용, 초가공식품 소비 증가, 건강기능식품 의존 등 최근 식생활 트렌드가 건강에 미치는 영향을 분석하고 반영 • WHO 및 국제기구가 제시하는 지속가능한 식생활 및 건강 형평성 강화전략(예: UN Nutrition Decade 2016-2025 목표) 등을 이해하고 적용
첨단기술 활용능력	• 건강관리 애플리케이션, 웨어러블 디바이스, 모바일 건강관리 프로그램 등 첨단기술의 이해 • 관련 첨단기술을 지역사회영양관리 정책 및 사업에 활용
다학제 협력능력	• 식생활 개선 활동은 다른 건강증진활동과 밀접하게 연계되어 있으므로, 다른 보건의료 전문인(예: 운동처방사, 간호사, 사회복지사 등)과 협력하여 프로그램을 기획·수행 • 타 분야 전문가들과 함께 일할 때 리더십을 발휘하여 식생활 관점이 반영된 건강증진활동을 주도

지역사회 영양사의 가장 중요한 역량은 지역사회 구성원의 건강을 증진하고 질병을 예방하는 데 필요한 기술과 자원을 확보하며, 다른 보건의료 전문인들과 함께 현장에서 건강증진 활동을 기획하고 실행할 수 있는 능력이다.

2) 지역사회 영양사의 역할

지역사회 영양사의 역할은 지역사회 구성원의 건강증진과 질병 예방을 위한 활동을 하는 것으로 정의할 수 있다. 공공기관의 지역사회 영양사는 국가나 지방자치단체에서 추진하는 정책이나 사업을 시행하고, 민간기관에서 일하는 영양사는 각 기관의 책무에 따른 역할을 수행한다.

공공기관 소속 지역사회 영양사의 주요 역할은 지역사회영양평가 및 건강증진활동의 기획, 실행, 평가를 포함한다. 지역사회마다 독창적인 식생활 문화와 식환경이 존재하기 때문에, 영양문제의 특성과 해결 방안이 다를 수 있다. 따라서 지역사회 영양사는 대상 지역사회에 어떤 영양문제가 있고, 가장 우선적으로 해결해야 할 영양문제가 무엇인지 파악해야 한다. 지역사회 영양사업의 대부분은 지방자치단체에서 국민영양관리 종합계획에 따라 수립한 계획을 기반으로 수행된다. 그러나 각 지역사회의 특성과 요구도를 반영하여 사업의 대상 및 추진 방법을 조정하는 것도 필요하다. 예를 들어, 식생활 포털 구축 사업은 지역사회가 독자적으로 시행하기 어려운 경우가 많으므로, 중앙정부가 구축한 포털을 지역사회에 효과적으로 구현하는 것이 중요하다. 반면, 취약계층 영양지원사업은 지역사회마다 취약계층의 분포와 취약 수준이 다르므로, 대상 지역사회에 맞춰 사업의 규모와 내용을 조율할 수 있어야 한다. 학교급식 업무를 담당하는 영양사의 경우에는 대상 지역사회의 학령기 아동과 청소년의 특성을 고려하여, 이에 적합한 급식 및 영양교육활동을 기획하고 실행한다.

민간기관에서 활동하는 지역사회 영양사는 기관의 목적과 책무에 맞추어 정책이나 사업을 기획하고 실행한다. 민간 부문에서 수행되는 영양 관련 사업은 교육이나 상담, 건강기능식품 판매, 영양정보 생산, 영양정보 제공 등 매우 다양하다. 최근에는 식생활과 영양관리를 주제로 한 창업활동들이 활발하게 이루어지고 있다. 예를 들어, 고령층 식사 관리 지원 방안을 개발하여 비용은 자녀가 부담하고 서비스는 회사가 제공하는 경우, 식생활 평가를 기반으로 개인에게 필요한 식생활 정보나 건강기능식품을 추천하는 애플리케이션을 개발하는 등,

식생활 관리의 가치를 창출하고 소비자에게 다양한 맞춤형 서비스를 제공하는 새로운 사업 모델이 등장하고 있다.

지역사회 영양사들이 수행하는 주요 업무는 다음과 같다.

- **영양상태 평가 및 진단** 영양 역학조사를 통해 지역사회의 영양상태를 평가하고 영양문제 및 요구도 파악
- **영양 중재 프로그램 개발 및 실행** 지역사회의 특성과 요구에 맞는 영양 중재 프로그램을 개발, 실행, 효과 평가
- **영양교육 및 상담** 지역사회 구성원 개인 또는 집단을 대상으로 영양교육 또는 상담
- **정책 개발 및 자문** 지역사회의 영양정책 개발에 참여 또는 자문을 제공
- **다학제적 협력** 보건의료 전문가, 사회복지사 등 다른 전문가들과 협력하여 통합적인 건강관리 제공
- **취약계층 지원** 노인, 임산부, 영유아 등 영양 취약계층을 위한 특별 프로그램 운영
- **지역사회 네트워크 구축** 지역사회 내 다양한 기관과 협력체계를 구축하여 효과적인 영양 서비스 제공에 활용
- **연구 및 평가** 지역사회영양 관련 연구를 수행, 영양활동 효과를 지속적으로 평가하고 개선
- **식품환경 개선** 지역사회의 건강한 식품환경 조성을 위해 노력
- **응급 상황 대응** 재난 상황 등에서 지역사회의 영양관리
- **방문 영양관리** 취약계층을 대상으로 가정 또는 기관 방문을 통한 영양관리 서비스 제공
- **지역사회 돌봄** 지역사회 복지체계인 돌봄서비스에서 영양서비스 제공, 돌봄서비스 이용자의 요구를 파악하여 다양한 서비스와 연계

3) 지역사회 영양사의 종류

지역사회 영양사는 건강증진과 질병 예방을 위한 다양한 활동에서 중요한 역할을 하고 있다. 지역사회 영양사는 주로 보건소 및 보건지소 등의 정부 산하 기관에서 지역사회 건강증진 활동을 지원하고 병원, 학교, 산업체 등에서 급식 관리, 영양교육 및 상담 업무를 담당하고 있다. 또한 식품 생산 및 유통 관련 산업체, 식품 가공 산업체, 헬스장 등의 건강서비스 관련 산업체에서도 영양관리 업무를 수행하며, 식생활 관리 산업체에서도 다양한 영양서비스를 제공하고 있다. 현재 우리나라에서는 대부분의 지역사회 영양사가 공공기관에 소속되어 활동하고 있지만, 향후 영양 관련 건강관리산업이 확대될 경우 지역사회 영양사의 업무 영역은 더욱 다양해질 수 있다. 지역사회 영양사가 활동할 수 있는 주요 기관 및 분야는 다음과 같다.

- 공공 보건 클리닉과 지역사회 보건센터
- 정부 기관 및 비영리단체
- 학교와 대학교
- 요양원과 노인복지시설
- 환자의 가정(특히 거동이 불편한 환자 대상)
- 지역사회 병원
- 건강관리기구HMO
- 보육센터
- 외래 진료소
- 웰니스 센터
- 스포츠 조직 및 레크리에이션 시설
- 식품 및 음료 산업체

더 알아보기 1-1

지역사회 영양사 선배님들을 만나보아요

1. 송채원(영양사, ○○구 어린이급식관리지원센터)

- **어떤 일을 하나요?** 영양사 고용 의무가 없는 소규모 어린이집, 아동복지시설, 아동돌봄시설을 대상으로 연령별 영양 필요량을 반영한 식단과 표준조리법을 제공하고 있습니다. 또한 어린이, 학부모, 조리사, 교사 등 대상별 맞춤형 영양교육, 위생관리, 지역 특화사업 등을 통해 위생 및 영양관리의 사각지대를 해소하고 있습니다.
- **이 일을 선택한 이유는?** 2020년 안산 어린이집에서 발생한 '햄버거병' 식중독 사건을 통해 급식 관리의 중요성을 깨달았습니다. 급식 사각지대에 놓인 소규모 어린이집과 아동복지시설의 위생 및 영양 개선을 통해 실질적인 변화를 이끌 수 있다는 점에서 큰 의미를 느꼈고, 어린이들의 식습관과 영양수준 향상을 통해 장기적으로 긍정적인 사회적 영향을 미칠 수 있다고 판단해 이 일을 선택하게 되었습니다.
- **언제 가장 보람을 느끼나요?** 관내 어린이 급식소에서 식중독 발생이나 위생 문제가 현저히 줄어든 것을 확인했을 때입니다. 또한 영양·위생교육을 통해 어린이뿐 아니라 교사, 학부모의 건강한 식습관 형성에 기여했을 때 큰 보람을 느낍니다.

2. 김영하(영양교사, ○○초등학교)

- **어떤 일을 하나요?** 성장기 학생들을 위한 식단 작성 및 제공, 급식 위생관리 및 조리지도, 급식 관련 예산관리 업무를 수행하고 있습니다. 또한 연령별 맞춤 영양교육 및 상담을 진행하며, 소외계층 학생에게는 영양기준량에 맞는 급식을 제공합니다. 올바르지 않은 영양 지식을 가진 학생들에게 올바른 정보를 전달하고, 건강한 성장을 돕기 위해 노력하고 있습니다.
- **언제 가장 보람을 느끼나요?** 발달 단계에 맞는 영양교육 자료를 개발하고, 학생들과 소통하며 교육하는 과정에서 보람을 느낍니다. 교육과 연계된 급식을 제공함으로써, 학생들이 건강한 식사를 경험하고 영양관리를 즐겁게 받아들이는 모습을 볼 때 큰 성취감을 느낍니다.
- **앞으로 어떤 활동을 더 하고 싶은가요?** 성장기 아동에게 올바른 영양지식을 전달하는 '가이드' 역할을 충실히 하고 싶습니다. 현재 학교 현장에서 영양교사의 고유 업무 외에 행정 업무가 과도하게 많아 자기 연수나 전문성 개발 시간이 부족한 실정입니다. 교사들의 행정 부담을 줄이고, 전문성을 키울 수 있는 환경이 마련되길 바랍니다.

3. 이영인(영양사, 미식과 건강식의 교집합을 수집하는 '식생활 연구가')

- **어떤 일을 하나요?** 온라인 커머스 기반 건강기능식품 PB 브랜드의 디렉터로서 R&D, 제조, 마케팅,

(계속)

유통, 고객 서비스(CS), CRM 등 브랜드 운영 전반을 총괄하고 있습니다. 브랜드 아이덴티티를 정립하고, 홈페이지·SNS 등이 채널을 통해 일관된 메시지를 전달합니다.

- **이 일을 선택한 이유는?** 건강한 식생활에 관심이 많아 식품영양학을 전공하고, 호텔 F&B, 푸드테크, 디지털 헬스케어 산업에서 다양한 기획 업무를 수행해 왔습니다. 대기업·중소기업·스타트업을 두루 경험했으며, 보건학 석사과정에서 얻은 지식을 바탕으로 언젠가 제 브랜드를 런칭하고 싶다는 목표를 가지고 있습니다.
- **언제 가장 보람을 느끼나요?** 브랜드 리뉴얼 과정에서 패키지 디자인을 개선하고 실제 제품이 완성되었을 때 큰 성취감을 느꼈습니다. 산재되어 있던 브랜드 이미지를 통일성 있게 정리하여, 시각적인 일관성을 확보한 순간이 특히 기억에 남습니다.
- **앞으로 어떤 활동을 할 계획인가요?** 현재 근무 중인 회사에서 제품 기획 단계부터 관여해, 특정 라이프스타일 소비자의 건강 문제 해결에 도움되는 제품을 기획·판매하고자 합니다. 특히 1인 가구의 식생활 개선을 위한 건강기능식품을 직접 개발해 보고 싶습니다.

4. 김미리(영양사, 이유박스 대표)

- **어떤 일을 하나요?** 채소 간편식을 제조하는 식품회사 '이유박스'의 대표이자 영양사로서, 제품 개발부터 영양 설계, 고객 피드백 반영까지 전 과정에 참여하고 있습니다. 동결건조 공법을 활용한 채소 페스토(소스) 등 다양한 채소 기반 제품을 개발하여, 안전하고 맛있는 영양정보를 소비자에게 제공합니다.
- **어떤 계기로 이 일을 하게 되었나요?** 아이들의 편식 문제를 개선하고자 단체급식 영양사로 일한 경험을 바탕으로 창업을 결심했습니다. 기존 교육만으로는 한계가 있다는 점을 인식하고, 실질적으로 도움이 되는 '제품'을 통해 아이들의 식습관 문제를 해결하고자 했습니다. 바쁜 부모님들도 쉽게 활용할 수 있도록 제품의 편의성과 영양 균형을 함께 고려했습니다.
- **가장 보람을 느끼는 순간은 언제인가요?** 채소를 전혀 먹지 않던 아이들이 우리 제품을 통해 채소를 즐기게 되었다는 피드백을 받을 때입니다. 부모님들 사이에서 입소문이 나면서 제품에 대한 관심이 높아졌고, 건강한 식문화를 만들어가는 데 기여하고 있다는 점에서 큰 보람을 느낍니다.
- **앞으로 어떤 역할을 하고 싶나요?** 채소 식품 R&D를 가장 잘하는 영양사이자 식품 제조기업 대표가 되고 싶습니다. 이유박스를 글로벌 브랜드로 성장시키고, 연령대별 맞춤 영양 제품을 개발하여 전 연령층의 건강한 식생활을 지원하고자 합니다. 또한, 다양한 영양교육 프로그램을 개발하고 지역사회와 협력하여 건강한 식습관 문화 확산에 기여하고 싶습니다.

요약

1. 지역사회는 공통의 관심사, 우려 또는 정체성을 공유하는 사람들의 집단으로, 공간이나 특성으로 구분할 수 있음

2. 건강증진은 사람들이 자신의 건강에 대한 통제력을 높이고 개선할 수 있도록 하는 과정임

3. 건강 결정요인은 소득 및 사회적 지위, 교육 수준, 물리적 환경, 고용 및 근무 조건, 사회적 지원 네트워크, 유전, 개인적 행동 및 대처 기술, 건강 서비스 및 정책, 성, 연령 등이 있음

4. 지역사회영양학은 영양학적 정보를 지역사회 구성원들이 효과적으로 활용할 수 있는 다분야 협력 방안을 연구하는 학문임

5. 지역사회 영양사는 지역사회의 식생활과 관련된 문제를 다루므로, 지역사회의 특성을 이해하고 식생활 문제를 진단하는 능력, 지역사회에 적합한 문제 해결 방안을 기획, 실행, 평가하는 데 필요한 다양한 능력이 요구됨

활동

1. 목적

우리나라 지역사회 영양사들의 활동을 파악하여 나의 진로 모색에 참고한다.

2. 활동 내용

현재 지역사회 영양사로 활동 중인 선배를 두 명 이상 만나서 인터뷰해 보기(예: 병원 영양사, 학교 영양사, 영양 산업체를 운영하는 영양사, 산업체에서 영양 관련 업무를 하는 영양사 등)

내용	지역사회 영양사 1	지역사회 영양사 2
회사명		
현직 근무기간		
현재 업무		
이 일을 선택한 이유		
가장 어려운 점		
어떤 보람이 있는지		
만족도		
앞으로의 목표		
기타		

CHAPTER

02

우리나라 국민의 건강 및 영양상태

사람은 생존에 필요한 성분을 외부로부터 섭취해야 살아갈 수 있으며, 이러한 성분을 '영양소'라 부른다. 영양소는 주로 식품을 통해 섭취하는데, 하루에 약 1kg의 식품을 세 번의 식사로 나누어 섭취한다고 가정하면, 100년을 사는 동안, 109,500번의 식사를 통해 약 36.5톤에 이르는 식품을 섭취하게 된다. 어떤 식품을 어떻게 조리해서, 언제, 누구와 얼마나 먹는지에 따라 영양상태와 건강상태는 달라질 수 있다. 개인의 식생활은 개인이 속한 지역사회의 식생활 환경의 영향을 받는다. 따라서, 식생활 개선을 통한 지역사회 건강증진활동을 기획하고 시행하기 위해서는 해당 지역사회와 개인의 식생활 환경 및 문제를 진단하고 문제 해결의 우선순위를 선정하는 일이 중요하다. 이에, 본 장에서는 우리나라 국민의 식생활 및 식생활과 관련된 건강 문제의 현황을 살펴보고, 관심 있는 지역사회의 식생활 특성을 이해하는 데 도움을 주고자 한다.

학 습 목 표

1 우리나라 국민의 식생활과 관련된 건강 문제를 파악할 수 있다.
2 우리나라 국민의 식환경, 식품 및 영양소 섭취실태 등 식생활 문제를 파악할 수 있다.

1. 우리나라 국민의 식생활 관련 건강 문제

1) 식생활과 건강

질병의 위험요인은 크게 사회경제적 · 문화적 · 환경적 요인, 생물학적 요인, 생활습관 요인으로 구분할 수 있다. 그중에서 연령, 성, 유전적 특성과 같은 생물학적 요인은 수정이 어렵고, 노령화, 국제화, 기술의 발전, 정책의 변화 등 사회경제적 · 문화적 · 환경적 요인은 개인과 집단이 함께 노력해야 한다. 반면 흡연, 음주, 운동, 식생활 등 생활습관 요인은 개인의 노력으로 어느 정도 수정이 가능하다.

생활습관 요인 중 식생활 요인은 다양한 건강 문제의 주요 원인으로 알려져 있다. 부적절한 식생활로 인한 영양부족은 빈혈, 저성장, 성장 지연 등의 건강 문제의 직접적인 원인이고, 나트륨, 에너지, 지방 등의 과잉 섭취(영양과잉) 또는 불균형적인 섭취(영양불균형)는 암, 심혈관계 질환, 당뇨병, 고혈압 등 만성질환의 여러 위험요인 중 하나이다. 질병을 앓고 있는 환자 또는 회복기 환자의 경우에도 식생활 관리는 질병 경과에 긍정적인 영향을 미친다. 그뿐만 아니라 코로나19를 포함한 감염성 질환의 발생 및 사망률과도 영양상태는 밀접한 관련이 있다.

> **영양부족**
> 인체가 정상적인 성장, 발달, 생리 기능을 유지하는 데 필요한 에너지 또는 영양소를 충분히 섭취하지 못한 상태
>
> **영양과잉**
> 에너지나 특정 영양소를 신체의 요구량보다 과도하게 섭취하여 건강에 부정적인 영향을 미치는 상태
>
> **영양불균형**
> 필요한 영양소를 적절한 양과 비율로 섭취하지 못해 신체 기능에 이상이 생기는 상태로, 영양소 과잉·결핍, 잘못된 식습관, 흡수 장애 등이 원인이 될 수 있음

WHO는 2021년 세계 주요 사망원인으로 심혈관질환(허혈성 심질환, 뇌졸중)이 가장 큰 비중을 차지하고, 그다음은 호흡기 질환(코로나19, 만성 폐쇄성 폐질환, 하기도 감염)이라고 발표하였다(**그림 2-1**). 특히 코로나19가 창궐했던 2021년에는 전 세계 2위의 사망원인으로 보고되었다.

2023년 사망원인 통계자료에 따르면, 한국인의 10대 사망원인은 악성신생물(암), 심장질환, 폐렴, 뇌혈관 질환, 고의적 자해(자살), 알츠하이머병, 당뇨병, 고혈압성 질환, 패혈증, 코로나19 순이었다. 그중 악성신생물(암), 심장질환, 폐렴에 의한 사망률은 전체 사망의 41.9%를 차지했다. 2021년 이후, 폐렴으로 인한 사망률이 뇌혈관 질환으로 인한 사망률을 앞서면서 현재 한국 주요 3대 사망원인으로 대두되었다(**그림 2-2**). 또한 2013~2023년까지 한국 주요 사망원인별 사망률 추이를 살펴보면, 악성신생물(암)과 심장질환으로 인한 사망률이

10년간 가장 높은 순위를 차지했으며, 해당 사망률은 꾸준히 증가하는 추세이다(**그림 2-3**).

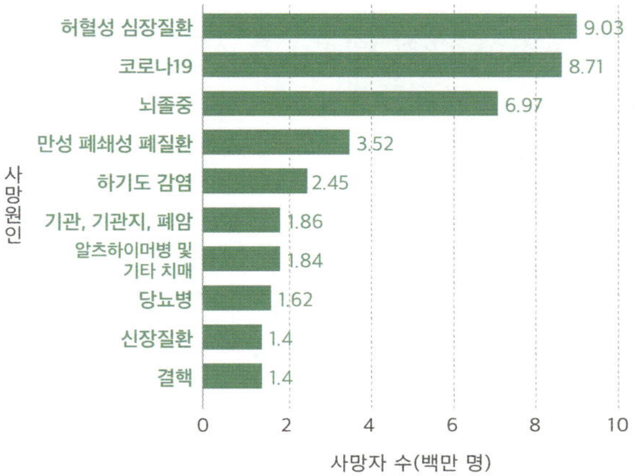

그림 2-1 전 세계 10대 사망원인(2021년)

출처: WHO. 2024.

(단위: 인구 10만 명당 명)

순위	사망원인	사망률	'22년 순위 대비
1	악성신생물(암)	166.7	-
2	심장 질환	64.8	-
3	폐렴	57.5	⬆(+1)
4	뇌혈관 질환	47.3	⬆(+1)
5	고의적 자해(자살)	27.3	⬆(+1)
6	알츠하이머병	21.7	⬆(+1)
7	당뇨병	21.6	⬆(+1)
8	고혈압성 질환	15.6	⬆(+1)
9	패혈증	15.3	⬆(+2)
10	코로나19	14.6	⬇(-7)

그림 2-2 한국인의 10대 사망원인(2023년)

출처: 통계청. 2024.

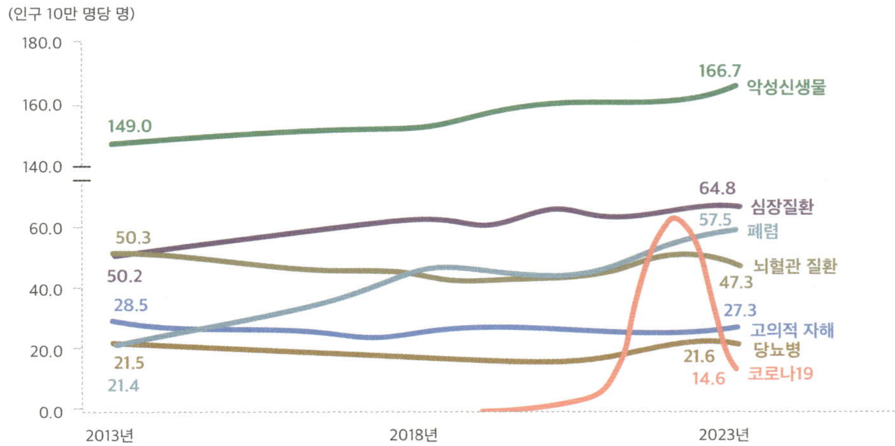

그림 2-3 한국인의 주요 사망원인별 사망률 추이(2013~2023년)

출처: 통계청. 2024.

국제농업기구FAO가 발표한 국제적 위험요인별 사망자 수에 따르면 나트륨 과잉 섭취, 전곡류 섭취 부족, 과일 및 채소 섭취 부족, 견과류 섭취 부족 등 식생활 요인이 높은 순위를 차지하고 있는 것으로 보고되었다. 또한, 기여도가 상위에 있는 고혈압(1위), 고혈당(4위), 비만(6위) 등도 식생활과 밀접한 관련성이 있는 위험요인이다(**그림 2-4**). 즉, 식생활 요인은 국제적 사망률에 영향을 주는 중요한 위험요인임을 알 수 있다.

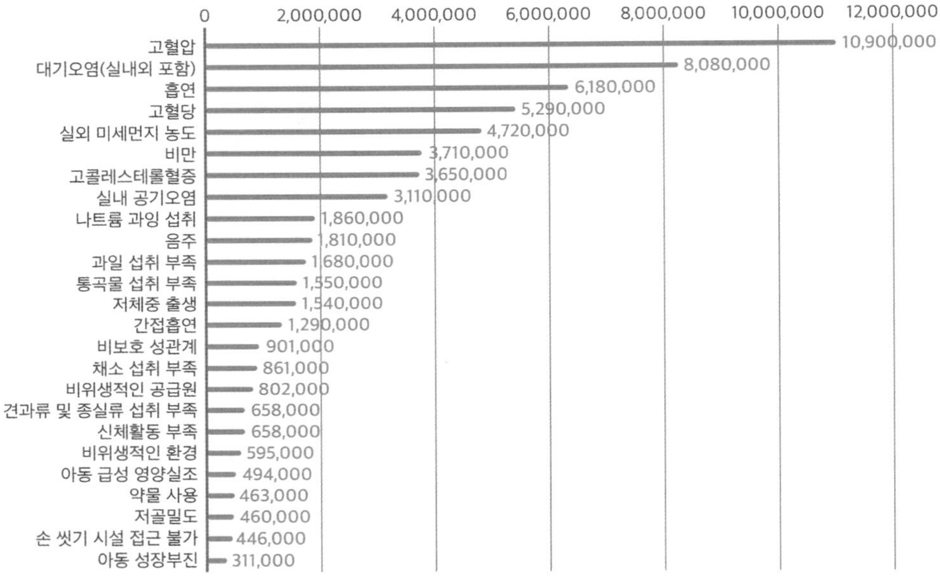

주 1) 각 위험요인에 기인한 연간 사망자 수의 추정치임
2) 출생·사망 등 등록이 부실한 국가에서는 추정치에 큰 불활실성이 수반됨
3) 위험요인은 상호 배타적이지 않음. 각 위험요인에 기인한 사망자 수의 합은 전체 사망자 수를 초과할 수 없음

그림 2-4 세계 주요 위험요인별 사망자 수(2021년)

출처: IHME. 2024.

2) 우리나라의 식생활과 관련된 건강 문제 현황

본 절에서는 우리나라의 식생활과 관련된 건강 문제를 살펴보기 위해, 주요 사망원인인 질병이나 유병률이 높은 질병 중 암, 대사증후군, 당뇨병, 고혈압, 비만, 저체중 등의 현황을 살펴보고자 한다.

> **유병률**
> 특정 시점(또는 일정 기간) 동안 전체 인구 중에서 어떤 질병이나 건강상태를 가지고 있는 사람들의 비율

(1) 암

암은 비정상적인 세포가 생성되어 과도하게 증식하고 주변 조직을 침범하거나 다른 장기로 전이될 수 있는 질병이다. 전 세계적으로 암은 주요 사망원인 중 하나로, WHO에 따르면 2020년 기준 약 1,000만 명이 암으로 사망했으며, 이는 전체 사망자의 약 6분의 1에 해당한다. 또한, 전 세계적으로 5명 중 1명은 평생 동안 암을 경험하는 것으로 보고되었다.

우리나라 국립암센터의 2022년 국가암등록통계에 따르면, 연간 암 발생자는 282,047명으로, 남녀 전체에서 가장 많이 발생한 암은 갑상선암이었다. 그다음으로 대장암, 폐암, 유방암, 위암, 전립선암, 간암 순으로 발생 빈도가 높았다. 2023년에는 남녀 모두에서 폐암의 사망률이 가장 높았다(남성의 폐암 사망 분율: 26.3%, 여성의 폐암 사망 분율: 15.0%) **(그림 2-5, 2-6)**.

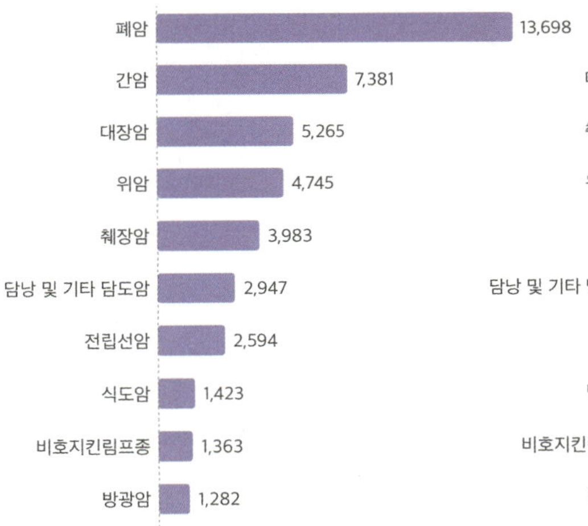

그림 2-5 한국 남성의 2023년 암종별 사망자 수

출처: 국가암정보센터. 2024.

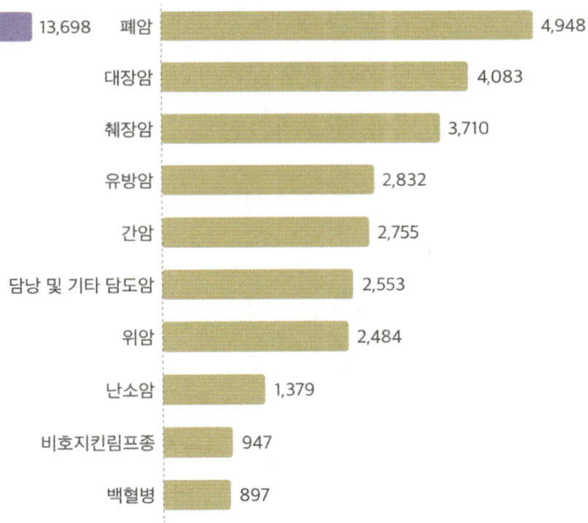

그림 2-6 한국 여성의 2023년 암종별 사망자 수

출처: 국가암정보센터. 2024.

이러한 배경 속에서 암 예방은 21세기의 가장 중요한 공중보건 과제 중 하나로 부각되었고, 근거 기반의 예방전략을 실천함으로써 전체 암의 약 30~50%는 예방이 가능한 것으로 알려져 있다. 특히 많은 종류의 암은 조기에 발견되어 적절한 치료를 받을 경우, 완치될 가능성이 높다. 암 발생 위험을 낮추기 위해서는, 과일과 채소를 충분히 섭취하는 것을 포함하여 균

형 잡힌 건강한 식단을 유지하는 것이 중요하다.

(2) 대사증후군

대사증후군은 혈압상승, 혈중 지질 이상, 고혈당, 비만(특히, 복부 비만) 등 심뇌혈관질환 및 당뇨병의 위험을 높이는 위험인자들이 복합적으로 존재하는 상태를 의미한다. 대사증후군은 복부 비만, 높은 혈압, 높은 혈당, 낮은 HDL(고밀도지질단백질) 콜레스테롤혈증, 높은 중성지방혈증 가운데 세 가지 이상에 해당할 경우 진단된다.

최근 10년간 전체 성인의 대사증후군 유병률은 2013년 23.3%에서 2022년 28.6%로 증가했다(**그림 2-7**). 2022년 기준 연령대별 대사증후군 유병률은 60대 51.7%, 70대 이상 64.3%로 확인되었다.

대사증후군은 당뇨병, 고혈압, 만성콩팥병, 심뇌혈관질환 발생 위험도를 높이며 유방암, 직장암 등 각종 암 발생 및 사망률과도 관련성이 보고되어 발병 전 예방이 중요하다. 대사증후군의 주요 요인들은 생활습관과 밀접한 관련이 있으므로, 이를 예방하기 위해서는 식생활을 포함한 전반적인 생활 개선이 필요하다.

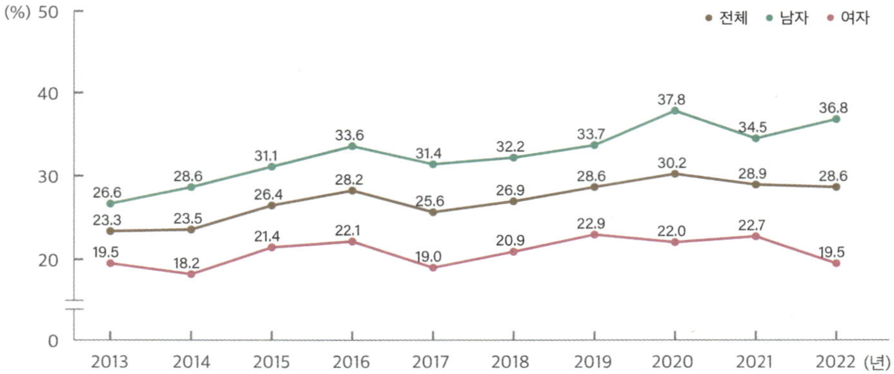

주) 대사증후군: 다음 다섯 가지 기준 중 세 가지 이상에 해당할 때 진단됨

1. 허리둘레: 남자 90cm, 여자 80cm 이상
2. 중성지방: 150mg/dL 이상
3. 고밀도 지방: 남자 40mg/dL 미만, 여자 50mg/dL 미만
4. 혈압: 130/85mmHg 이상, 혹은 고혈압약 투약 중
5. 공복 혈당: 100mg/L 이상, 혹은 혈당조절약 투약 중

그림 2-7 한국 성인의 대사증후군 유병률 추이(2013~2022년, 20세 이상)

출처: 대한비만학회. 2024.

(3) 비만

비만은 체내에 지방이 필요 이상으로 과도하게 쌓인 상태로, 과도한 열량 섭취, 신체활동 부족, 유전적 요인 등 다양한 원인에 의해 발생한다. 2022년 기준, 전 세계 성인(18세 이상) 6명 중 1명(16%)이 비만이며, 43%는 과체중 상태로 조사되었다. 비만은 고혈압, 당뇨병, 이상지질혈증, 심혈관질환, 암과 같은 만성질환의 주요 위험요인으로 알려져 있다.

최근 10년간 우리나라 성인(20세 이상)의 비만 유병률(WHO 아시아-태평양 기준)은 남녀 모두 지속적으로 증가하고 있다. 2022년 기준, 전체 성인의 비만 유병률은 38.4%, 복부비만(대한비만학회 기준) 유병률은 24.5%로 보고되었다. 특히, 성인 남성의 비만 유병률은 2013년 37.9%에서 2022년 49.6%로 급격히 증가하는 추세이다(**그림 2-8**).

전 세계적으로 비만으로 인한 질병 부담이 증가하고 있고, 한국에서도 비만으로 인한 사회경제적 비용이 2021년 기준 약 16조 원에 달하는 것으로 추산되었다. 특히, 우리나라 성인 남성의 비만 증가율은 OECD 및 아시아 국가 평균보다 높은 수준으로 나타나, 보다 적극적인 관리가 필요한 상황이다.

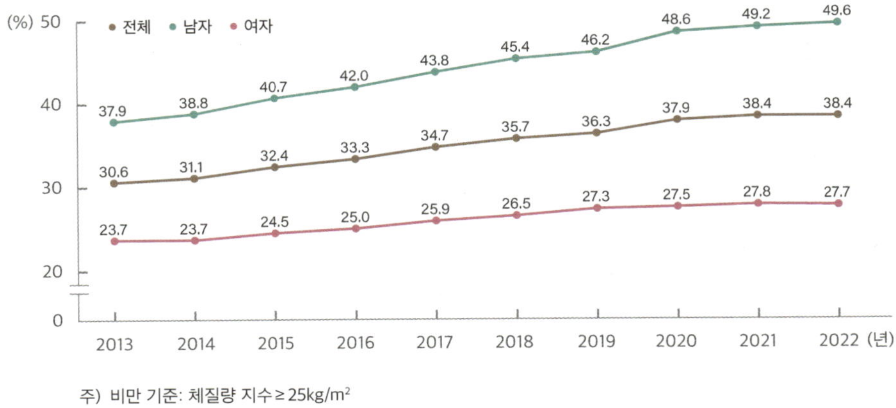

그림 2-8 한국 성인의 비만 유병률 추이(2013~2022년, 20세 이상)

출처: 대한비만학회. 2024.

또한, 최근 소아청소년 비만도 심각한 공중보건 문제로 대두되고 있다. 2019~2021년 우리나라 소아청소년(6~18세) 6명 중 1명(약 16.2%)이 비만이며, 10명 중 1명(9.8%)이 과체중

상태로 조사되었는데, 이는 2016~2018년 대비 4.6%p 증가한 것이다. WHO는 전 세계적으로 소아청소년 비만이 지속적으로 증가하고 있으며, 이에 대한 예방이 필수적임을 강조하고 있다. 소아청소년기 비만은 심혈관계 및 호흡기계 이상 등 다양한 합병증을 유발할 뿐만 아니라, 성인기 비만으로 이어지며 만성질환 발생 위험을 증가시킨다. 또한, 삶의 질 저하, 열등감, 우울, 부정적인 신체상body image 등 사회심리적 문제를 초래할 수 있는 것으로 보고되었다.

(4) 저체중 및 왜곡된 신체상

질병관리청에서 발표한 〈2023 국민건강통계〉에 따르면 19~29세 여성의 저체중 유병률(19세 이상, 표준화)은 13%로 전 연령대 중 가장 높은 수준을 보였다. 전체 여성의 저체중 유병률은 남성보다 2배 이상 높아 성별 간 차이가 뚜렷하였다(**그림 2-9**).

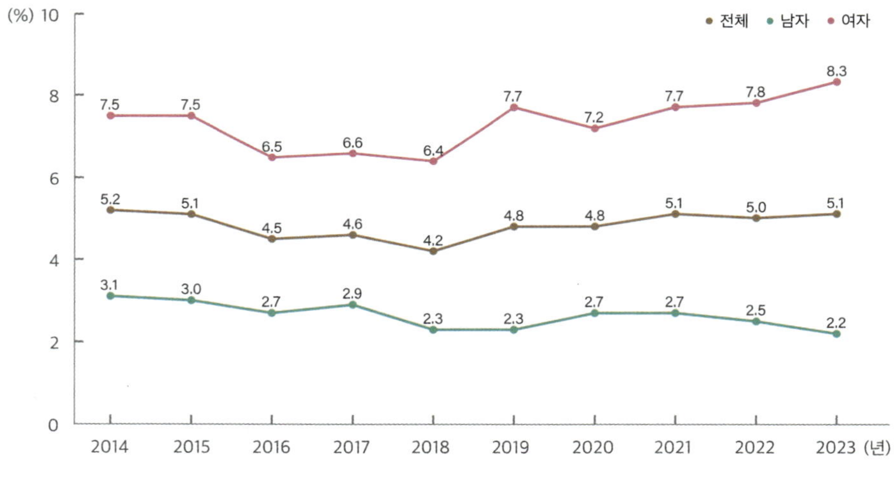

주 1) 저체중 유병률: 체질량지수 18.5kg/m² 미만인 분율
2) 2005년 추계인구로 연령표준화

그림 2-9 한국 성인의 저체중 유병률 추이(2014~2023년, 19세 이상, 표준화)

출처: 질병관리청. 2024.

체중감소 시도율(19세 이상, 표준화)은 성별 간 차이가 컸다. 19~29세 여성의 체중감소 시도율은 69.3%로 동 연령대 남성(55.0%)보다 상당히 높은 수치를 기록하였다(**그림 2-10**). 이처럼 여성의 비만율은 남성보다 낮음에도 불구하고 체중감소를 시도하는 비율은 남성보다

훨씬 높았고, 이는 사회적 외모 기준에 부합하지 못할 것에 대한 압박과 불안감이 여성에게 특히 크게 작용함을 시사한다.

이에 따라 보건복지부는 〈제5차 국민건강증진종합계획 2030(HP2030)〉에서 '20대 여성의 저체중 비율 감소'를 주요 목표 중 하나로 설정하였으며, 이를 10.1% 수준까지 낮추는 것을 성과 지표로 삼아 국민건강영양조사를 통해 지속적으로 모니터링하고 있다.

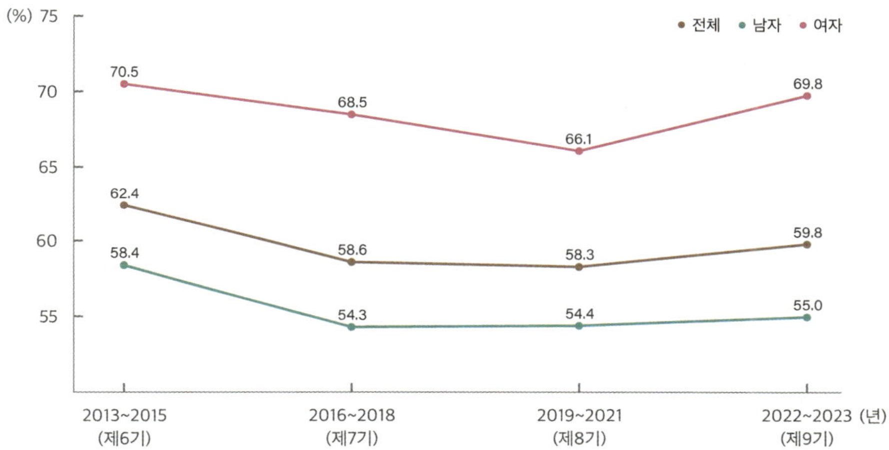

주 1) 체중감소 시도율(비만 기준): 체질량지수 ≥25.0kg/m²인 사람 중에서 지난 1년간 본인 의지로 체중을 감소하려고 노력했던 사람의 분율
2) 2005년 추계인구로 연령표준화

그림 2-10 한국 성인의 체중감소 시도율(비만 기준) 추이(2013~2023년, 19세 이상, 표준화)

출처: 질병관리청. 2024.

(5) 고혈압

고혈압은 가장 흔하면서도 강력한 심혈관질환 위험인자로, 전 세계적으로 고혈압은 조기 사망의 주요 원인 중 하나다. WHO는 고혈압을 관상동맥질환, 허혈성 및 출혈성 뇌혈관질환의 주요 위험요인으로 지정하고 있다. 대한고혈압학회 기준에 따르면, 고혈압은 수축기 혈압이 140mmHg 이상이거나 이완기 혈압이 90mmHg 이상인 경우를 의미한다. 2023년 기준, 우리나라 19세 이상 성인 남성의 23.4%, 여성의 16.5%가 고혈압을 앓고 있으며, 연령이 증가할수록 유병률도 높아지는 경향을 보였다(**그림 2-11**).

고혈압의 주요 위험요인으로는 과도한 염분 섭취, 포화지방 및 트랜스지방이 많은 식단, 과일 및 채소 섭취 부족, 신체활동 부족, 흡연과 음주, 과체중 또는 비만 등이 알려져 있다. 따라서, 고혈압을 예방하고 관리하기 위해서는 생활습관 개선이 필수적이다. 이를 위해 과일과 채소 섭취를 늘리고, 적정 체중을 유지하며, 규칙적인 신체활동을 실천하는 것이 중요하다.

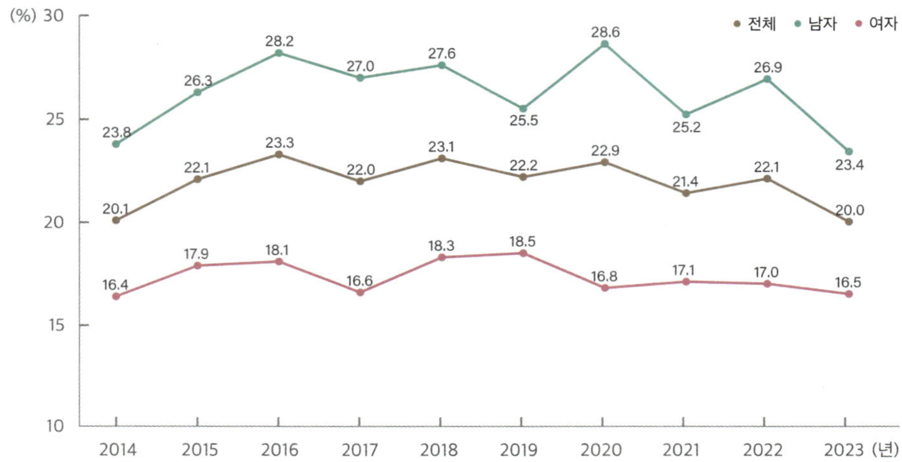

주 1) 고혈압 유병률 : 수축기 혈압이 140mmHg 이상이거나 이완기 혈압이 90mmHg 이상 또는 고혈압 약물을 복용한 분율
2) 2005년 추계인구로 연령표준화

그림 2-11 한국 성인의 고혈압 유병률 추이(2014~2023년, 19세 이상, 표준화)

출처: 질병관리청. 2024.

(6) 당뇨병

당뇨병은 췌장에서 혈당을 조절하는 호르몬인 인슐린을 충분히 생성하지 못하거나, 생성된 인슐린을 효과적으로 활용하지 못해 혈당이 정상보다 높은 상태가 지속되는 만성질환이다. 이러한 고혈당 상태가 지속되면 심장, 혈관, 눈, 신장, 신경 등에 손상을 유발하며, 뇌졸중 및 허혈성 심질환 등 심뇌혈관질환의 발생과 진행을 촉진할 수 있다. 특히, 제2형 당뇨병은 성인에서 가장 흔한 유형으로, 신체가 인슐린에 대한 저항성을 가지면서 인슐린을 적절히 사용하지 못하는 것이 특징이다.

2023년 기준, 우리나라 19세 이상 성인의 당뇨병 유병률은 9.4% 수준을 유지하고 있다. 유병률은 남성이 여성보다 높았지만, 70세 이상 고령층에서는 성별 차이가 크지 않았다(**그림 2-12, 2-13**).

당뇨병의 주요 위험요인으로는 유전적 요인과 환경적 요인이 있으며, 발병을 예방하거나 지연시키기 위해서는 생활습관 개선이 중요하다. 이를 위해, 건강한 체중을 유지하고, 규칙적인 신체활동을 실천하며, 당 섭취를 줄이고 포화지방을 피하는 등 균형 잡힌 식단을 유지하는 것이 필요하다. 또한, 금연과 정기적인 건강검진을 통해 혈당을 지속적으로 관리하는 것이 바람직하다.

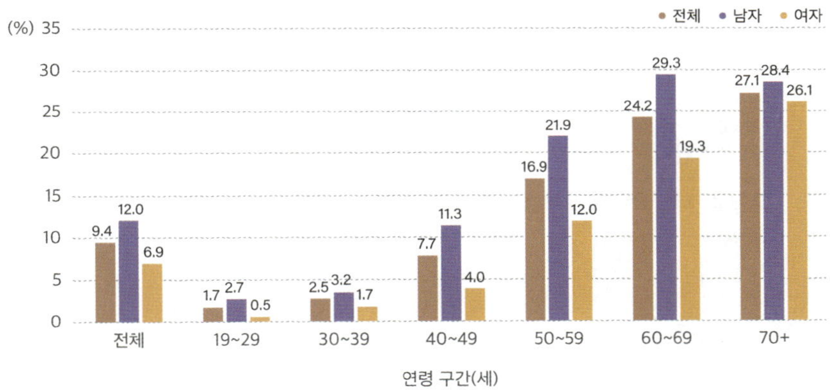

주 1) 당뇨병 유병률(%): 공복혈당이 126mg/dL 이상이거나 의사 진단을 받았거나 혈당 강하제를 복용 또는 인슐린 주사를 사용하거나, 당화혈색소 6.5% 이상인 분율
2) 2005년 추계인구로 연령표준화

그림 2-12 한국 성인의 연령별 당뇨병 유병률(2023년, 19세 이상, 표준화)

출처: 질병관리청. 2024.

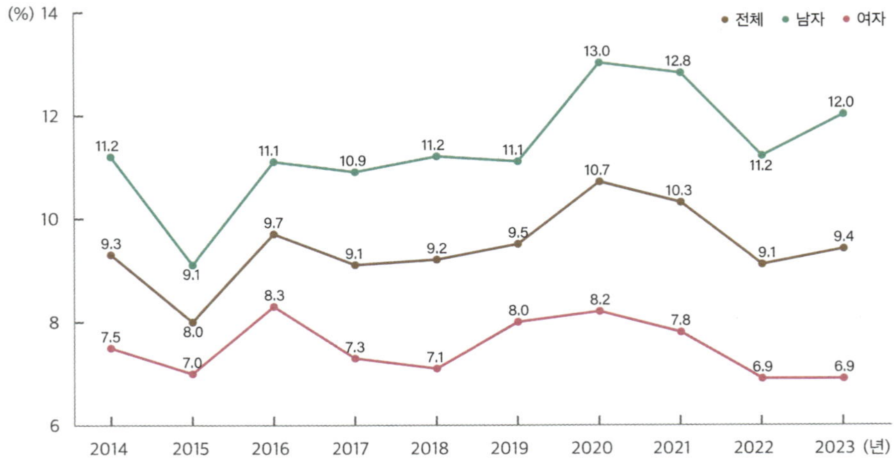

주 1) 당뇨병 유병률(%): 공복혈당이 126mg/dL 이상이거나 의사 진단을 받았거나 혈당 강하제를 복용 또는 인슐린 주사를 사용하거나, 당화혈색소 6.5% 이상인 분율
2) 2005년 추계인구로 연령표준화

그림 2-13 한국 성인의 당뇨병 유병률(2014~2023년, 19세 이상, 표준화)

출처: 질병관리청. 2024.

(7) 이상지질혈증

이상지질혈증은 혈액 내 지질대사 이상으로 인해 지질 농도가 비정상적으로 상승하거나 저하된 상태를 말한다. 이상지질혈증은 총 콜레스테롤이 240mg/dL 이상, LDL-콜레스테롤이 160mg/dL 이상, HDL-콜레스테롤이 40mg/dL 미만, 중성지방이 200mg/dL 이상인 경우를 의미하며, 이 네 가지 기준 중 하나라도 해당하면 이상지질혈증으로 진단할 수 있다. 이 중에서 총 콜레스테롤이 240mg/dL 이상이면 고콜레스테롤혈증으로 분류된다.

2022년 기준, 우리나라 20세 이상 성인 5명 중 2명(약 40%)이 이상지질혈증을 가지고 있고, 4명 중 1명(22%)은 고콜레스테롤혈증을 앓고 있는 것으로 나타났다. 고콜레스테롤혈증 유병률(19세 이상, 표준화)은 2014~2023년까지 꾸준히 증가하는 추세를 보였으며, 2023년 기준으로 여성은 21.4%, 남성은 19.9%로 성별에 따른 차이는 크지 않았다(**그림 2-14**).

이상지질혈증이 발생하면 죽상경화증(동맥 경화)이 진행되거나 악화하며, 이는 결국 심혈관질환 발생 위험을 높이는 주요 원인이 된다. 주요 위험요인으로는 지방과 탄수화물 과다 섭취, 음주, 흡연, 스트레스, 운동 부족, 연령 증가 등이 있으며, 이를 예방하고 관리하기 위해서는 식이 조절과 신체활동을 통한 생활습관 개선이 필수적이다.

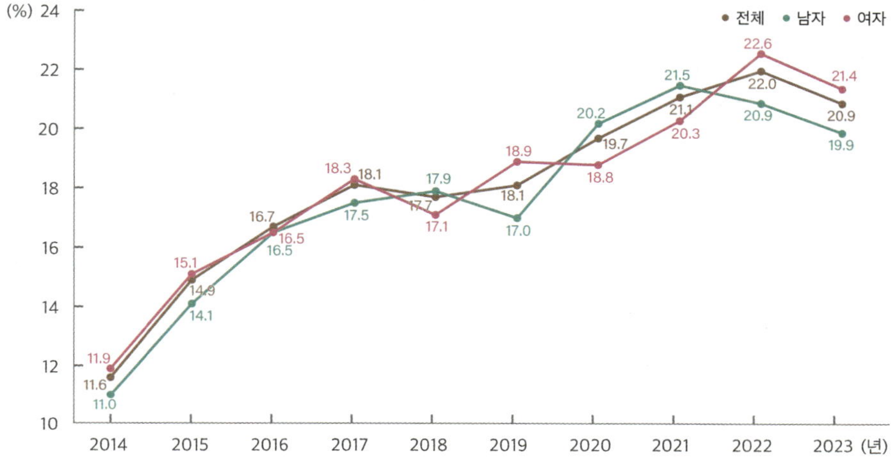

주 1) 고콜레스테롤혈증 유병률: 총 콜레스테롤이 240mg/dL 이상이거나 콜레스테롤강하제를 복용한 분율 (공복시간 8시간 미만자 제외)
2) 2005년 추계인구로 연령표준화

그림 2-14 한국 성인의 고콜레스테롤혈증 유병률(2014~2023, 19세 이상, 표준화)

출처: 질병관리청. 2024.

더 알아보기 2-1

건강관리의 필요성에 대한 일반인과 전문가의 의견

'대국민 암예방 수칙 인식 및 실천행태 조사'

우리나라에서 암은 오랫동안 사망원인 1위를 차지하고 있으며, 국민 10명 중 4명이 암에 걸릴 정도로 흔한 질병이다. 그러나 세계보건기구(WHO)에 따르면, 암의 30~50%는 건강한 생활습관을 통해 예방할 수 있다. 국민 대다수가 암 예방의 중요성을 인식하고 있지만, 실제 실천율은 여전히 낮은 수준이다. 2023년 국립암센터가 실시한 조사에 따르면, 국민의 80.3%가 암 예방이 가능하다고 인식하고 있으며, 83.8%는 생활습관 변화를 통한 예방 가능성에 대해 들어본 적이 있다고 응답하였다. 그러나 실제로 암 예방을 위해 구체적인 노력을 하는 비율은 남녀 모두 절반 이하였으며(남성 43.1%, 여성 48.9%), 연령이 증가할수록 이러한 예방을 위한 노력이 증가하였다(**그림 2-15**).

WHO, 미국암연구협회(AICR), 국제암연구소(IARC) 등 주요 기관들은 암 예방을 위한 생활수칙을 제시하고 이를 실천할 것을 권고하고 있다. 우리나라 국립암센터 또한 2006년 '국민 암예방 수칙'을 제정

(계속)

하였다. 그러나 주 5회 이상, 하루 30분 이상 운동하기(37.2%), 균형 잡힌 식사하기(41.7%), 음주 피하기(49.3%) 등의 실천율은 여전히 낮은 수준이다(**표 2-1**). 전문가들은 암 예방을 위해 생활습관 개선이 필수적임을 강조하고 있다. 국립암센터 김병미 부장은 암 발생 원인 중 유전적 요인은 5%에 불과하며, 흡연, 식습관, 비만, 음주 등의 생활습관이 더욱 큰 영향을 미친다고 설명했다. 또한, 서홍관 원장은 담배의 발암 위험성에 대한 인식은 높아졌지만, 술도 1군 발암물질이라는 사실을 아는 이는 적다며, 암 예방을 위해 금주 실천이 필수적임을 강조하였다.

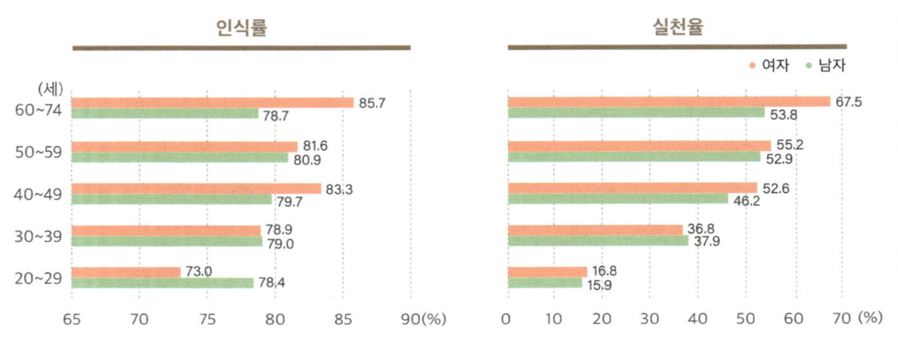

그림 2-15 한국 성인의 '국민 암예방 수칙'에 대한 연령별 인식률 및 실천율(2023년)

출처: Choi 등. 2025.

표 2-1 한국 성인의 '국민 암예방 수칙'의 식생활지침에 대한 인식률 및 실천율

(단위: %)

'국민 암예방 수칙'의 식생활지침	인식률	실천율
채소와 과일을 충분하게 먹기	92.8	54.7
다채로운 식단으로 균형 잡힌 식사하기	93.9	40.8
음식을 짜게 먹지 않기	89.6	66.2
탄 음식 먹지 않기	95.8	87.6
음주 피하기	86.4	47.7

출처: Oh 등. 2022.

2. 우리나라 국민의 식품 및 영양소 섭취 현황

1) 식품 공급량 추이

연도별 식품류별 1인 1년간 식품 공급량 추이를 보면(**그림 2-16**), 2023년도 국민의 1인당 연간 곡류 공급량은 136.0kg(1일당 372.5g)으로, 과거 가장 많은 공급량을 기록했던 1979년 192.4kg에 비해 56.4kg 감소한 수준이며, 1991~2023년까지 꾸준히 감소하는 추세를 보이고 있다. 반면 2023년도 국민 1인당 연간 육류 공급량은 68.2kg(1일당 186.9g), 유지류 공급량은 27.9kg(1일당 76.5g)으로 1991년 이후 꾸준히 증가하는 추세를 보이고 있다.

더 알아보기 2-2

식품수급표

식품수급표(Food balance sheet)는 국민에게 공급되는 식품의 수급 상황과 1인 1일당 식품공급량 및 영양소 공급량을 제시하는 표로, 식품 수급 정책의 기초자료이자 국민 영양 및 식생활 개선을 위한 연구자료로 널리 이용되고 있다. 세계 여러 나라의 식품수급표와 비교가 가능하기 때문에 국가별 식품 수급 현황을 비교할 때 가장 일반적으로 사용된다. 조사 기간은 매년 1월 1일부터 12월 31일까지나, 양곡은 미곡 연도를 기준으로 조사한다. 조사항목은 품목별로 생산량, 이입량, 수입량, 이월량, 수출량, 사료용, 종자용, 가공용 중 식용·비식용(공업용), 감모량 등을 조사하여 식용공급량을 산출한다. 1인 1일당 식품공급량은 각 식품별로 그 식용공급량을 해당 연도의 인구수로 나누어 얻은 1인 1년당 공급량을 365일로 나누어 산출하며, 여기에 각 영양성분가를 곱하여 영양소 공급량을 산출한다.

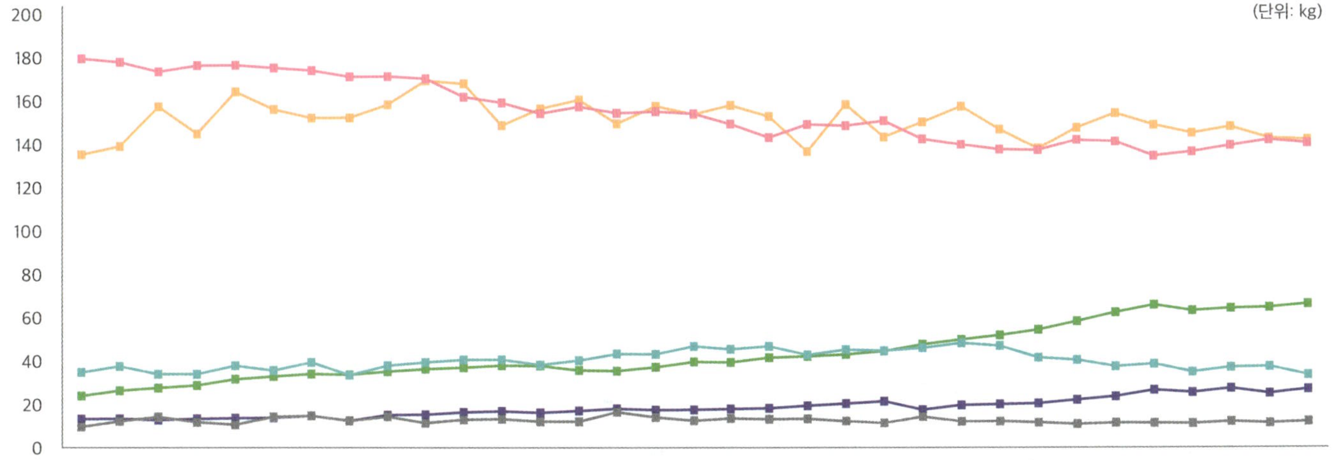

	1991	1992	1993	1994	1995	1996	1997	1998	1999	2000	2001	2002	2003	2004	2005	2006	2007	2008	2009	2010	2011	2012	2013	2014	2015	2016	2017	2018	2019	2020	2021	2022	2023
곡류	176.2	174.5	170	172.9	173.1	171.8	170.6	167.6	167.8	166.8	158.1	155.4	150.3	153.5	150.5	151.2	150.2	145.3	138.9	145.1	144.5	146.8	138.2	135.5	133.1	132.8	137.7	136.9	130	132	13.5	137.6	136.1
서류	10	12.6	14.7	12.2	11	14.7	15.2	12.8	14.8	11.8	13.4	13.7	12.5	12.5	17	14.5	12.9	14	13.6	13.8	12.6	11.7	14.8	12.4	12.5	11.9	11.1	11.7	11.6	11.4	12.3	11.6	12.3
채소류	130.8	134.7	153.5	140.7	160.6	152.2	148.2	148.3	154.5	165.9	164.4	144.6	152.6	156.8	145.5	153.8	149.9	154.2	148.9	132.2	154.6	139.2	146.2	153.7	142.8	133.6	143.5	150.4	144.9	141	144	138.6	137.8
과실류	35.9	38.8	35.1	35.1	39.1	36.8	40.7	34.6	39.1	40.7	41.9	42	39.5	41.6	44.7	44.6	48.3	46.9	48.3	44.2	46.7	46.2	47.5	49.8	48.5	42.9	41.8	38.7	39.9	36.1	38.3	38.6	34.6
육류	24.8	27.3	28.6	29.8	32.7	34	35.2	34.8	36.3	37.5	38.2	39.2	39	36.9	36.6	38.4	40.9	40.7	42.9	43.5	44.4	46	49.2	51.5	53.5	56.1	60.1	64.3	67.8	65.1	66.2	66.6	68.2
유지류	13.8	13.9	13.3	13.9	14.2	14.4	15.2	12.9	15.7	15.9	17	17.5	16.8	17.7	18.7	18.1	18.2	18.6	18.9	20.1	21.1	22.2	18.2	20.4	20.8	21.2	22.9	24.5	27.5	26.4	28.3	25.9	27.9

그림 2-16 한국 성인의 1인당 연간 식품류별 식품 공급량 추이(1991~2023년)

출처: 한국농촌경제연구원. 2024.

2) 식품 섭취량 추이

질병관리청의 〈2023년 국민건강통계〉에 따르면, 최근 10년간(2014~2023년) 1세 이상 (표준화) 국민의 곡류와 과일류 섭취량은 감소한 반면, 육류와 음료류 섭취량은 증가하는 추세를 보였다(**그림 2-17**).

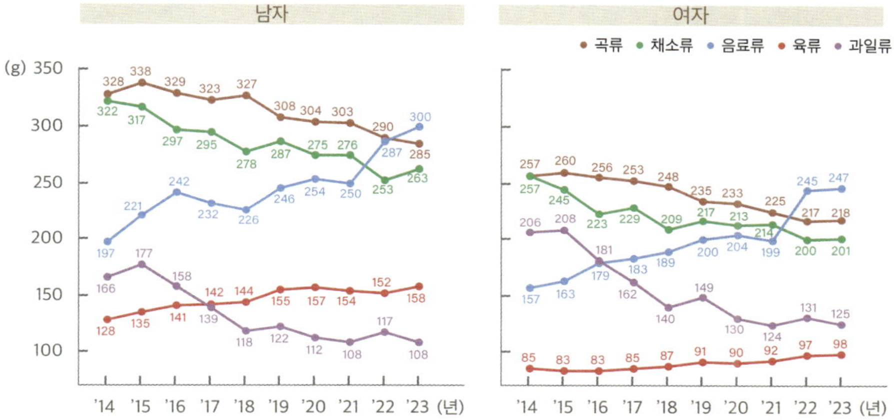

그림 2-17 한국 성인의 식품군별 섭취량 추이(2014~2023년, 1세 이상, 표준화)

출처: 질병관리청. 2024.

(1) 식물성 식품 섭취량 추이

식물성 식품이란, 식물 또는 식물의 일부를 주원료로 만든 식품으로 그 종류에는 곡류, 두류, 서류, 과일류, 채소류, 버섯류, 해조류 등이 포함된다. 식물성 식품은 식이섬유, 칼륨, 마그네슘, 비타민 A, 비타민 C 등 다양한 무기질과 비타민의 주요 급원이다.

국민건강영양조사에 따르면, 과일 및 채소의 섭취량은 2013~2015년을 기점으로 지속적으로 감소하고 있다. 1일 과일 및 채소를 500g 이상 섭취하는 사람의 분율(6세 이상, 표준화)은 매년 감소하고 있으며, 2023년에는 22.1%로 보고되었다(**그림 2-18**). 또한, 2023년 여성의 과일 및 채소 적정 섭취자 분율은 남성보다 낮았으며, 특히 12~29세 여성은 10% 미만으로 가장 낮은 수준을 보였다(**그림 2-19**).

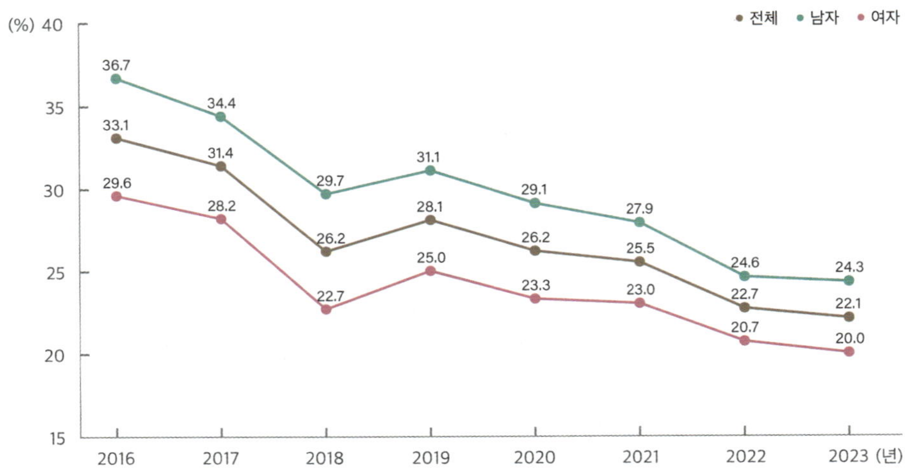

주 1) 과일 및 채소 적정 섭취자 분율: 1일 과일 및 채소 섭취량이 500g 이상인 분율, 6세 이상
2) 2005년 추계인구로 연령표준화

그림 2-18 한국인의 하루 과일 및 채소의 500g 이상 섭취자 분율 추이(2016~2023년, 6세 이상, 표준화)

출처: 질병관리청. 2025.

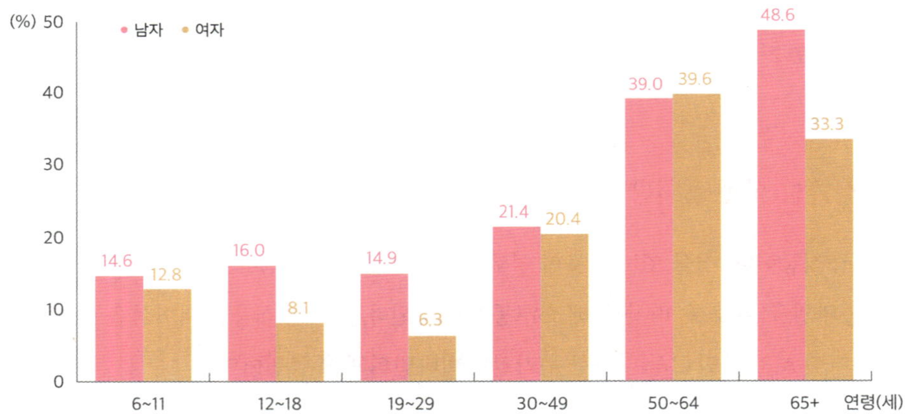

주 1) 과일 및 채소 적정 섭취자 분율: 1일 과일 및 채소 섭취량이 500g 이상인 분율, 6세 이상
2) 2005년 추계인구로 연령표준화

그림 2-19 한국인의 성별 · 연령별 하루 과일 및 채소의 500g 이상 섭취자 분율(2023년, 6세 이상, 표준화)

출처: 질병관리청. 2025.

(2) 동물성 식품의 섭취량 추이

동물성 식품은 동물에서 유래한 모든 식품을 포함하며, 육류(쇠고기, 돼지고기, 닭고기 등), 어패류, 난류, 우유 및 유제품 등이 이에 해당된다. 동물성 식품은 단백질과 필수 아미노산, 철, 아연, 비타민 B_{12} 등 중요한 영양소의 급원이다.

우리나라 국민의 육류 섭취량(1세 이상, 표준화)은 2014년 106.7g에서 2023년 129.0g으로 꾸준히 증가하였고, 난류 섭취량은 2014년 28.2g에서 2023년 37.3g으로 증가하였다. 우유류 섭취량은 2014년 109.4g에서 2023년 121.5g으로 증가하였다. 다만 어패류 섭취량은 2014년 48.4g에서 2023년 40.2g으로 감소하는 추이를 보였다.

(3) 음료류

음료류란 차류, 커피, 과일 · 채소류 음료, 탄산음료, 두유류, 발효음료, 인삼 · 홍삼음료 등 음용을 목적으로 하는 것을 말한다. 국민건강영양조사에 따르면, 2013~2022년까지의 음료 섭취량(1세 이상, 표준화)은 증가하는 경향을 보였고, 남성이 여성보다 더 많이 섭취하는 것으로 보고되었다. 연령대별 음료 섭취량은 19~49세에서 다른 연령군에 비해 상대적으로 높았다(**그림 2-20**).

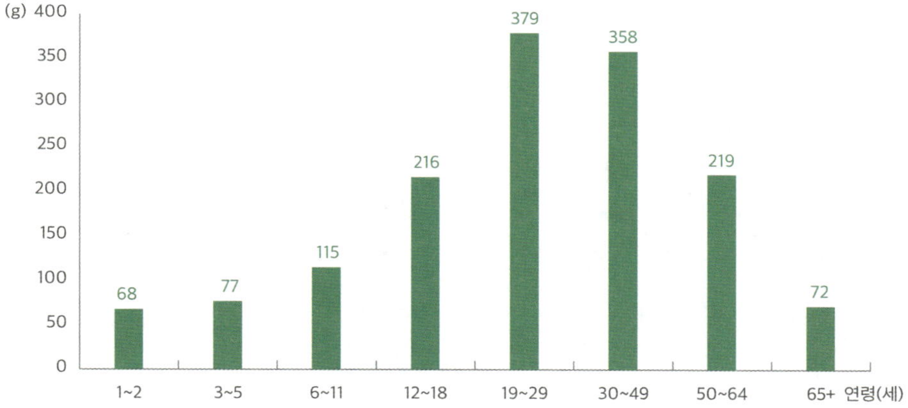

주 1) 음료류: 탄산음료, 과일·채소음료, 커피, 차, 스포츠음료, 에너지음료, 기타 음료(혼합음료, 유가공음료 등)
2) 2005년 추계인구로 연령표준화

그림 2-20 한국인의 연령별 음료류 섭취량(2022년, 1세 이상, 표준화)

출처: 질병관리청. 2024.

또한 제9기 1차년도(2022) 국민건강영양조사 분석 결과에서도 남녀 모두 탄산음료와 커피가 다소비되는 음료류로 나타났다.

(4) 가공식품, 초가공식품 섭취량 추이

가공식품이란, 천연식품이나 최소한으로 가공된 식품에 가공된 조리 재료를 첨가하여 제조한 식품을 말하며, 초가공식품은 식품의 보존성, 맛, 편의성 향상을 목적으로 산업적인 공정을 거쳐 식품에서 추출되거나 합성된 물질을 함유하는 식품을 말한다.

NOVA 분류 체계는 식품의 산업적 가공 정도와 목적에 따라 식품을 다음의 4개 그룹으로 나눈다(**그림 2-21**).

- **그룹 1** 비가공·최소가공 식품(과일, 채소, 우유 등)
- **그룹 2** 가공 조리에 사용하는 설탕·소금·기름 등의 재료
- **그룹 3** 비가공·최소가공 식품에 소금이나 설탕 등을 추가하여 제조한 치즈·통조림·염장 채소 등 가공식품
- **그룹 4** 비가공·최소가공 식품에 여러 첨가물과 복잡한 공정을 거친 초가공식품

그림 2-21 NOVA 식품 분류 체계

출처: Maher. 2023; Sung 외. 2021.

1998~2022년까지의 국민건강영양조사 자료를 NOVA 분류체계에 따라 분석한 결과, 초가공식품NOVA group 4의 에너지 섭취 비율은 1998~2005년 17.41%에서 2016~2019년 26.71%로 증가했다. 그러나, 코로나19 팬데믹 기간에는 25.33%로 소폭 낮아졌다. 가공식품의 에너지 섭취 비율은 1998~2005년 평균 8.29%이었으나 2020~2022년에는 평균 11.16%로 꾸준히 증가했다(**그림 2-22**).

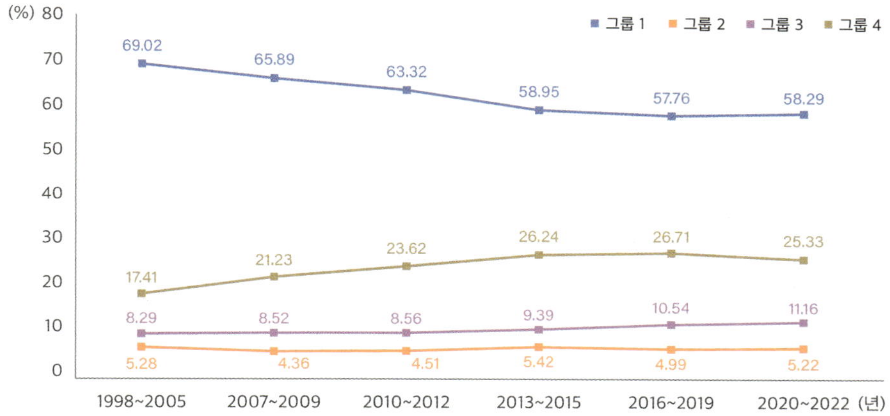

그림 2-22 한국 성인의 NOVA 그룹별 에너지 섭취 비율 추이(1998~2022년, 20세 이상)

출처: Lee 외. 2025.

3) 영양소 섭취 현황

(1) 영양소 섭취 추이

우리나라 최근 10년간(2014~2023년) 1세 이상(표준화) 국민의 총에너지 섭취량은 지속적으로 감소하고 있으나, 단백질과 지방의 에너지 섭취 분율은 지속적으로 증가하고 있다. 한편, 남녀 모두에서 나트륨, 철, 비타민 B군, 비타민 C 섭취량이 감소하였다.

식생활이 풍요로워진 현대 사회에서도 일부 영양소는 섭취 부족 또는 과잉으로 인해 영양소 섭취의 불균형이 여전히 존재함을 알 수 있다. 예를 들면, 칼슘과 비타민 A 섭취 비율은 기준치를 충족하지 못하지만, 나트륨 섭취 비율은 기준치를 초과하는 경향을 보인다(**표 2-2**).

표 2-2　한국인의 영양소별 영양소 섭취기준 미만 섭취자 분율(2023년, 1세 이상, 표준화)

(단위: %)

영양소	전체	남성	여성
에너지	36.8	35.7	37.9
단백질	19.7	16.4	23.2
칼슘	71.0	70.0	72.0
인	18.5	11.9	25.3
마그네슘	49.0	47.9	50.2
아연	29.4	24.9	34.1
비타민 A	72.4	73.5	71.2
리보플라빈	27.9	27.7	28.0
니아신	49.4	41.3	57.8
엽산	62.5	54.8	70.4
비타민 C	68.7	67.6	69.8

주 1) 영양소 섭취기준 : 에너지, 필요추정량의 75%; 지방, 지방에너지적정비율의 하한선; 그 외 영양소, 평균필요량
2) 2005년 추계인구로 연령표준화
3) 비타민 A는 2015년까지 레티놀 당량(Retinol Equivalents, RE)으로 산출해왔으나, 영양소 섭취기준이 레티놀 활성 당량(Retinol Activity Equivalents, RAE)으로 변경됨에 따라 2016년부터 레티놀 활성 당량으로 산출

출처: 질병관리청. 2024.

(2) 에너지

우리나라 성인의 하루 평균 에너지 섭취량(1세 이상, 표준화)은 감소하는 추세로 남성은 2014년 2,369kcal에서 2023년 2,115kcal로, 여성은 2014년 1,757kcal에서 2023년 1,597kcal로 감소하였다. 또한, 전체 에너지 섭취량 중 탄수화물의 섭취 분율은 감소한 반면, 지방과 단백질의 섭취 분율은 증가하고 있다(**그림 2-23**).

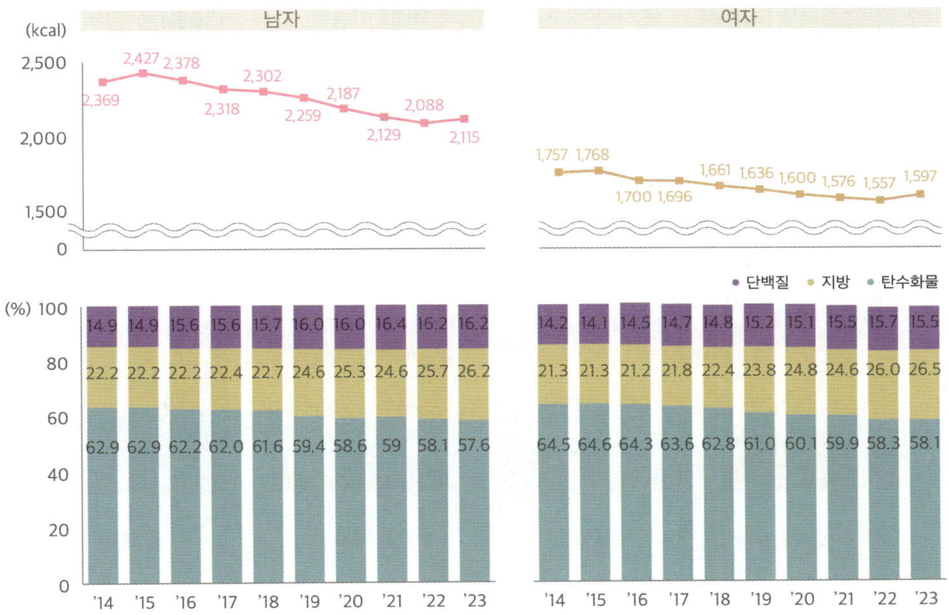

주 1) 자료원: 국민건강영양조사
2) 에너지 섭취량: 1인 1일당 에너지 섭취량의 평균, 1세 이상
3) 단백질 에너지 섭취분율: {(단백질 섭취량)×4+(지방 섭취량)×9+(탄수화물섭취량)×4}에 대한 {(단백질 섭취량)×4}의 분율, 1세 이상
4) 지방 및 탄수화물 에너지 섭취분율: 단백질 에너지 섭취분율과 같은 정의에 의해 산출, 1세 이상
5) 2005년 추계인구로 연령표준화

그림 2-23 에너지 섭취량 및 급원별 섭취 분율 추이(2014~2023년, 1세 이상, 표준화)

출처: 질병관리청. 2024.

(3) 지방

〈2023년 국민건강통계〉에 따르면, 지방 섭취량과 에너지 섭취에서 지방이 차지하는 비율이 매년 증가하는 추세를 보인다. 우리나라 국민의 평균 지방 섭취량(1세 이상, 표준화)은 2014년 49.7g에서 2023년 54.7g으로 약 10% 증가하였고, 지방을 통한 에너지 섭취 비율 또한 2014년 21.8%에서 2023년 26.3%로 4.5%p 증가하였으며, 이러한 증가 경향은 모든 연령대에서 나타났다. 특히, 2019년 19~29세 여성의 지방 섭취 비율은 30.1%로, 해당 연령대의 한국인 영양소 섭취기준에서 제시하는 지방 에너지 적정 비율의 상한선(30%)에 근접한 수준으로 나타났다(**그림 2-24**).

또한 지방 과잉 섭취자 비율은 2010년 대비 2019년에 전 연령대에서 유의미하게 증가하였으며, 특히, 19~29세 연령대에서 그 비율이 가장 높게 나타났다.

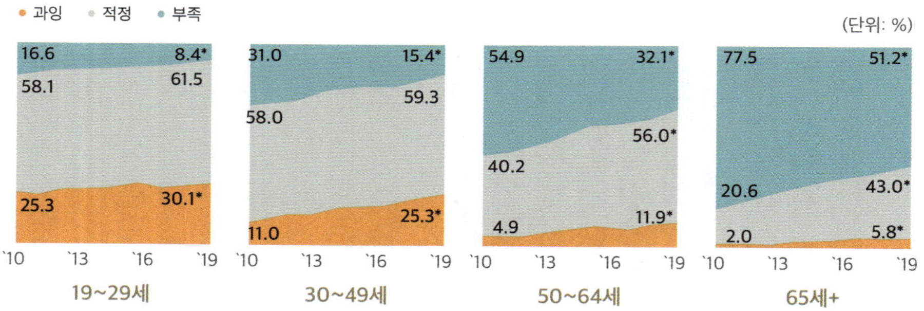

*p < 0.5
주) 지방 적정 섭취자 분율: 지방 에너지 기여분율이 15~30% 이내일 경우 적정, 15% 미만은 부족, 30% 초과는 과잉

그림 2-24 한국 성인의 연령별 지방 적정 섭취자 분율 추이(2010~2019년)

출처: 질병관리청. 2021.

(4) 당류

국민 전체의 가공식품을 통한 평균 당류 섭취 수준은 WHO 권고 기준(총에너지의 10% 미만)보다 낮은 수준이며, 지속적으로 감소 추세이다. 그러나, 여성 중 6~11세, 12~18세, 19~29세의 당류 섭취 수준은 각각 10.3%, 10.9%, 10.5%로, WHO 권고 기준인 10%를 초과하였다(**그림 2-25**).

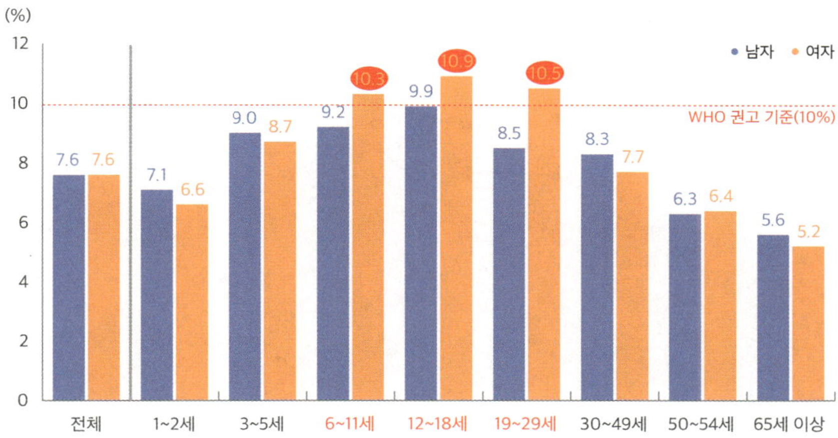

	전체	1~2세	3~5세	6~11세	12~18세	19~29세	30~49세	50~54세	65세 이상
전체(kcal)	1,809	1,122	1,383	1,759	1,895	1,911	1,917	1,810	1,629
남자(kcal)	2,084	1,170	1,452	1,900	2,080	2,220	2,219	2,121	1,873
여자(kcal)	1,535	1,069	1,316	1,611	1,682	1,575	1,596	1,522	1,418

그림 2-25 한국인의 성별·연령별 1일 총열량 대비 가공식품을 통한 당류 섭취 비율(2022년)

출처: 식품의약품안전처. 2024.

(5) 무기질

- **나트륨** 나트륨 저감화 정책 추진으로 우리나라 국민의 나트륨 섭취량은 감소하는 추세를 보이고 있으나, 여전히 WHO 권고 기준(2,000mg)의 약 1.5배 수준으로 높은 편이다. 2023년 기준 우리나라 국민의 평균 나트륨 섭취량(1세 이상, 표준화)은 3,092.4mg이며, 남성은 하루 평균 3,612.5mg, 여성은 2,549.1mg을 섭취하는 것으로 나타났다. 또한 2022년 나트륨 만성질환위험감소섭취량Chronic Disease Risk Reduction intake, CDRR 이상 섭취자 분율은 65.3%로 나타났다(**그림 2-26**).

특히, 만성질환 유병률이 높은 30대 이상 남성의 CDRR 이상 섭취 비율은 약 80%에 달해, 이들 연령층을 대상으로 한 보다 구체적인 나트륨 저감화 관리 방안 마련이 필요한 상황이다.

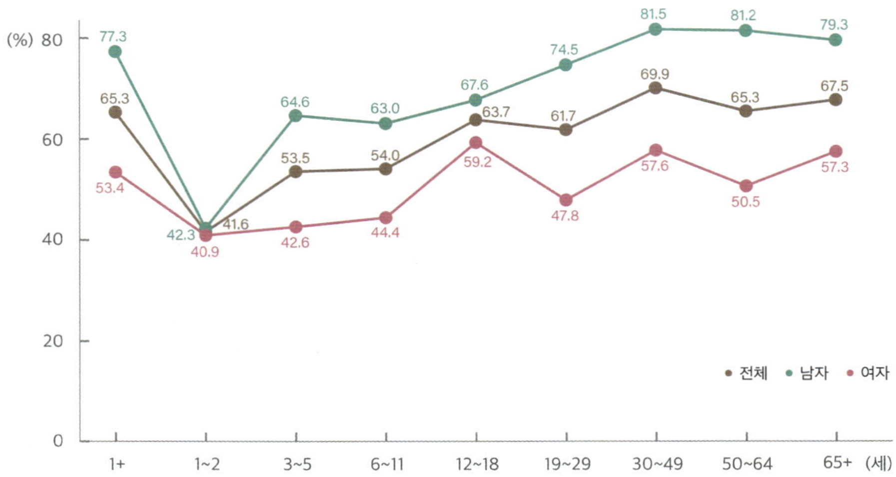

그림 2-26 한국인의 나트륨 만성질환위험감소섭취량 이상 섭취자 분율(2022년, 1세 이상, 표준화)

출처: 질병관리청. 2024.

- **칼슘** 지난 10년 동안 칼슘 섭취량은 권장섭취량 대비 부족한 상태를 유지하고 있다. 국민건강영양조사 2023년 자료에 따르면, 국민 1인당 하루 평균 칼슘 섭취량(1세 이상, 표준화)은 약 493.5mg으로, 이는 권장섭취량 대비 약 65.5% 수준에 불과하였다. 칼슘의 권장섭취량 미만 섭취자 분율(1세 이상, 표준화)은 약 71%로 나타났으며, 노인과 청소년의 칼슘 섭취량은 각각 권장섭취량의 약 50% 수준으로 매우 부족하게 나타났다. 노인의 경우 하루 평균 391.5mg, 청소년은 474.9mg만 섭취하고 있었다.
- **인** 지난 10년 동안 우리나라 1세 이상 국민의 인 섭취량(1세 이상, 표준화)은 지속적으로 권장량을 초과하는 수준을 유지하고 있다. 2023년 기준, 우리나라 국민의 1일 평균 인 섭취량은 약 1,033.2mg으로, 권장섭취량 대비 약 142.2%에 해당하였다. 한편, 인의 권장섭취량 미만 섭취자 분율은 증가 추세를 보였으며, 2014년 13.8%에서 2023년 18.5%로 상승하였다.
- **마그네슘** 우리나라 국민의 마그네슘 섭취량(1세 이상, 표준화)은 2016년 308.4mg에서 2023년 273.2mg으로 감소하는 추세를 보였다. 이에 따라 마그네슘 권장섭취량 미만 섭취자 분율도 같은 기간 동안 38.6%에서 49.0%로 증가하였으며, 국민 약 절반이 평균필요량에 미달하는 것으로 나타났다.

(6) 비타민

- **비타민 D** 〈2023년 국민건강영양조사〉에 따르면, 우리나라 국민의 1일 평균 비타민 D 섭취량(1세 이상, 표준화)은 2.8μg으로 나타났으며, 이는 2016년 비타민 D 섭취량을 조사한 이후 지속적으로 감소하는 추세이다. 2023년 기준, 우리나라 국민의 비타민 D 충분섭취량 대비 섭취비율(1세 이상, 표준화)은 30.4%였으며, 남성은 34%, 여성은 26.7%로, 여성의 섭취비율이 남성보다 더 낮았다. 이러한 결과는 전반적으로 국민 대다수가 비타민 D를 충분히 섭취하지 못하고 있으며, 특히 여성의 비타민 D 섭취 부족이 더욱 심각함을 보여준다.
- **비타민 A** 우리나라 국민의 비타민 A 권장섭취량 미만 섭취자 분율(1세 이상, 표준화)은 2016년 74.3%에서 2023년 72.4%로 소폭 감소했으나, 여전히 국민 10명 중 7명 이상이 기준치를 충족하지 못하는 실정이다. 2023년 기준 남성은 73.5%, 여성은 71.2%로 성별 간의 차이는 크지 않은 것으로 나타났다. 8년간의 수치 변화를 보면 다소 감소 경향은 있지만 전체적으로 섭취 부족 상태가 지속되고 있다. 채소류와 우유류 등 비타민 A 급원 식품 섭취 확대를 위한 식생활 개선 정책이 지속적으로 요구된다.
- **리보플라빈(비타민 B_2)** 2023년 자료에 따르면, 리보플라빈 권장섭취량 미만 섭취자 분율(1세 이상, 표준화)은 2014년 39.1%에서 2023년 27.9%로 감소하는 추세를 보인다. 10년 전과 비교했을 때, 전체적으로 약 11.2%p 하락한 수치로, 리보플라빈 섭취 상태가 전반적으로 개선되고 있음을 보여준다. 2023년 기준 남성은 27.7%, 여성은 28.0%로 성별 간에는 큰 차이를 보이지 않았다.
- **니아신(비타민 B_3)** 우리나라 국민의 니아신 권장섭취량 미만 섭취자 분율(1세 이상, 표준화)은 2014년 29.3%에서 2023년 49.4%로 증가, 전반적으로 상승 추세를 유지해 왔다. 특히 2020년에는 52.1%가 권장섭취량에 미달하였다. 또한, 여성의 권장섭취량 미만 비율이 남성보다 꾸준히 높은 수준을 유지하고 있다. 전반적으로 2020년을 전후로 전체 권장섭취량 미만 비율은 50%를 초과하는 양상을 보였다. 이는 여성층을 중심으로 한 보완적인 영양 개선 대책의 필요성을 시사한다.
- **비타민 C** 지난 10년 동안 비타민 C 섭취량(1세 이상, 표준화)은 권장섭취량 대비 꾸준히 부족한 상태를 유지하고 있다. 국민건강영양조사 2023년 자료에 따르면, 국민 1인당

하루 비타민 C 섭취량은 약 66.9mg으로, 이는 권장섭취량 대비 75.5% 수준이다. 비타민 C의 평균필요량 미만 섭취자 분율(1세 이상, 표준화)은 68.7%로, 국민 10명 중 7명 가까이가 평균필요량을 충족하지 못하고 있는 실정이다. 비타민 C의 주요 급원 식품은 채소류와 과일류이며, 최근 과일 및 채소 섭취량의 전반적인 감소가 비타민 C 섭취량 저하에 영향을 준 주요 요인으로 분석된다.

- **엽산** 우리나라 국민의 엽산 권장섭취량 미만 섭취자 분율(1세 이상, 표준화)은 2016년 55.6%에서 2023년 62.5%로 증가하는 추세를 보인다. 특히 여성의 섭취기준 미달 비율은 2023년 기준, 남성은 54.8%, 여성은 70.4%로, 여성이 남성보다 섭취 부족 비율이 현저히 높은 양상을 보였다. 전체적으로 엽산 섭취기준 미만 인구 비율은 2016년부터 꾸준히 60% 이상의 높은 비율을 유지하고 있어 여성을 중심으로 한 엽산 섭취 개선 대책이 요구된다.

(7) 전반적인 영양소 섭취 부족과 에너지/지방 과잉 섭취 유병률

2023년 국민건강영양조사에 따르면, 우리나라에서 전반적인 영양소 섭취 부족과 에너지/지방 과잉 섭취라는 영양의 양극화 현상이 동시에 진행되고 있음을 확인할 수 있다.

최근 10년간 전반적인 영양섭취 부족자 분율(19세 이상, 표준화)은 증가하는 경향을 보였다. 영양섭취 부족자란, 에너지 섭취량이 필요추정량의 75% 미만이며 칼슘, 철, 비타민 A, 리보플라빈의 섭취량이 모두 평균필요량 미만인 사람을 의미한다. 2023년 기준, 우리나라 국민(19세 이상, 표준화) 중 19.0%가 영양소 섭취가 부족한 것으로 나타났으며(**그림 2-27**), 특히 19~29세(21.5%)와 70세 이상(21.5%) 인구에서 영양섭취 부족자 분율이 가장 높았다. 사회 · 경제적 요인과 관련하여, 소득 수준(표준화)이 낮을수록 영양 부족 인구 비율이 높은 경향을 보이며, 특히 소득 하위 그룹(21.0%)이 상위 그룹(14.6%)보다 높은 수치를 기록하였다.

반면, 에너지 섭취량이 필요추정량의 125% 이상이며, 지방 섭취량이 지방에너지적정비율의 상한선을 초과한 사람을 의미하는 에너지/지방 과잉 섭취자 분율(19세 이상, 표준화)은 2023년 7.6%로 보고되었다(**그림 2-28**). 특히, 19~29세 청년층(9.4%)에서 과잉 섭취율이 가장 높았다. 소득 수준(표준화)이 높을수록 에너지/지방 과잉 섭취자 분율이 증가하는 경향을 보이며, 상위 소득 그룹(9.3%)이 하위 소득 그룹(6.4%)보다 높았다.

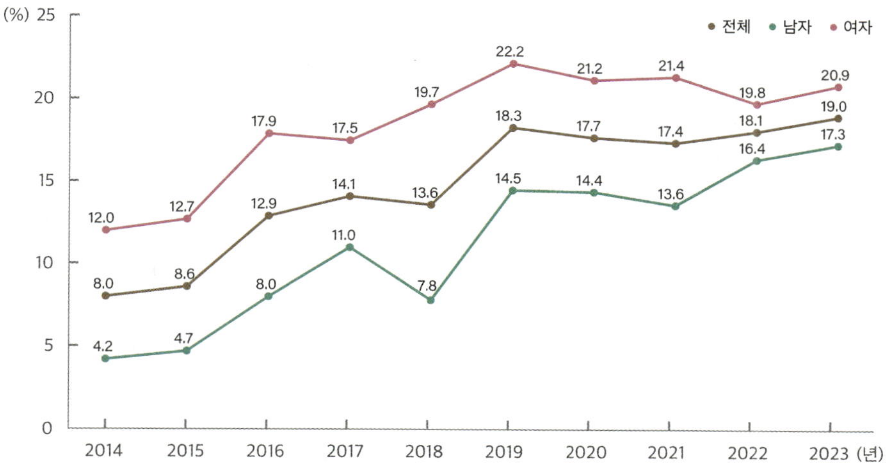

주 1) 영양섭취부족자 분율: 에너지 섭취량이 필요추정량의 75% 미만이면서 칼슘, 철, 비타민 A, 리보플라빈의 섭취량이 모두 평균필요량 미만인 분율

2) 2005년 추계인구로 연령표준화

그림 2-27 한국 성인의 영양섭취 부족자 분율 추이(2014~2023년, 19세 이상, 표준화)

출처: 질병관리청. 2024.

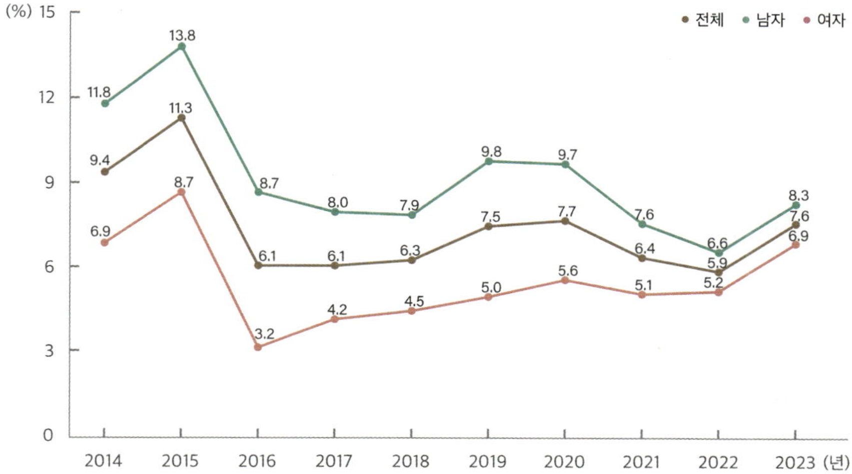

주 1) 영양섭취부족자 분율: 에너지 섭취량이 필요추정량의 75% 미만이면서 칼슘, 철, 비타민 A, 리보플라빈의 섭취량이 모두 평균필요량 미만인 분율

2) 2005년 추계인구로 연령표준화

그림 2-28 한국 성인의 에너지/지방 과잉 섭취자 분율 추이(2014~2023년, 19세 이상, 표준화)

출처: 질병관리청. 2024.

요약

1. 국제적으로 사망률에 기여도가 높은 식생활 요인에는 나트륨 과잉 섭취, 전곡류 섭취 부족, 과일 및 채소 섭취 부족, 견과류 섭취 부족 등이 있음
2. 우리나라 국민의 주요 사망원인인 암, 심혈관질환, 당뇨병, 고혈압 등은 식생활과 관련성이 높음
3. 우리나라 국민의 식품섭취 추이를 보면, 곡류 및 채소류 섭취가 줄고 육류, 음료류, 당류, 가공식품 섭취가 증가하고 있음
4. 우리나라 국민의 영양소 섭취 추이의 특징은 탄수화물 섭취가 줄고, 단백질과 지방 섭취가 늘어나고 있으며, 일부 비타민과 무기질의 섭취 부족과 과잉 문제가 공존하고 있음

활동

1. 목적

우리나라 국민에게 주로 발생하는 영양 관련 건강 문제를 예방하기 위한 건강한 영양소 섭취 개선방안을 모색한다.

2. 활동내용

① 우리 국민들에서 섭취가 부족한 것으로 알려진 비타민과 무기질을 다량 함유한 식품을 가지고 건강한 하루 식단 구성해보기

② 우리나라의 대표적인 영양부족 영양소를 한 가지 이용하여 해당 영양소의 영양불량 취약집단을 파악해보기

CHAPTER 03

식생활에 영향을 미치는 요인

지역사회 집단이나 개인의 식생활은 개인의 특성뿐만 아니라 환경에도 영향을 받는다. 개인이 건강한 식생활을 실천하고자 할 때 이를 가능하게 할 수 있는 환경 조성도 필요하다. 예를 들어, 고혈압을 관리하고 있는 개인이 직장에서 점심식사로 저염식을 먹고자 할 때 저염 식사를 판매하는 식당이 없다면 실천하기 어렵다. 즉, 개인의 노력과 동시에 식환경 개선이 이루어질 때 건강한 식생활 실천율이 높아질 수 있다. 본 장에서는 개인의 식생활에 영향을 미치는 요인들을 이해하고, 지역사회영양활동에서의 활용 방안을 모색하며, 우리나라 국민의 식행동 및 식환경의 변화 추세를 확인하고자 한다.

학 습 목 표

1. 식품섭취에 영향을 미치는 요인들을 이해할 수 있다.
2. 우리나라 국민의 식행동과 식환경의 변화 추세를 파악할 수 있다.

1. 식생활 결정요인

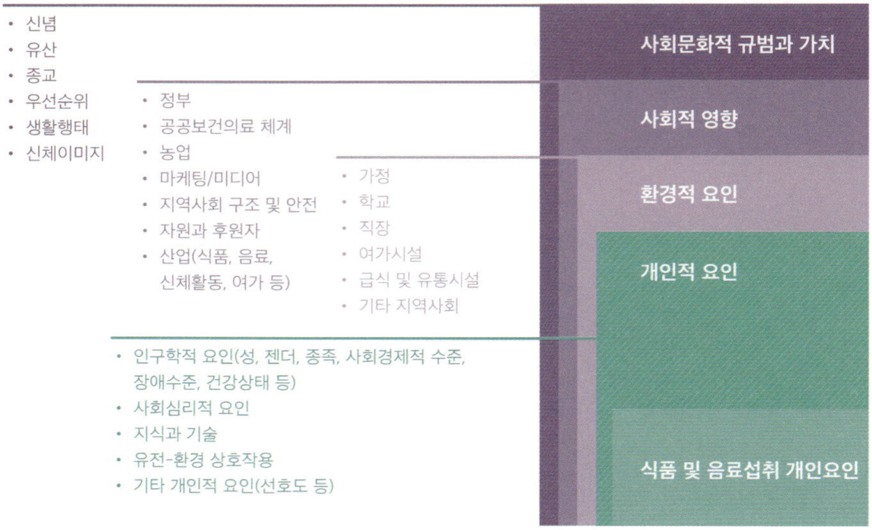

그림 3-1 영양 및 신체활동에 영향을 미치는 사회생태학적 모델

출처: USDA & US HHS. 2010.

1) 건강 행동의 결정요인

개인의 건강 행동은 다양한 요인의 영향을 받는다. 개인의 특성뿐만 아니라 환경적 · 사회적 · 문화적 요인까지 폭넓은 요소들이 개인의 건강 행동을 결정하는 데 중요한 역할을 한다.

(1) 개인적 요인(individual factors)

개인적 요인은 영양 섭취와 신체활동을 포함한 개인의 건강 행동에 직접적인 영향을 미치는 요소로, 크게 인구학적 요인, 사회심리적 요인, 지식과 기술, 유전-환경 상호작용, 기타 개인적 요인으로 구분할 수 있다.

인구학적 요인에는 나이, 성, 소득, 인종/민족, 유전학적 요인, 장애 여부 등이 포함되며, 개인의 신념, 태도, 동기 등과 같은 사회심리적 요인과 함께 건강 행동을 형성하고 유지하는 데 중요한 역할을 한다. 영양 및 신체활동에 대한 이해 수준과 실천 능력 또한 개인의 건강 행동을 결정하는 핵심 요소이며, 이 밖에도 유전적 요인, 개인의 다양한 특성과 경험 등의 요인들은 서로 복합적으로 작용하여 건강한 생활습관을 형성하는 데 영향을 준다.

(2) 환경적 요인(environmental settings)

환경적 요인은 개인이 생활하는 환경, 즉 가정, 학교, 직장, 여가시설, 급식 및 유통시설, 그리고 지역사회 특성 등을 말하며, 모두 개인의 건강 행동에 큰 영향을 미친다. 예를 들어, 가정과 학교는 식생활 및 건강교육을 통해 건강 습관을 형성하며, 직장과 여가시설은 신체활동과 식습관에 영향을 준다. 또한, 식품 접근성과 지역사회의 건강환경 및 정책 역시 개인의 건강 행동을 결정하는 중요한 요인으로 작용한다. 이러한 다양한 환경적 요인은 개인의 건강 행동을 형성하고 유지하는 데 중요한 역할을 하므로, 건강한 생활습관을 지원하는 환경 조성이 필요하다.

(3) 사회적 영향(sectors of influence)

건강 행동은 정부, 공공보건의료체계, 농업, 산업, 미디어 등과 같은 다양한 부문의 영향을 받는데, 개인과 가족이 건강한 식품에 접근하고 신체활동을 실천할 수 있는 기회를 결정하는 데 중요한 역할을 한다. 또한, 일부 부문은 사회적 규범과 가치에도 강한 영향을 미쳐 건강 행동 형성에 영향을 주며, 이러한 부문들의 협력과 정책적 지원은 건강한 환경 조성에 필수적이다.

(4) 사회문화적 규범과 가치(social and cultural norms and values)

사회문화적 규범과 가치는 개인의 건강 행동에 영향을 미치는 가장 광범위한 요소로, 사람들의 사고, 신념, 행동을 형성하는 지침 역할을 한다. 사회에서 적절하다고 여겨지는 행동 기준은 사회적 가치에 기반을 두며, 이는 법률부터 개인의 기대까지 다양한 형태로 반영된다. 영양 및 신체활동과 관련된 문화적 규범에는 소비하는 식품의 종류, 식사 시간과 방식, 여가 시간 동안 신체활동 등이 포함될 수 있다. 이러한 사회적 · 문화적 규범은 개인뿐만 아니라 공동체 전체의 건강 행동을 형성하는 데 영향을 미치며, 시간이 지나면서 변화하거나 더욱 강화될 수 있다.

2) 식품 선택의 결정요인

우리는 일상적으로 특별한 고민 없이 식품을 선택하지만, 실제로 식품 선택은 다양한 요인이 상호작용하는 복잡한 과정이다(**그림 3-2**). 식품 내적 요인, 식품 외적 요인, 개인의 특성 요인, 인지적 요인, 사회문화적 요인은 우리의 식품 선호와 선택에 큰 영향을 미친다. 또한, 우리는 식품을 통해 개인적인 취향을 표현하고, 사회적 관계를 형성하며, 감정을 나타내거나 창의력을 발휘하기도 한다.

식품 선호는 어린 시절부터 형성되며 부모, 친구, 또래와의 상호작용을 통해 변화한다. 다양한 환경과 경험은 새로운 식품을 접하게 하며, 이는 선호도를 확장하거나 변화시키는 요인이 될 수 있다.

- **식품 내적 요인** 식품 그 자체가 지닌 감각적 특성(맛, 향, 풍미, 질감)과 지각적 특성(색, 양, 영양 및 건강 가치, 품질)을 의미한다. 예를 들어, 시각적 및 후각적 자극은 가까운 환경 내에서 음식을 인식하고 선택하도록 유도하며 식사 기억 형성에도 영향을 미친다. 또한 맛과 질감은 섭취 후 포만감 형성과 식사량 결정에 영향을 준다.
- **식품 외적 요인** 식품에 대한 정보와 식품이 놓인 환경으로 구성된다. 식품에 대한 정보에는 영양정보nutritional labels, 건강 표시health claims, 포장, 생산 이력, 브랜드, 광고 등이 포함되며, 이는 소비자의 인지와 선택에 직접적인 영향을 미친다. 특히, 식품 라벨food labels은 제품의 특성에 대한 정보를 제공하며, 건강하지 않은 식습관과 건강 문제를 해결하기 위한 전략의 중요한 구성요소로 작용한다. 식품 환경은 외적 요인 중 하나로, 크게 사회적 환경과 물리적 환경으로 나눌 수 있다. 사회적 환경에는 가족, 친구, 미디어 등으로부터 형성된 사회적 규범, 윤리적 관심이나 가치관이 포함된다. 집단 내 공유된 규범과 태도는 개인의 식품 선택과 섭취량에 영향을 미친다. 물리적 환경에는 식품의 가용성, 접근성, 편리성, 식품 판매점 내 식품 진열 위치, 식품 배치, 진열 순서, 진열 시간대 등이 포함된다. 예를 들어, 직장, 거주 지역, 식품 소매점, 식당 등에서의 식품 접근성도 개인의 식품 선택과 식습관, 비만 위험에 영향을 주는 중요한 환경 요인이다.
- **개인의 특성 요인** 개인의 특성은 식품 선택에 큰 영향을 미친다. 생물학적 요인에는 유전적 특성, 개인의 식습관과 대사 상태, 건강상태 등이 포함되며, 생리적 요인에는 공복감, 식욕, 체중 상태 등이 해당된다. 이 외에도 감정, 동기, 성격 등 심리적 요소, 개인의

습관과 과거 경험이 식품 선택에 작용하는 주요 요인이다.

- **인지적 요인** 식품 선택에서 인지적 요인은 개인의 판단에 영향을 준다. 특히, 영양과 식품 관련 지식, 식품 관리 능력은 선택에 큰 영향을 미친다. 예를 들어, 영양 지식은 식품 섭취에서 나타나는 사회인구학적 차이를 매개하는 요인 중 하나이며, 과일과 채소 섭취에서 그 영향이 뚜렷하게 나타났다. 또한, 태도 및 식품 선호도뿐만 아니라 식품 섭취 결과에 대한 기대감도 식품 선택에 영향을 미치는데, 예를 들어, 건강에 유익할 것이라는 기대가 특정 식품을 선택하게 만드는 요인으로 작용할 수 있다. 연령, 성별, 인종, 교육 수준 등 인구학적 특성과 개인의 정체성도 식품 선택에 영향을 미친다. 식품은 단지 영양 공급 수단이 아닌, 가족의 역사, 이주 경험까지 내포하는 개인 정체성의 표현이 될 수 있다.
- **사회문화적 요인** 사회문화와 경제 및 정치 등 거시적 관점에서의 영향을 의미한다. 여기에는 소득 수준, 사회경제적 지위, 식품 가격, 문화적 규범, 농업 및 식품 관련 정책과 제도가 포함된다. 예를 들어, 식품 가격의 조정은 소비자의 식품 구매 행태를 변화시키는 전략으로 활용될 수 있다. 농업 및 식품 정책은 식품 공급 전반에 걸쳐 식품의 양과 질을 변화시켜 식품 가격과 접근성에도 영향을 미칠 수 있다. 또한, 식품 선택과 식행동은 문화적 요인의 영향을 받는데, 특히 공동체 내에서 공유되는 가치와 신념은 음식에 대한 인식과 건강한 식품에 대한 개념 형성에 영향을 미친다.

> **식행동**
> 개인이 음식을 선택하고, 섭취하며, 이에 반응하는 모든 과정

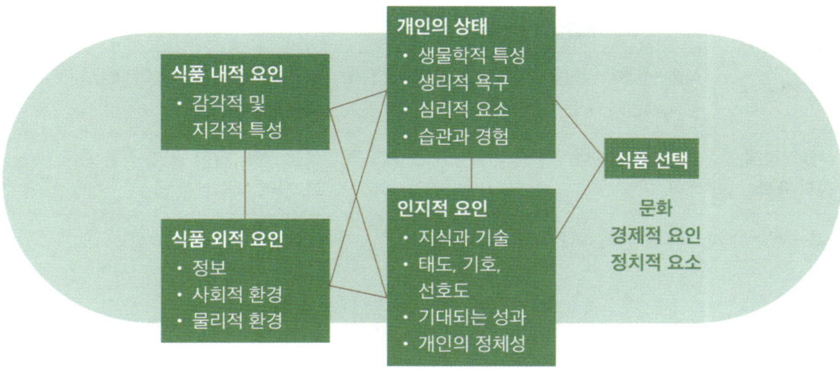

그림 3-2 식품 선택에 영향을 미치는 요인

출처: Chen & Antonelli. 2020.

이처럼 식품 선택은 감각과 인지, 심리와 생리, 개인의 특성과 사회적 조건, 정책과 문화에 이르기까지 다층적인 요인들이 상호작용하는 결과이다.

3) 식환경

식환경이란 개인의 식품 선택과 소비에 영향을 미치는 물리적, 경제적, 정책적, 사회문화적 맥락을 의미한다. 인간 중심의 관점에서 보면, 식환경은 사람들이 식품을 선택하고 구매하며, 조리하고, 언제 · 어디서 · 누구와 함께 섭취할지를 결정하는 공간으로도 이해될 수 있다. 이는 개인의 선호와 특성뿐만 아니라, 식품 선택이 이루어지는 보다 넓은 구조적 환경까지 포괄한다. 이러한 요인 중, 개인의 특성에 해당하는 요소는 '개인 식환경', 외부 조건에 해당하는 요소는 '외부 식환경'으로 구분된다. 식환경은 국가나 지역, 도시 · 농촌 여부에 따라 다를 수 있으며, 동일한 지역에서도 사회경제적 지위에 따라 각기 다른 식환경에 노출될 수 있다. 이처럼 식환경은 다양한 요인(**표 3-1**)이 복합적으로 작용하여 형성되는 구조적 시스템이다.

표 3-1 식환경의 구성요소

요소	주요 내용	예시
식품 유통체계	식품이 제공되거나 판매되는 장소 및 식품 자체의 접근성	식료품점·학교·음식점·디지털 애플리케이션 등 식품 선택(구매) 장소, 식품 종류와 질 등
물리적 환경	식품 접근성에 영향을 주는 공간적 특성 및 물리적 기반 시설	식료품점과의 거리, 지역 교통 인프라, 지역 식자재 유무 등
개인 특성	식품 선택에 영향을 미치는 인구사회학적 특성과 개인의 태도	소득, 교육 수준, 식품에 대한 태도, 문화적 가치관 등
정치·사회·경제·문화적 맥락	식품체계 전반에 영향을 미치는 구조·제도적 배경	식품 정책, 사회 규범, 식품 광고, 세금, 식문화, 지역 식품 환경 등

출처: Food environments & EU food policy. 2021.

2. 우리나라 식환경 변화 추세

우리나라의 식환경은 다양하고 복잡하게 변화하고 있는데, 그중에서 식품 공급의 다양화, 가공식품의 증가, 외식과 급식의 증가 등을 중심으로 식환경의 변화를 살펴보고자 한다.

> **식환경**
> 개인이 음식에 접근하고 선택하며 소비하게 되는 모든 물리적, 경제적, 정책적, 사회문화적 환경

1) 식품 공급의 다양화

최근 식품 수입량이 꾸준히 증가하고 있으며, 이는 외국음식의 소비 비중이 높아지고 있음을 보여주는 중요한 지표로 볼 수 있다. 이러한 변화는 외국 음식점의 증가와 글로벌 식문화 확산과도 연결된다(**그림 3-3**).

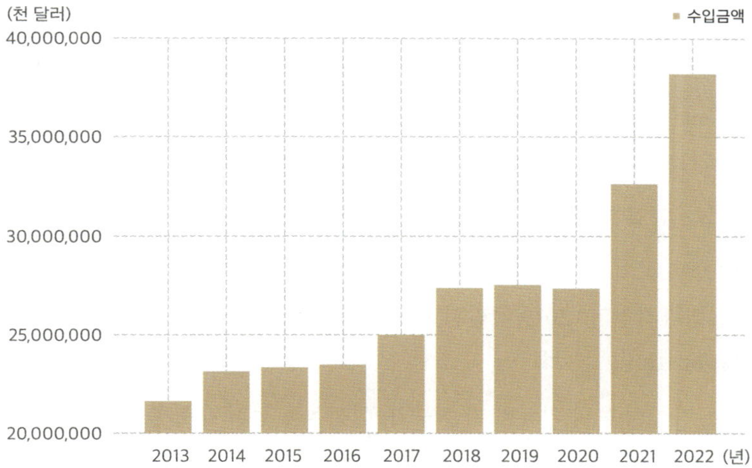

그림 3-3 한국의 수입 식품 현황(2013~2022년)

출처: 통계청. 2024.

해외 여행의 대중화와 글로벌 미디어를 통한 정보 접근성 향상은 소비자들의 식문화에 대한 인식을 넓히는 계기가 되고 있다. 소비자들은 다양한 세계 요리를 경험하고자 하는 경향이 강해졌으며, 이러한 트렌드는 국내 식품업계의 제품 개발에도 영향을 미치고 있다. 예를 들어, 국내 식품 기업들은 소비자들의 이국적인 식문화에 대한 관심을 반영하여 스리라차 소스, 스위트칠리 소스 등 외국 요리에 활용되는 소스를 적극적으로 출시하고 있다. 또한, '베트남 쌀국수맛', '매콤한 타코소스맛' 등 특정 국가의 요리를 재현한 제품을 선보이며, 소비자들이 익숙하지 않은 맛을 부담 없이 접할 수 있도록 하고 있다.

결과적으로, 식품 수입량의 증가와 해외 식문화 확산은 국내 식품 시장의 세계화를 가속화하고 있으며, 소비자들의 다양한 식문화 경험에 대한 관심은 지속적으로 확대될 것으로 예상된다.

2) 가공식품의 증가

최근(2010~2021년) 가구당 가공식품 소비가 꾸준히 증가하는 반면, 신선식품 소비 비중은 감소하는 추세이다. 2010년 대비 2021년 가공식품 지출액 비중은 26.4%에서 29.6%로 증가했으나, 신선식품 지출액 비중은 점차 줄어드는 경향을 나타냈다(**그림 3-4**).

이러한 변화는 과일 · 채소와 같은 신선식품 섭취 부족 현상을 심화시키고 있다. 하루 500g 이상의 과일 · 채소를 섭취하는 인구 비율이 2010년 37.8%에서 2020년 26.2%로 10%p 이상 감소했다는 질병관리청의 〈2019 국민건강통계〉 결과는 건강한 식습관 유지와 영양 균형 측면에서 우려를 야기한다.

결과적으로, 가공식품 및 외식비 지출 증가, 신선식품 섭취 감소 등은 한국인의 식생활 패턴이 크게 변화하고 있음을 시사하며, 건강 관리 측면에서 중요한 과제로 부상하고 있다.

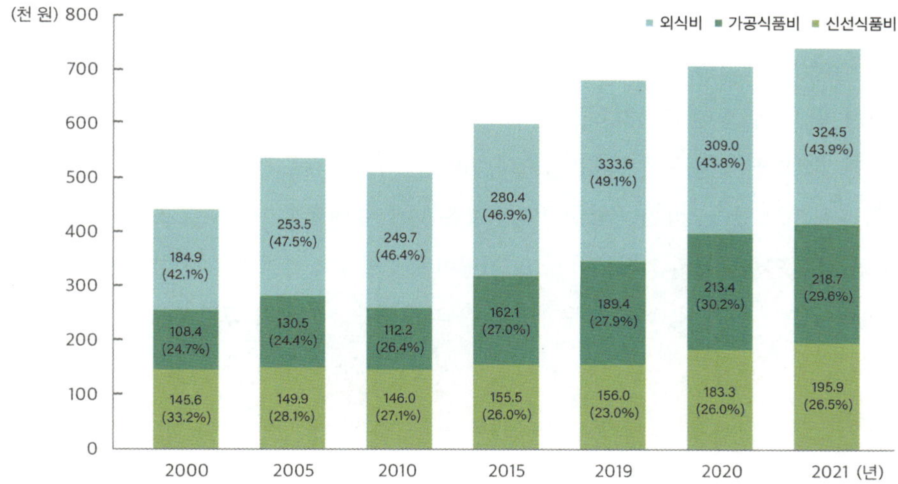

그림 3-4 한국의 가구당 가공식품 지출액 중 신선식품, 가공식품, 외식비 추이

출처: 한국건강증진개발원. 2022.

3) 외식의 증가

코로나19 팬데믹, 비대면 소비 패턴 확산, 식품 유통 구조 변화 등으로 인해 국내 식품 구매 방식과 외식률에 유의미한 변화가 나타나고 있다. 국민건강영양조사(2019~2023년)에 따르면 남성과 여성 모두 여전히 가정에서 식사하는 비율이 가장 높고, 학교와 직장에서의 식사 비율은 코로나19 팬데믹 시기에 감소했다가 사회적 거리두기 완화 및 경제활동 재개에 따라 점진적으로 증가하는 추세를 보였다. 음식업소에서의 식사 비율 역시 팬데믹 기간 동안 감소했으나, 2022년 이후 외식 시장이 회복되면서 다시 상승세를 보이고 있다.

가정식 섭취 비율은 남성의 경우 2019년 72.6%에서 2023년 70.0%로, 여성은 77.6%에서 73.8%로 소폭 감소했으며, 전반적으로 여성의 가정식 섭취 비율이 남성보다 높은 경향을 보였다. 반면, 음식업소(외식) 섭취 비율은 코로나19 팬데믹 시기에 일시적으로 감소했으나, 2023년 기준 남성 33.7%, 여성 25.5%로 다시 증가했다(**그림 3-5**).

배달 및 포장 음식 섭취는 비대면 소비문화 확산의 영향을 받아 2019~2023년까지 지속적으로 증가하는 추세를 나타냈다. 또한, 단체급식은 2020~2021년 팬데믹 영향으로 급감했으나, 최근 20%대 수준을 회복하며 안정세를 유지하고 있다. 이 밖에 일반식품과 편의식품 섭취 비율은 남녀 모두 큰 변동 없이 유지되고 있다(**그림 3-5**).

한편, 외식률은 2014~2019년까지 비교적 안정적인 수준을 유지하다가, 2020~2021년 코로나19 확산으로 인해 급격히 하락했다(**그림 3-6**). 이후 사회적 거리두기가 해제되고 경제활동이 정상화되면서 점차 회복되고 있으나, 2023년 기준 외식률은 여전히 팬데믹 이전 수준에 미치지 못하고 있다. 2023년 남성의 외식률은 33.9%, 여성은 23.3%로 조사되었으며, 연령별로는 젊은 연령층에서 외식률이 높고, 연령이 증가할수록 감소하는 경향이 나타났다. 특히 70세 이상 고령층에서는 남녀 모두 매우 낮은 외식 비율을 보였다(**그림 3-6**).

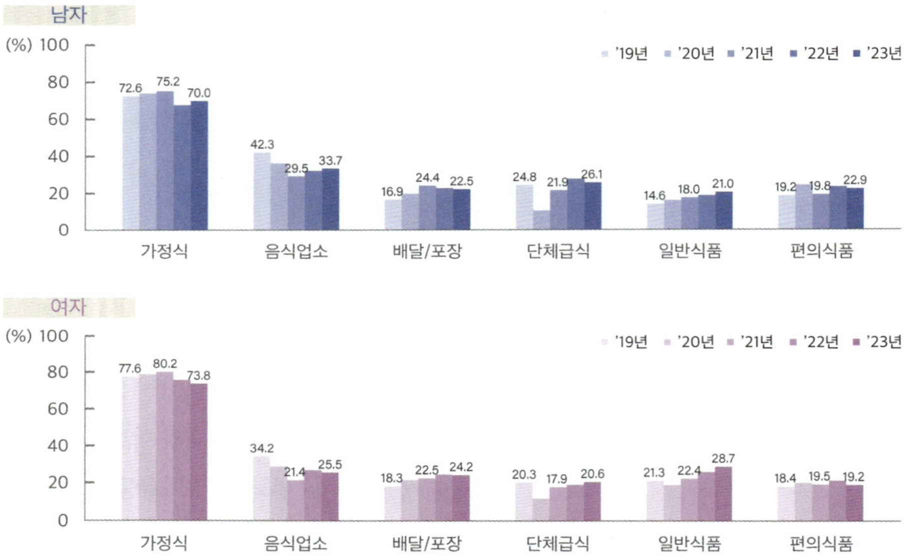

주 1) 자료원: 국민건강영양조사 제8기(2019~2021), 만 1세 이상
2) 끼니(아침, 점심, 저녁, 간식) 구분 없이 하루 1회 이상 해당 음식을 섭취한 경우 섭취자로 분류
3) 만 1세 이상, 2005년 추계인구로 연령표준화

그림 3-5 한국의 음식 종류별 섭취자 분율(2019~2023년, 1세 이상, 표준화)

출처: 질병관리청. 2024.

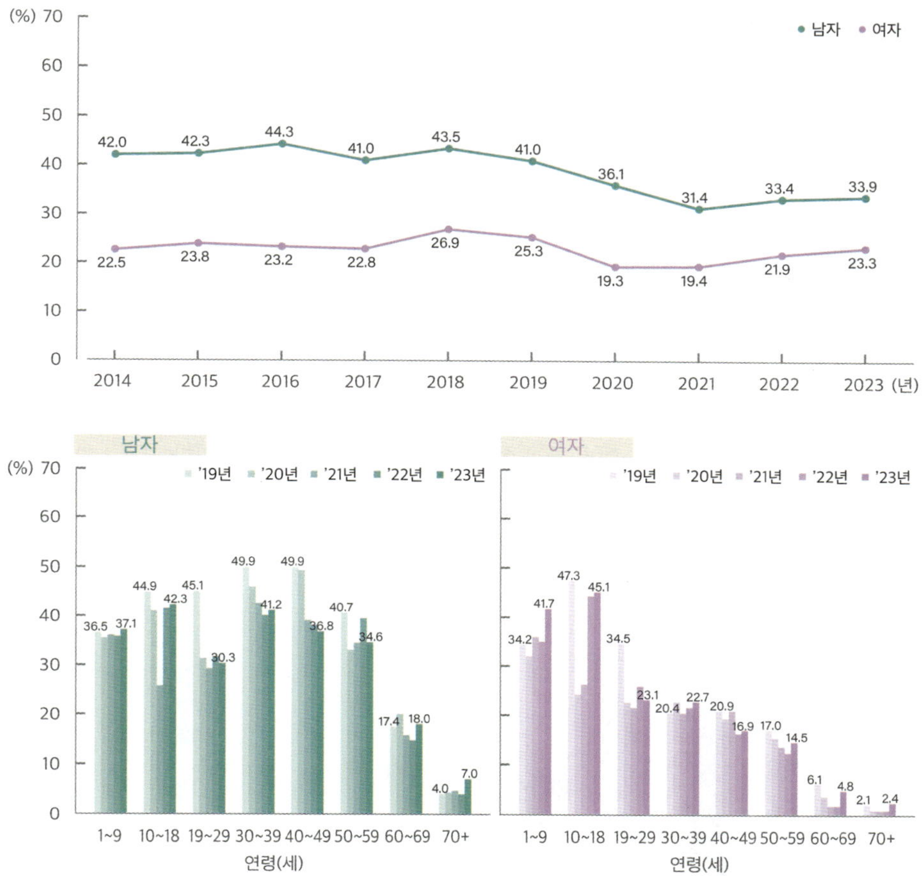

그림 3-6 한국인의 하루 1회 이상 외식률

출처: 질병관리청. 2024.

코로나19 팬데믹은 국내 식품 섭취 방식과 외식률에 큰 영향을 미쳤으며, 가정 내 식사 비중이 여전히 높은 가운데 다양한 변화가 나타나고 있다. 배달 및 포장 음식 섭취가 확대되고 있으며, 외식 시장은 점진적으로 회복되고 있고, 단체급식도 정상화되는 추세를 보인다. 또한, 외식률은 성별과 연령에 따라 차이를 보이며, 앞으로도 식품 소비 트렌드, 유통 구조, 경제적 요인 등에 따라 식생활 양상이 지속적으로 변화할 것으로 전망된다.

4) 급식의 증가

집단급식소는 비영리적인 목적으로 한 번에 50인 이상에게 지속적으로 음식을 제공하는 단체급식시설이다. 대표적으로 학교, 병원, 산업체, 사회복지시설, 공공기관 등의 구내식당이 이에 해당한다.

최근 집단급식소 운영 현황을 살펴보면, 어린이집과 학교에서의 급식소 수가 가장 많아, 교육 및 보육기관에서 급식이 매우 활발하게 이루어지고 있음을 확인할 수 있다(**그림 3-7**). 특히, 학교급식의 경우, 최근 10년(2013~2022년)간 초 · 중 · 고등학교와 특수학교에서 100% 급식이 시행되고 있다. 산업체와 병원에서도 급식소 운영이 활발하게 이루어지고 있으며, 사회복지시설과 공공기관에서도 일정 규모 이상의 집단급식이 운영되고 있다(**그림 3-7**).

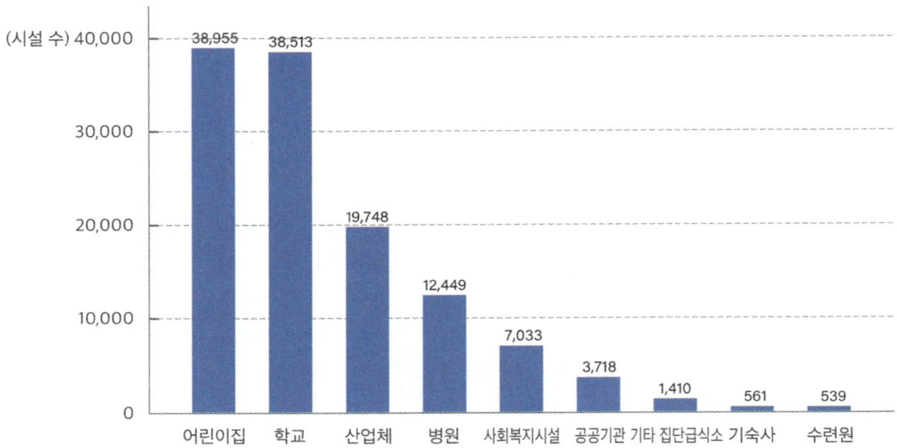

그림 3-7　국내 영업 중인 집단급식소(2024년 12월 3일 기준)

출처: 행정안전부 & 식품의약품안전처. 2024.

3. 우리나라 국민의 식행동 및 식문화의 변화 추세

우리나라는 고령화와 저출산으로 인한 급격한 인구 구조의 변화로 건강과 관련된 생활양식 또한 빠른 속도로 변화하고 있다. 본 절에서는 식생활과 관련된 행동 및 문화의 최근 추이에 대해 식품 구매 방식의 변화, 편의식품에 대한 선호도 증가, 식품 소비 행태의 변화, 지속가능한 식생활에 대한 인식 등의 측면에서 다루고자 한다.

1) 식품 구매 방식의 변화

(1) 온라인 구매의 확대

최근(2010~2023년) 소비자들의 식품 구매 방식이 오프라인 중심에서 온라인 플랫폼으로 빠르게 전환되고 있다. 2010년 약 2조 원 규모였던 온라인 식품 시장은 2023년 40조 원에 달할 정도로 크게 확대되었으며, 이러한 성장은 코로나19 팬데믹을 계기로 한 비대면 소비문화 정착, 유통 혁신, 편의성 중시 소비 트렌드 등의 복합적 요인이 작용한 결과로 해석된다. 특히, 2020년 코로나19 팬데믹 이후 온라인 식품 시장의 성장률이 일시적으로 급증했으며, 2021년 이후에는 완만한 성장세를 유지하고 있다.

한국농촌경제연구원에 따르면, 온라인 식품 구매 비중은 2019년 1.6%에서 2022~2023년 5.4%로 단기간 내 급격한 성장세를 보였다. 2023년 온라인을 통한 식품구입처를 보면, 온라인 쇼핑몰(63.5%)이 가장 높은 이용률을 기록했으며, 대형 할인점 온라인 매장(16.6%)과 온라인 식품 전문 매장(13.4%)이 그 뒤를 이었다. 이러한 변화는 온라인 쇼핑몰에 대한 집중도가 증가하는 반면, 대형 할인점 온라인 매장 이용 비중은 상대적으로 감소하고 있음을 반영한다(**그림 3-8**).

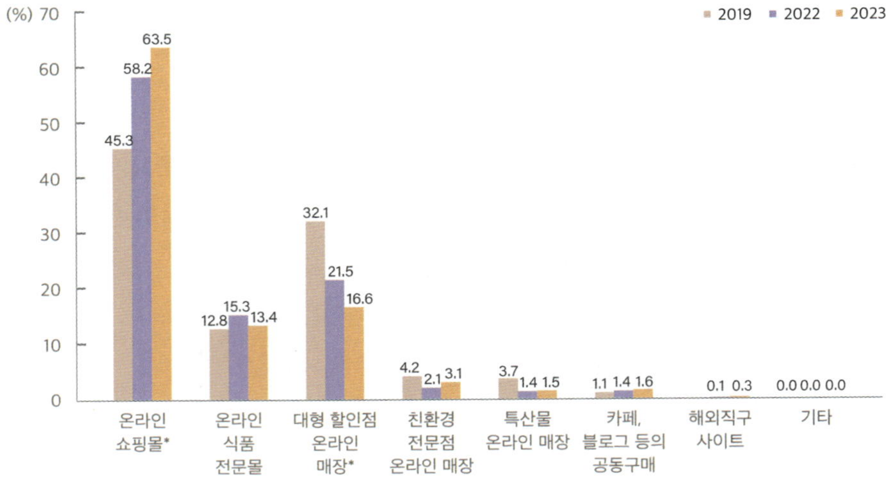

주 1) 우선순위 응답의 결과에 가중치를 부여(1순위×2+2순위×1)하여 백분율로 계산한 수치임
2) 2021년부터 '해외 직구 사이트' 보기가 추가됨
3) 온라인을 통해 식품을 구입하지 않는다고 응답한 경우를 제외한 1,767가구를 대상으로 조사한 결과임
4) *은 2022년 대비 2023년의 결과가 95% 신뢰수준에서 유의한 차이가 있는 것으로 나타남

그림 3-8 한국인의 온라인 식품 주 구입처

출처: 한국농촌경제연구원. 2023.

한국농촌경제연구원의 2023년 식품 소비 행태조사에 따르면 온라인을 통해 식품을 구매하는 주된 이유는 배달 서비스(25.5%), 시간 절약(22.0%), 가격 경쟁력(19.0%) 등이 꼽혔다. 이 외에도 다양하고 희귀한 식품 구매 가능성(13.6%) 및 품질 신뢰도(9.9%) 역시 온라인 식품 시장 확대에 기여하는 요인으로 작용하고 있다.

(2) 식료품 구매 장소의 다양화

한국농촌경제연구원이 가구 내 식품 주 구입자를 대상으로 식료품 주요 구매 장소를 조사한 결과, 소비자들은 주로 대형 할인점(32.5%)과 동네 중소형 슈퍼마켓(29.9%)을 이용하는 것으로 나타났다. 반면, 대기업이 운영하는 중소형 슈퍼마켓(15.7%)을 이용하는 비중은 전년 대비 3.4%p 감소하였다.

특히, 1인 가구는 2인 이상 가구에 비해 동네 중소형 슈퍼마켓(33.5%)과 편의점(2.8%)을 주요 식료품 구매 장소로 이용하는 비율이 더 높은 것으로 조사되었다(**표 3-2**).

표 3-2 가구 유형별 식료품의 주 구입 장소 비교 (단위: %, 명)

구분		대형 할인점	동네 중소형 슈퍼 마켓	대기업이 운영하는 중소형 슈퍼마켓	재래 시장	통신 판매	편의점	친환경 식품 전문점	백화점	기타	응답자 수
전체		32.5	29.9	15.7	12.2	5.4	1.2	0.7	0.7	1.7	3,176
행정구역	동	32.5	30.2	17.0	9.6	5.9	1.3	0.9	0.8	1.9	2,478
	읍·면	32.4	28.1	8.9	25.9	3.1	0.7	0.0	0.1	0.8	698
가구원수	1인	25.5	33.5	14.3	14.8	6.0	2.8	0.3	0.7	2.0	966
	2인	32.3	30.5	16.2	14.7	3.2	0.5	1.0	0.5	1.1	1,168
	3인	38.0	26.7	17.5	7.9	6.5	0.5	0.9	0.2	1.8	655
	4인	40.4	25.6	14.7	8.0	7.3	0.0	0.4	1.5	2.2	362
	5인 이상	32.0	25.5	19.4	17.2	0.7	0.0	5.2	0.0	0.0	25
가구주 연령	30대 이하	33.1	27.8	17.1	3.4	9.7	4.2	1.0	1.3	2.4	384
	40대	37.7	25.7	18.7	5.8	8.8	0.1	0.7	0.4	2.0	646
	50대	36.9	30.2	15.7	10.6	3.7	0.3	0.6	0.7	1.4	969
	60대	24.9	34.9	14.1	22.1	1.1	0.2	0.7	0.5	1.5	871
	70대	23.4	32.9	6.5	36.2	0.7	0.0	0.3	0.0	0.1	306
맞벌이 여부	맞벌이	37.1	28.1	16.9	9.0	5.5	0.2	0.7	0.8	1.7	1,433
	맞벌이 안 함	33.9	27.9	15.2	14.9	4.6	0.6	1.3	0.5	1.2	777

주) 우선순위 응답에 가중치를 부여(1순위×2+2순위×1)하여 백분율로 계산한 수치임
출처: 한국농촌경제연구원. 2023.

2) 편의식품에 대한 선호도 증가

최근 간편식Home Meal Replacement, HMR 시장이 급성장하면서 전반적인 식품 소비 패턴에도 큰 변화를 불러오고 있다. 국내 간편식 시장은 2018년 이후 연평균 81.8%의 성장률을 보이고 있

으며, 특히 코로나19 팬데믹 이후 비대면 소비 증가와 간편한 조리 방식 선호 트렌드의 확산으로 간편식 시장의 성장세가 더욱 가속화되고 있다(**그림 3-9**).

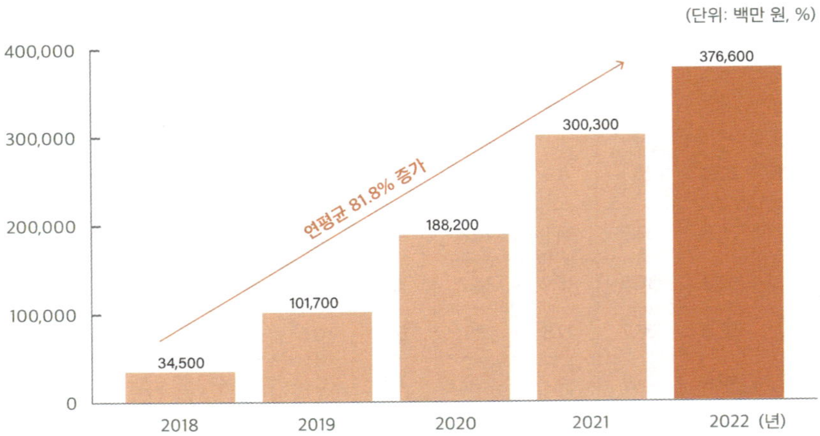

그림 3-9 국내 간편조리세트(밀키트, Meal-Kit) 시장 규모

출처: 한국농수산식품유통공사. 2023.

한국농촌경제연구원이 2023년에 발표한 식품소비행태조사에 따르면, 간편식 이용 비율은 맞벌이 가구에서 높았고, 교육 · 소득 수준이 낮은 집단에서는 '간편식을 먹지 않는다'라고 응답한 비율이 상대적으로 높았다. 소비자들이 간편식을 구매하는 주요 이유로는 '비용이 적어서(19.8%)', '조리할 필요가 없어서(19.7%)', '조리할 시간이 없어서(15.7%)', '맛이 좋아서(14.0%)' 등의 응답이 상위권을 차지했다. 앞으로도 맞벌이 가구의 증가, 1인 가구 확산, 편의성 중시 소비문화 지속 등의 요인이 맞물려 간편식 및 밀키트 시장은 지속적으로 성장할 것으로 전망된다.

3) 식품 소비 행태의 변화

(1) 기능성 식품

국내 건강기능식품 시장 규모는 2019년 4.9조 원에서 2020년 5.2조 원, 2021년 5.7조 원, 2023년 6.2조 원으로 꾸준히 증가하고 있다. 코로나19 팬데믹 이후 건강 관리에 대한 관심 증가와 온라인 및 모바일 플랫폼을 통한 제품 정보 제공 및 구매가 활성화가 시장의 성장에 긍정적인 영향을 미친 것으로 분석된다(**그림 3-10**).

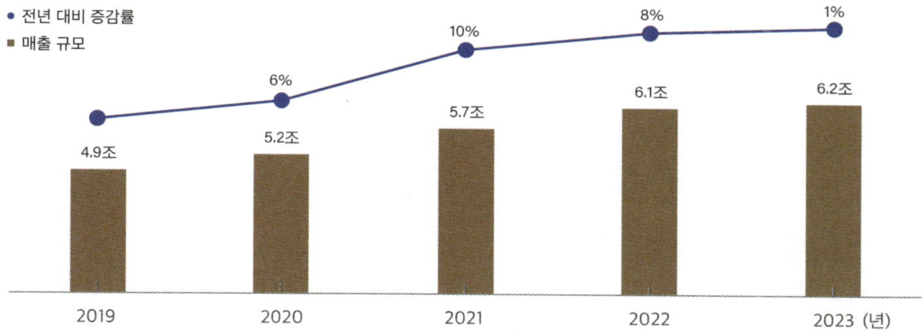

그림 3-10 한국의 건강기능식품 시장 규모(2019~2023년)

출처: 메조미디어. 2024.

2018~2020년 국민건강영양조사 자료를 통해 우리나라 국민의 식이보충제 복용 현황을 분석한 결과, 2020년 기준 조사 1일 전 식이보충제를 복용한 비율(1세 이상, 표준화)은 44.9%로 나타났으며, 이는 지난 3년간 지속적으로 증가하였다(**그림 3-11**). 식이보충제를 복용하는 사람 중 절반 이상은 2개 이상의 제품을 동시에 섭취하고 있었으며, 특히 30~64세 연령대에서는 30% 이상이 3개 이상의 제품을 복용하는 것으로 나타났다.

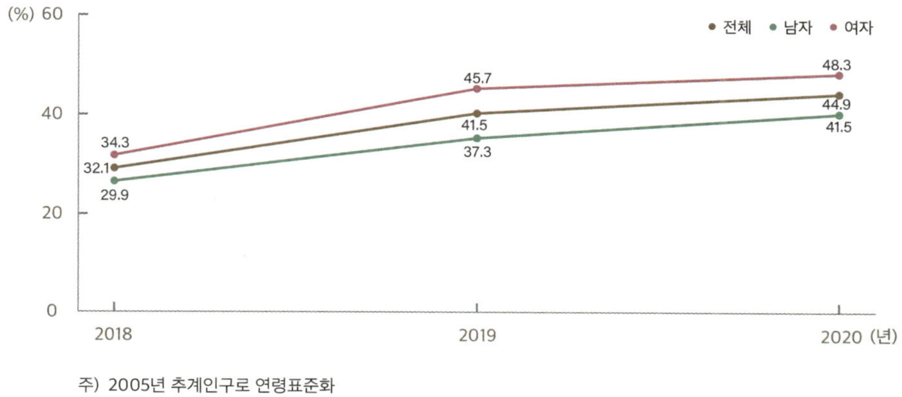

그림 3-11 한국인의 조사 1일 전 식이보충제 복용 분율 추이(2018~2020년, 1세 이상, 연령표준화)

출처: 질병관리청. 2024.

(2) 인공감미료

인공감미료artificial sweeteners는 열량과 영양소가 거의 없는 비영양감미료non-nutritive sweeteners로, 대체감미료alternative sweeteners의 하위 개념이다. 이는 설탕보다 더 강한 단맛을 내며, 주로 단맛을 유지하면서 칼로리 섭취를 줄이기 위한 목적으로 체중 조절이나 혈당 관리에 활용된다. 우리나라와 미국 식품의약청Food and Drug Administration, FDA이 공통으로 승인한 주요 인공감미료에는 아스파탐, 사카린, 수크랄로스, 아세설팜칼륨, 네오탐이 있다. 이들의 설탕 대비 감미도는 아스파탐 약 200배, 사카린 약 200~700배, 수크랄로스 약 600배, 아세설팜칼륨 약 200배, 네오탐 약 7,000~13,000배 정도이다.

우리나라에서 가장 많이 사용되는 인공감미료는 아스파탐이다. 아스파탐은 생체 필수아미노산인 페닐알라닌과 아스파트산으로부터 합성한 아미노산계 감미료이다. 대사산물로 페닐알라닌이 생성되기 때문에 페닐케톤뇨증Phenylketonuria, PKU 환자는 섭취에 주의가 필요하다.

인공감미료를 사용한 제로 탄산음료 시장은 최근 즐겁게 건강함을 추구하는 '헬시 플레저Healthy Pleasure' 문화에 대한 관심이 고조되면서 급격한 성장세를 보이고 있다. 한국농수산식품유통공사에 따르면 제로 탄산음료인 제로 콜라 · 사이다의 2019~2023년 연평균 성장률은 94.3%로 가파르게 성장하였다.

(3) 식물성 대체식품

전 세계 인구가 지속적으로 증가함에 따라 단백질에 대한 수요도 함께 늘어나고 있다. 그러나 이상기온, 감염병 등의 영향으로 가축 수가 감소하면서, 식량 공급에 대한 우려가 커지고 있다. 이에 기후변화 대응과 식량 안보 차원에서 확보를 위한 대체 단백질에 대한 관심이 전 세계적으로 높아지고 있다.

대체 단백질alternative protein은 식물성 원료, 동물 세포배양, 미생물 발효, 곤충 단백질 등을 활용해 생산되며, 이는 기존의 동물성 원료를 대신해 육류, 수산물, 유제품 등 단백질 식품의 맛과 식감을 모사한 대체식품으로 개발된다. 특히 식물성 대체식품은 콩, 쌀, 감자 등의 식물과 견과류, 해조류 등에서 추출한 단백질을 기반으로 하며, 동물성 식품과 유사한 맛과 형태로 제조된다.

식물성 대체식품의 성분과 영양 구성은 사용된 식물 원료, 가공 방식, 첨가물 등에 따라 다양하다. 최근에는 환경과 건강을 고려한 소비 트렌드에 따라 식물성 대체식품에 대한 수요가 빠르게 증가하고 있다. 실제로 세계 대체식품 시장 규모는 2019년 103.5억 달러에서 2021년 123.3억 달러로 성장했으며, 연평균 9.5%의 성장률을 바탕으로 2025년에는 178.3억 달러에 이를 것으로 전망된다(**그림 3-12**).

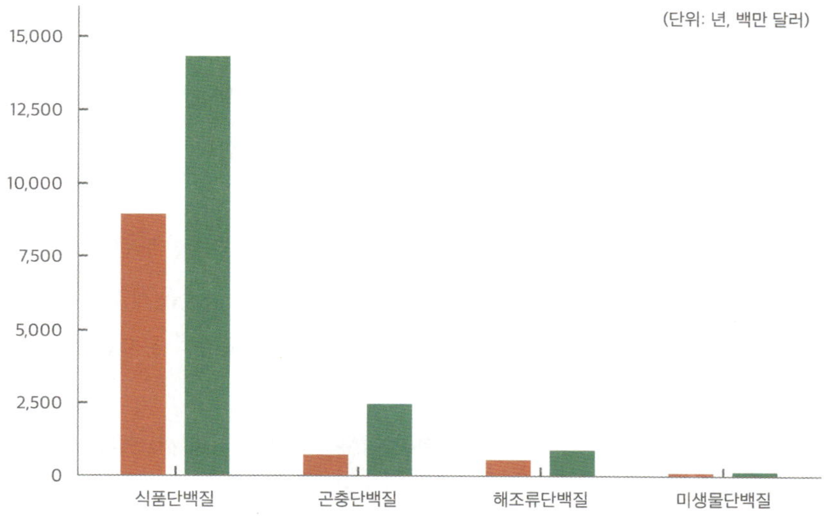

	식품단백질	곤충단백질	해조류단백질	미생물단백질
2019	8,963	723	554	107
2025	14,320	2,470	894	143

그림 3-12 세계 대체식품 시장 규모

출처: 한국농촌경제연구원. 2023.

가축을 사육하는 과정에서 이산화탄소(CO_2), 메탄(CH_4), 아산화질소(N_2O) 등 온실가스가 다량 배출되며, 이는 기후변화의 주요 원인 중 하나로 꼽힌다. 가축의 생애 주기를 고려한 전과정평가Life Cycle Assessment, LCA에 따르면 축산업은 전 세계 온실가스 배출량의 약 14.5%를 차지한다. 이 중 메탄이 44%로 가장 큰 비중을 차지하고, 그 뒤를 이어 아산화질소 29%, 이산화탄소 27% 순이다. 이러한 온실가스의 절반은 가축 자체의 생산 과정에서 발생하며, 나머지 45%는 사료 생산, 가공, 운송 등에서 발생한다. 따라서 만약 일부 동물성 단백질을 대체식품으로 전환할 수 있다면, 온실가스 배출을 상당히 줄일 수 있을 것으로 기대된다.

4) 지속가능한 식단

유엔식량농업기구Food and Agriculture Organization of the United Nations, FAO에 따르면 지속가능한 식단sustainable diet이란 환경에 미치는 영향을 최소화하면서 현재와 미래 세대의 식량 및 영양 안정성을 보장하고 건강한 삶에 이바지하는 식단을 말한다. 이는 생물 다양성과 생태계를 보호하고, 문화적으로 수용 가능하며 경제적으로 공정하고 누구나 접근할 수 있는 특징이 있다. 지속가능한 식단은 균형 잡힌 안전한 영양소 공급을 통해 건강을 증진하며, 자연환경 · 인적자원의 최적화를 목표로 한다. 따라서, 지속가능한 식단은 단순히 건강한 식습관을 넘어 환경, 농업, 경제, 사회문화를 포괄하는 총체적인 접근 방식을 의미한다.

최근에는 지속가능한 식단의 개념을 반영한 영양교육 프로그램, 식생활지침, 정책 개발 등이 전 세계적으로 확산되고 있다. 대표적으로, 국제 과학자 협의체인 EAT-Lancet 위원회는 인간과 지구 모두의 건강을 고려한 식단으로 'Planetary health diet'를 제안했다. 이 식단은 통곡물, 과일, 채소, 견과류, 콩류의 섭취를 중심으로 구성되며, 육류와 유제품은 상대적으로 소량 섭취하는 식물성 기반 식단이다.

지속가능한 식단의 실현을 위해서는 국가와 지역사회 차원의 식량 시스템 개선과 함께, 소비자들이 쉽게 실천할 수 있도록 돕는 정책적 · 교육적 지원체계가 뒷받침되어야 한다. 아울러, 개인 수준에서의 식품 선택 변화 또한 지속가능한 식단 실현을 위한 중요한 출발점이 된다. 정책적 지원과 개인의 적극적 실천이 병행될 때, 미래 세대를 위한 지속가능한 식량 시스템 구축에 효과적으로 이바지할 수 있을 것이다.

요약

1. 개인의 건강 행동은 개인적인 특성뿐만 아니라 환경적·사회적·문화적 요인까지 폭넓은 요소들이 영향을 미침

2. 식품 선택은 다양한 요인이 상호작용하는 복잡한 과정이고, 식품 내적 요인, 식품 외적 요인, 개인의 특성 등이 식품 선호와 선택에 영향을 미침

3. 우리나라의 식환경은 여러 측면에서 변화하고 있는데, 국제화로 인해 사용 가능한 식품의 종류와 양이 다양해졌고, 가공식품의 공급이 빠른 속도로 증가하고 있으며, 급식과 외식도 증가하고 있음

4. 식행동 및 식문화가 변화하면서 온라인 식품 구매 확대, 식품 구매장소의 다양화, 편의식품 선호도 증가, 기능성 식품, 인공감미료, 식물성 대체식품의 활용 증가, 지속가능한 식단에 대한 관심 증가 등의 특성이 나타나고 있음

활동

1. 목적

식생활에 영향을 주는 요인을 파악하고 지속가능한 식단에 대해 고찰한다.

2. 활동내용

① 주로 식품을 구매하는 장소나 방식을 생각해보고 해당 방식에 대한 장점과 단점을 각각 3개씩 나열해보기

② 내가 실현할 수 있는 지속가능한 식단이 무엇인지 생각해보기

지역사회영양 실천은 단순한 영양정보 제공을 넘어, 과학적 근거에 기반한 문제 해결 능력을 요구한다. 이를 위해서는 건강 및 영양지표의 해석, 신뢰할 수 있는 정보의 활용, 행동변화 이론을 적용한 개입전략 설계, 그리고 실천 현장에서의 연구 설계 및 자료 해석 능력이 필수적이다. 본 파트는 이러한 역량을 바탕으로 지역사회 내 건강문제를 과학적으로 분석하고, 효과적인 개입을 설계·실행할 수 있도록 하는 근거 기반 실천의 기초를 제공한다.

PART 02

근거 중심의 지역사회영양학

CHAPTER

04 영양과 건강의 관련성 평가

현대 사회에서 건강은 단순히 질병이 없는 상태를 넘어 신체적·정신적·사회적 안녕을 포함하는 개념으로 정의된다. 이러한 건강을 유지하고 증진하는 데 있어 영양은 필수적인 요소이며, 적절한 섭취는 성장과 질병 예방에 기여하지만, 부적절한 섭취는 만성질환의 주요 원인이 될 수 있다. 영양과 건강의 관계는 개인의 식습관, 생활환경, 사회경제적 요인 등 다양한 맥락에서 평가되어야 한다. 예를 들어, 영양 결핍은 빈혈과 면역력 저하를 유발할 수 있으며, 과잉 섭취는 비만과 만성질환의 위험을 증가시킨다.

이 장에서는 영양과 건강의 상호작용을 평가하는 방법과 이론적 틀을 살펴보고, 지역사회영양학적 관점에서 건강증진 전략을 논의한다. 이를 통해 지역사회 건강문제를 해결하고 건강 형평성 실현에 기여하고자 한다.

학습목표

1 영양역학의 개념과 공중보건에서의 중요성을 이해할 수 있다.
2 다양한 영양역학 연구 설계의 특징과 적용 방법을 설명할 수 있다.
3 실제 조사자료를 활용한 영양역학 연구의 응용 사례를 분석할 수 있다.

1. 영양역학의 개념과 중요성

영양역학nutrition epidemiology은 식이 섭취와 건강 및 질병 간의 관계를 연구하는 학문으로, 초기에는 괴혈병·각기병 등 영양 결핍 질환의 원인을 밝히는 데서 출발하였으며, 이후 만성질환의 증가와 함께 식사, 유전, 생활습관 등 다양한 요인을 통합적으로 분석하게 되었다. 최근에는 맞춤형 영양, 디지털 기술, 지속가능한 식단 연구로 영역이 확장되고 있으며, 이러한 발전은 건강증진과 공중보건정책 수립에 필수적인 과학적 근거를 제공한다.

영양역학
식이섭취와 건강 또는 질병 간의 관련성을 과학적으로 분석하는 학문. 만성질환 예방과 공중보건정책 수립을 위한 근거를 제공하며, 식이패턴, 유전체, 생활습관 등 다양한 요인을 통합적으로 다룸

1) 영양역학 연구의 배경

영양역학은 식이 섭취와 질병 간의 연관성에 대한 관심에서 출발해 발전한 학문이다. 1753년 제임스 린드(James Lind)는 괴혈병 환자를 대상으로 최초의 임상실험을 실시해 감귤류 섭취가 치료에 효과적임을 밝혔고, 이는 특정 영양소의 결핍이 질병 발생과 직접적으로 연결될 수 있음을 보여주는 대표적인 초기 사례로 평가된다. 이후 각기병과 펠라그라가 각각 비타민 B_1(티아민) 및 비타민 B_3(니아신) 결핍과 관련 있음이 밝혀지면서, 영양소와 질병 간 인과관계에 대한 과학적 기반이 마련되었다.

20세기 중반 이후에는 영양 결핍보다 만성질환이 주요 연구 대상으로 떠오르게 되었다. 심혈관질환, 암, 비만, 당뇨병 등은 식이뿐만 아니라 유전, 생활습관, 사회적 요인 등 다양한 요소가 복합적으로 작용하는 질환으로, 발병까지의 잠복기가 길고 장기적인 노출의 영향을 받는다.

이에 따라 영양역학의 초점은 특정 영양소보다는 식이 패턴과 만성질환 간의 관계를 규명하는 방향으로 전환되었다. 프레이밍햄 심장 연구Framingham Heart Study와 7개국 연구를 통해 콜레스테롤, 포화지방, 지중해식 식단과 심혈관질환 간의 관련성이 밝혀졌으며, 섬유질 섭취와 대장암, 고지방 식이와 유방암 간의 연관성도 연구되었다. 더불어, 가공식품과 서구식 식단은 비만과 제2형 당뇨병 증가와 관련이 있는 것으로 나타났다.

현대 영양역학은 대규모 코호트와 무작위 임상시험을 바탕으로 정교한 연구 설계를 활용하며, 영양유전체학, AI 기반 빅데이터 분석, 디지털 식사 평가 도구 개발 등을 통해 발전하고 있다. 이와 함께 맞춤형 영양전략 수립 및 공중보건정책 수립에도 중요한 기여를 하고 있다.

연구 설계
영양과 건강 간의 관계를 규명하기 위해 연구 목적에 따라 자료 수집과 분석 구조를 체계화한 방법. 생태학적 연구, 단면 연구, 환자-대조군 연구, 코호트 연구, 체계적 문헌고찰 및 메타분석 연구 등이 이에 해당함

더 알아보기 4-1

괴혈병과 비타민 C의 발견: 역사적 배경과 과학적 과정

1. 괴혈병의 정의와 역사적 맥락

괴혈병(Scurvy)은 비타민 C(아스코르브산)의 결핍으로 인해 발생하는 질병이다. 초기 증상으로는 피로감, 잇몸 출혈, 피부 멍 등이 나타나며, 심한 경우 치아 손실, 빈혈, 심혈관계 합병증으로 이어질 수 있다. 괴혈병은 특히 항해 시대에 장기간 해상에 머물며 신선한 과일과 채소를 섭취하지 못한 선원들 사이에서 흔히 발생했다.

2. 초기 괴혈병 사례

괴혈병은 고대 이집트와 그리스에서도 기록된 바 있지만, 15~18세기 대항해 시대 동안 선원들에게 가장 심각한 문제로 부각되었다. 이 시기에는 신선한 식품 공급이 어려웠고, 괴혈병으로 인해 많은 이들이 생명을 잃었다. 예를 들어, 1497년 바스코 다 가마의 항해에서 100명의 선원 중 약 60명이 괴혈병으로 사망했다.

3. 제임스 린드의 연구와 실험

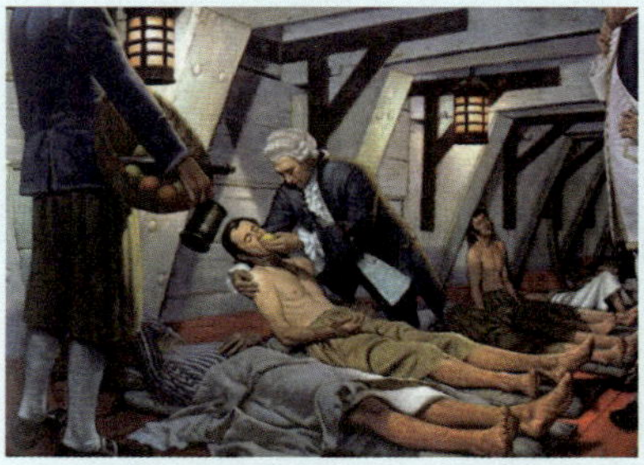

1753년, 스코틀랜드의 군의관 제임스 린드는 괴혈병의 치료법을 과학적으로 탐구했다. 린드는 괴혈병 환자를 대상으로 최초의 체계적인 임상실험을 수행했는데, 환자들을 여섯 그룹으로 나누어 각각 다른 치료를 시행했다. 치료제로 제시된 물질에는 식초, 씨드라(Cider), 해수, 오렌지와 레몬 등이 포함되었다. 연구 결과, 오렌지와 레몬을 섭취한 그룹에서 괴혈병 증상이 급격히 호전되었다. 린드는 이를 통해 신선한 과일, 특히 감귤류가 괴혈병 예방과 치료에 효과적이라는 사실을 확인했고, 1753년 《괴혈병 논문(Treatise on the Scurvy)》에서 이를 발표했다. 하지만 린드의 연구 결과는 당시 과학계에서 즉각적으

(계속)

로 받아들여지지 않았고, 괴혈병 예방이 체계적으로 이루어지는 데는 시간이 걸렸다.

4. 비타민 C의 화학적 발견

비타민 C가 괴혈병의 원인 물질로 정확히 규명된 것은 20세기 초였다. 1928년, 헝가리의 생화학자 알베르트 센트죄르지는 아드레날린 연구 중 '헥소론산(Hexuronic acid)'이라는 화합물을 분리했다. 이후 이 화합물이 괴혈병 예방에 효과적임을 발견하고, 1931년에 이를 아스코르브산(Ascorbic acid)으로 명명했다. 1932년, 영국의 화학자 월터 하워스는 아스코르브산의 화학 구조를 밝혀냈다. 그는 비타민 C를 합성하는 데 성공했으며, 이로 인해 괴혈병 예방이 더 효율적으로 이루어질 수 있었다.

5. 괴혈병 예방과 현대적 중요성

제임스 린드의 연구 이후, 영국 해군은 1795년부터 선원들에게 레몬즙을 지급하기 시작했으며, 괴혈병은 급격히 감소했다. 이후 레몬 대신 라임이 사용되면서 "라임주스"라는 별명이 붙기도 했다. 비타민 C의 발견은 단순한 영양 결핍 질환의 예방을 넘어, 현대 영양학과 임상 역학 발전의 기초를 마련했다.

2) 영양역학 연구의 의의 및 목표

영양역학은 인간의 식이 섭취와 건강상태, 그리고 질병 발생 간의 관계를 체계적으로 조사하고 이해하기 위해 개발된 학문 분야이다. 이 학문은 역학적 방법론을 기반으로 하며 영양소, 식품, 식습관, 식이 패턴 등과 다양한 건강 결과(예: 만성 질환, 사망률, 삶의 질 등) 간의 연관성을 밝히는 데 중점을 둔다. 영양역학은 단순히 영양소와 건강 간의 단편적 관계를 연구하는 것에서 벗어나, 개인 및 집단 수준에서 다양한 요인을 통합적으로 분석한다. 식품 소비와 건강문제 간의 상호작용을 이해하고, 이를 통해 건강증진 및 질병 예방을 위한 근거 기반 정보를 제공하는 데 핵심적인 역할을 한다.

영양역학은 현대 사회에서 만성질환의 증가와 식생활 변화에 대응하기 위한 필수적인 도구로 자리 잡았다. 이 학문은 인간의 식생활과 건강 간의 상관성을 규명하며, 핵심 목표 및 주요 내용은 **표 4-1**과 같다.

표 4-1 영양역학의 목표 및 주요 내용

목표	주요 내용
식이와 건강 간의 과학적 관계 규명	영양소, 식품, 식이 패턴과 질병 발생 간의 연관성 연구
질병 예방 및 건강증진	만성질환(비만, 당뇨병, 심혈관질환, 암 등) 예방전략 개발
공중보건정책 및 식품 안전 기여	국가 식이 가이드라인 개발 및 정책 수립
개인 맞춤형 영양 관리	영양학과 유전체학을 결합한 맞춤형 영양 치료법 개발
장기적인 건강 영향 분석	식이 패턴 변화와 건강 결과 간의 연관성 연구
글로벌 건강문제 해결	영양 불균형 및 지속가능한 식품 시스템 연구

3) 영양역학 연구의 발전 방향

영양역학은 다양한 식생활 요소가 건강에 미치는 영향을 체계적으로 연구하여, 과학적 근거를 바탕으로 질병 예방과 건강증진을 위한 효과적인 전략을 마련하는 학문이다. 그러나 현대 사회의 복잡한 식생활과 건강문제에 대응하기 위해 기존 연구 방법을 보완하고, 새로운 접근법을 개발하며, 다양한 도전에 대응해야 한다(**표 4-2**).

현대 영양역학은 단순한 영양소 중심의 연구를 넘어, 공중보건, 환경, 정책, 문화적 요소를 함께 고려하는 다차원적 연구로 발전하고 있다. 이를 위해 정교한 연구 설계, 첨단 기술의 활용, 다학문적 협력이 필요하며, 이를 통해 현대 사회의 건강문제를 해결하는 핵심 학문으로 자리매김하고 있다.

식이 평가 방법
개인이나 집단의 식사 섭취량과 식이 구성, 섭취 빈도 등을 측정하기 위한 방법으로, 식품섭취빈도조사법, 24시간 회상법, 식사기록법, 생체지표 분석 등이 포함되며, 연구의 신뢰도를 높이는 데 중요함

표 4-2 현대 영양역학의 주요 발전 방향 및 내용

발전 방향	주요 내용
정확한 식이 평가 방법 개발	• 디지털 기술 및 생체지표(예: 혈액, 소변, 모발)를 활용한 정밀한 식이 평가 도구 개발 • 모바일 애플리케이션, 웨어러블 기기를 통해 실시간 식이 정보 수집
개인 맞춤형 영양학으로의 발전	• 유전적 특성, 생활환경, 대사 상태를 반영한 맞춤형 영양전략 필요 • 유전적·대사적 특성을 반영한 개인화된 식이전략 개발
만성질환과 식이 요인 간 복합적 상호작용 연구	• 대규모 코호트 연구를 통해 식이, 운동, 스트레스, 수면 등 생활습관 요인의 종합적 분석 • 개별 영양소 연구를 넘어 전체 식단(예: 지중해식, DASH 식단) 분석을 통한 실용적 권장사항 제시
지속가능한 식단 연구	• 환경 변화와 식량 자원 문제로 인해 건강과 환경을 고려한 식단 모델 개발 • 지역별 식문화 및 식품 접근성을 고려한 맞춤형 지속 가능 식단 설계 개발
공중보건정책의 효과 평가	• 정책 개입(예: 나트륨 감축, 설탕세)의 실제 효과 분석
글로벌 건강 불평등 해소	• 지역별 영양 불균형 문제 해결을 위한 맞춤형 전략 제시

2. 영양역학 연구의 설계 및 방법론

세포배양, 생체 외 실험, 동물 실험은 영양소가 세포 및 조직에 미치는 기초 메커니즘을 이해하는 데 유용한 정보를 제공한다. 그러나 이러한 실험들은 인간의 복잡한 생리적·사회적 환경을 충분히 반영하지 못한다. 인간은 유전자, 생활습관, 환경요인이 다양하며, 이는 식이와 질병 간의 관계에 결정적인 영향을 미치기 때문에, 실제 인체를 대상으로 한 영양역학 연구가 필수적이다.

영양역학 연구를 설계할 때는 연구 질문에 적합한 연구 설계와 방법론을 선택하는 것이 핵심이다. 전통적인 역학 연구는 기술 연구와 분석 연구로 나뉘며, 분석 연구는 관찰 연구와 실험 연구로 구성된다(**그림 4-1**).

또한, 체계적 문헌고찰과 메타분석은 기존의 연구 결과를 통합 분석하여 식이 요인과 건강 결과 간의 일관된 근거를 도출하는 데 중요한 도구로 자리 잡고 있다. 특히 식이 패턴이나 특정 영양소의 효과를 종합적으로 평가할 수 있어, 정책 및 임상 가이드라인 수립에 과학적 근거를 제공한다.

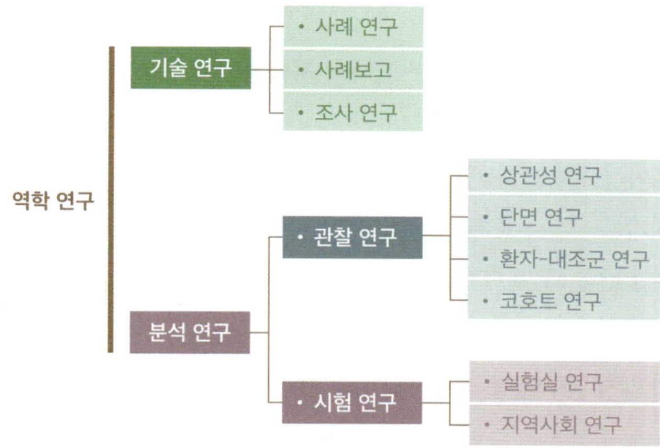

그림 4-1 건강과 질병 간의 관계를 탐구하기 위한 역학연구 방법론

1) 상관성 연구(생태학적 연구)

생태학적 연구ecological study는 상관성 연구correlational study의 일종으로, 개인이 아닌 인구 집단(예: 국가, 지역, 도시 등)을 단위로 특정 질병의 발생 양상과 위험요인 간의 관련성을 탐색하는 기술 역학적 연구 방법이다. 이 연구는 전체 인구 집단을 대상으로 특정 시점 또는 시간의 흐름에 따라 나타나는 질병과 위험요인의 변화를 비교하여, 인과적 가설을 도출하는 데 목적이 있다. 예를 들어, 국가별 1인당 지방 섭취량과 유방암 사망률 간의 상관성을 분석함으로써 지방 섭취가 유방암 발생에 영향을 줄 수 있다는 가설을 제시할 수 있다(**그림 4-2**). 공공 데이터베이스나 대규모 통계 자료를 활용하므로, 새롭게 데이터를 수집하지 않고도 광범위한 비교가 가능하며, 연구 초기 단계나 자원이 제한된 상황에서 유용하다.

생태학적 연구의 가장 큰 장점은 시간과 비용 면에서의 효율성이다. 이미 존재하는 공공 통계나 정부 데이터를 활용하므로 추가 자료 수집 없이도 연구가 가능하며, 대규모 인구 집단을 빠르게 분석할 수 있다. 국가나 지역 간 비교를 통해 특정 질병과 관련된 위험요인의 분포를 파악할 수 있고, 공중보건정책 수립이나 질병 예방전략의 기초자료로 활용될 수 있다. 또한, 드물게 발생하는 질병이나 넓은 지역 단위의 연구에 적합하며, 향후 정밀역학 연구를 위한 인과 가설 도출에 도움을 준다.

하지만 생태학적 연구는 몇 가지 한계를 지닌다. 대표적인 한계는 생태학적 오류ecological

fallacy로, 집단 수준에서 관찰된 연관성을 개인에게 일반화할 수 없다는 점이다. 또한, 다양한 혼란 변수가 동시에 작용할 수 있어 연구 결과의 정확성이 낮아질 수 있고, 공공 데이터의 품질이나 수집 방식의 차이로 자료 간 비교의 신뢰성도 영향을 받을 수 있다. 무엇보다 상관관계는 인과관계를 의미하지 않기 때문에, 생태학적 연구 결과만으로 질병의 원인을 단정하거나 정책 결정을 내리는 것은 신중해야 한다.

이러한 점들을 고려할 때, 생태학적 연구는 독립적인 결론을 내리기보다는 후속 정밀 연구(예: 코호트 연구, 무작위 대조시험 등)를 설계하기 위한 기초자료로 활용하는 것이 바람직하다. 연구자는 생태학적 연구를 통해 형성된 인과 가설을 바탕으로 개인 수준의 자료를 이용해 이를 검증해야 한다. 공공정책 수립 시에도 생태학적 연구 결과는 다른 연구들과 함께 종합적으로 해석하는 접근이 요구된다. 적절히 활용된다면, 생태학적 분석은 광범위한 질병 분포와 위험요인 간의 관련성을 탐색하는 데 효과적인 도구가 될 수 있다.

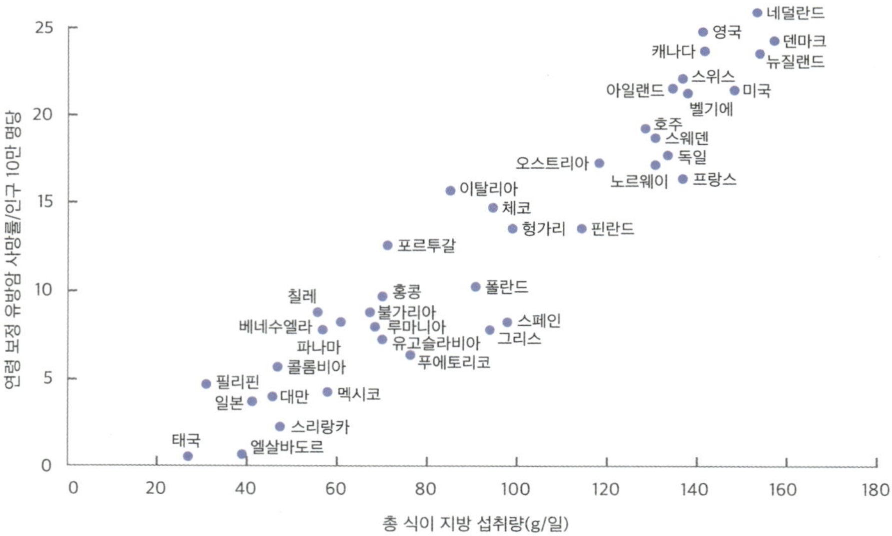

그림 4-2 국민 1인당 지방 섭취량과 유방암 사망률 위험의 관계

출처: Carroll. Experimental Evidence of Dietary Factors and Hormone-dependent Cancers. 1975.

2) 단면 연구

단면 연구cross-sectional study는 특정 시점에서 노출 변수와 결과 변수를 동시에 관찰하여 이들 간의 연관성을 파악하는 연구 설계이다. 한 시점에서 수집된 데이터를 바탕으로 특정 집단의 건강상태나 특성을 파악하며, 주로 유병률prevalence을 측정하거나 변수 간의 상관관계를 탐색하는 데 활용된다. 관찰 시점이 하나뿐이기 때문에 시간의 흐름에 따른 변화는 반영되지 않지만, 비교적 간단하고 명확한 연구 설계로 널리 사용된다(**그림 4-3**).

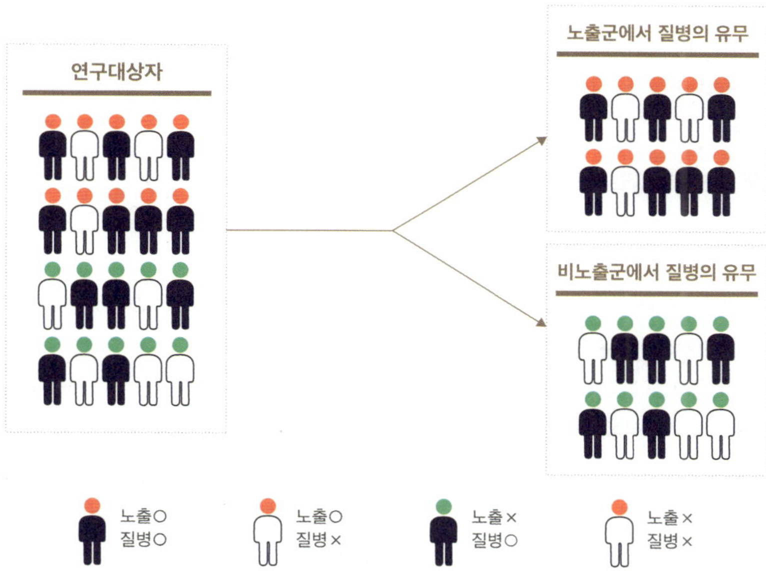

그림 4-3　단면 연구 디자인 설계

단면 연구는 단기간에 자료를 수집할 수 있어 상대적으로 시간과 비용이 적게 소요되는 장점이 있다. 설문조사, 의료기록, 국가 통계 등 기존 자료를 활용하거나 새롭게 데이터를 수집할 수 있어 유연하게 진행할 수 있으며, 지역사회 단위의 건강 실태 파악이나 보건사업 기획 시 유용하게 활용된다. 특히 표본이 전체 대상 집단을 잘 대표한다면, 결과의 일반화 가능성이 높다는 점에서 정책 수립에도 실질적인 기여가 가능하다.

하지만 단면 연구는 노출과 질병 발생 간의 시간적 순서를 파악하기 어려운 한계가 있다.

예를 들어, 어떤 사람이 비만하기 때문에 신체 활동을 적게 하는 것인지, 아니면 신체 활동을 적게 하기 때문에 비만해진 것인지 알기 어렵다. 따라서 원인과 결과를 구분하는 데 주의가 필요하다.

따라서 단면 연구는 특정 시점에서 집단의 건강상태나 유병 수준을 파악하는 데 유용한 도구이지만, 인과관계를 규명하기보다는 탐색적 연구로 활용하는 것이 적절하다. 연구 목적에 맞는 대상 집단 선정과 정확한 자료 수집, 통계 분석 시 혼란 변수 조정 등을 통해 자료의 신뢰도를 높이는 노력이 필요하다. 또한 연구 결과의 해석 시에는 단면 연구 설계의 한계를 충분히 인식하는 것이 바람직하다.

더 알아보기 4-2

단면 연구 사례

초가공식품 섭취와 비만 간의 연관성(성현이 외. Consumption of Ultra-Processed Foods Increases the Likelihood of Having Obesity in Korean Women. 2021)

- 초가공식품(ultra-processed foods) 섭취와 비만 간의 관계를 분석한 단면 연구에서 2016~2018년 국민건강영양조사(KNHANES)에 참여한 19~64세 성인 7,364명(남성 3,219명, 여성 4,145명)의 데이터를 활용하였다. 이 연구에서 NOVA 식품 분류 시스템을 적용하여 식품을 가공 정도에 따라 비가공 또는 최소가공식품, 가공조미료, 가공식품, 초가공식품으로 구분하였고, 초가공식품 소비량은 전체 에너지 섭취의 26.8%를 차지하는 것으로 나타났다.
- 분석 결과, 여성에서 초가공식품 소비가 비만과 유의미한 연관성을 보였다. 초가공식품 섭취 비율이 가장 높은 그룹(4분위)은 가장 낮은 그룹(1분위)에 비해 체질량지수(BMI)가 0.61kg/m^2 더 높고, 비만 위험(BMI > 25kg/m^2)이 51% 증가하며, 복부비만 위험(WC ≥ 85cm)은 64% 증가하는 것으로 분석되었다(**표 4-3**). 이러한 결과는 초가공식품 소비가 여성에서 비만 위험을 높이는 중요한 요인이 될 수 있음을 시사한다.
- 연구 설계가 단면 연구인 점을 고려할 때 인과관계를 직접적으로 규명하는 데는 제한이 있으나, 초가공식품과 비만 간의 연관성에 대한 중요한 관찰적 증거를 제공한다는 점에서 의의가 있다. 향후 대규모 코호트 연구 또는 중재 연구를 통해 초가공식품 섭취가 건강에 미치는 영향을 보다 정밀하게 규명할 필요가 있다.

(계속)

표 4-3 초가공식품의 에너지 기여율에 따른 체질량지수 및 복부비만 유병 위험도

구분	Q1	Q2	Q3	Q4
비만 지표	기준	β 또는 OR (95% 신뢰구간)	β 또는 OR (95% 신뢰구간)	β 또는 OR (95% 신뢰구간)
BMI 변화율(kg/m²) (β)	0.0	0.32 (-0.04, 0.68)	0.22 (-0.14, 0.59)	0.61 (0.23, 0.99)
비만 (BMI 25kg/m² 이상) (OR)	1.0	1.14 (0.87, 1.48)	1.06 (0.80, 1.40)	1.51 (1.14, 1.99)
고도비만 (BMI 30kg/m² 이상) (OR)	1.0	1.32 (0.80, 2.17)	0.81 (0.46, 1.45)	1.42 (0.84, 2.40)
허리둘레 변화율(cm) (β)	0.0	0.74 (-0.22, 1.69)	0.55 (-0.41, 1.54)	1.34 (0.35, 2.34)
복부비만(OR)	1.0	1.08 (0.81, 1.43)	1.03 (0.76, 1.40)	1.64 (1.24, 2.16)

Q: 대상자를 사분위수로 나눈 구간
OR: 위험비
BMI: 체질량지수
β: 모델의 회귀계수

3) 환자-대조군 연구

환자-대조군 연구case-control study는 질병의 원인이나 위험요인을 규명하기 위해 결과(질병)를 먼저 관찰한 뒤, 해당 결과를 초래했을 가능성이 있는 과거의 노출 요인을 추적하는 역학 연구이다. 연구의 진행 방향이 결과에서 원인으로 거슬러 올라가므로 후향적 연구retrospective study의 한 형태로 분류된다. 일반적으로 특정 질병을 가진 환자군case과 질병이 없는 대조군control을 선정한 후, 두 집단 간에 특정 요인에 대한 과거 노출 여부를 비교하여 질병과 노출 요인 간의 연관성을 파악한다(**그림 4-4**). 이 연구 설계는 주로 희귀 질환이나 발병까지 시간이 오래 걸리는 질병의 원인을 조사할 때 효과적으로 사용된다.

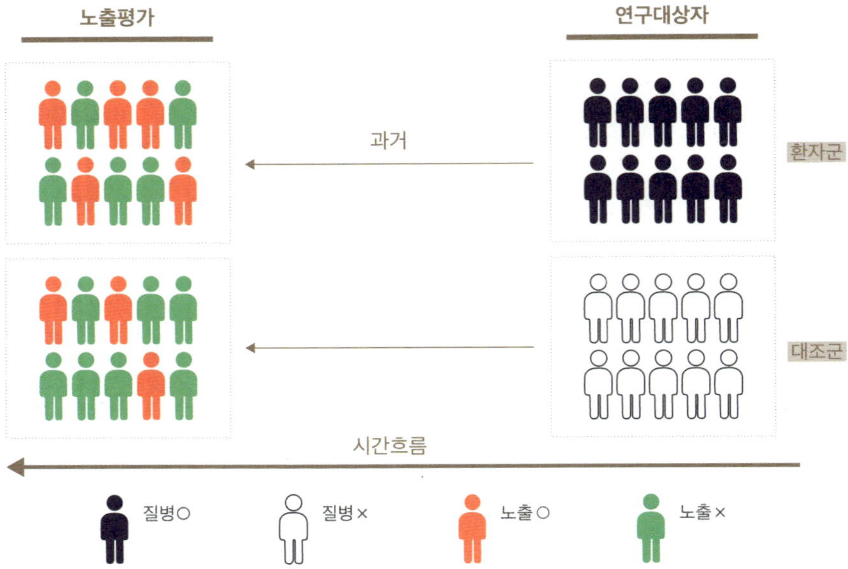

그림 4-4 환자-대조군 연구의 디자인 설계

환자-대조군 연구 설계는 과거 데이터를 활용하기 때문에 비교적 단기간에 수행할 수 있으며, 시간과 비용 측면에서 효율적이다. 특히 드문 질병의 경우 대규모 인구를 장기간 추적해야 하는 코호트 연구보다 현실적인 대안이 될 수 있다. 또한 환자군과 대조군을 비교하는 방식이므로, 전체 모집단을 대상으로 하지 않아도 적은 수의 표본으로 분석이 가능하다. 하나의 질병에 대해 다양한 노출 요인을 동시에 분석할 수 있다는 점도 환자-대조군 연구의 장점이다. 예를 들어, 폐암에 대해 흡연, 직업적 노출, 환경적 요인 등 여러 요인의 영향을 동시에 평가할 수 있다.

그러나 이 연구는 과거의 노출 정보를 회상에 의존하는 경우가 많기 때문에, 환자나 참여자가 자신의 과거 행동이나 환경을 부정확하게 기억하거나 과장하는 회상 바이어스recall bias가 발생할 수 있다. 또한 환자군과 대조군이 적절히 매칭되지 않으면 선택 바이어스selection bias가 발생하여 연구 결과의 타당성이 저해될 수 있다. 특히 연령, 성별, 사회경제적 수준 등 주요 혼란 변수들을 통제하지 못할 경우, 질병과 노출 요인 간의 인과관계를 잘못 해석할 위험이 있다.

따라서 환자-대조군 연구를 설계할 때에는 대조군을 사례군과 유사한 특성을 가진 집단으로 신중하게 선정해야 하며, 가능한 한 객관적인 자료(예: 의료기록, 과거 진료 내역 등)를 통해 노출 정보를 수집하는 것이 바람직하다. 연구 결과를 해석할 때에는 회상 바이어스와 선택 바이어스의 가능성을 충분히 고려해야 하며, 혼란 요인을 통제하기 위한 통계적 기법을 활용하는 것이 필요하다.

더 알아보기 4-3

환자-대조군 연구 사례

식이 및 생활습관의 염증 점수와 대장암 발생 간의 연관성(전신영 외. Association of the inflammatory balance of diet and lifestyle with colorectal cancer among Korean adults: a case-control study. 2022)

- 식이 및 생활습관 요인의 염증 유발 정도가 대장암(colorectal cancer) 발생 위험에 미치는 영향을 분석하기 위해 환자-대조군 연구가 수행되었다. 연구는 국내 종합병원에서 모집된 병리학적으로 확진된 대장암 환자 919명과 성별 및 연령을 일치시킨 대조군 1,846명의 자료를 기반으로 진행되었다.
- 연구에서는 염증 점수 모델을 활용하여 총 19개 항목을 반영한 식이 염증 점수(Dietary Inflammation Score, DIS)와 4개 항목을 기반으로 한 생활습관 염증 점수(Lifestyle Inflammation Score, LIS)를 산출하였다. 점수가 높을수록 항염증 요인보다 친염증 요인이 우세한 상태를 의미한다.
- 분석 결과, 식이 염증 점수가 가장 높은 분위(3분위)에 속한 참가자는 가장 낮은 분위(1분위)와 비교하여 대장암 발생 위험이 2.65배 높았다(OR: 2.65, 95% CI: 2.10, 3.36). 생활습관 염증 점수 역시 대장암 위험과 유의한 양의 상관성을 보였으며, 최고 점수 그룹은 1.28배 높은 위험을 나타냈다(95% CI: 1.03, 1.58)(**표 4-4**). 또한, 두 점수를 교차 분석한 결과, 식이 염증 점수와 생활습관 염증 점수가 모두 높은 경우 대장암 발생 위험이 가장 크게 증가하는 경향을 보였다. 특히 식이 염증 점수가 높은 경우에는 생활습관 점수 수준에 관계없이 위험이 3배 이상 높아지는 결과가 나타나, 식이 요인의 영향력이 보다 뚜렷하게 드러났다(**표 4-5**).
- 이러한 연구 결과는 친염증적 식사와 생활습관이 대장암 발생에 있어 중요한 역할을 할 수 있음을 시사하며, 특히 식이 요인의 상대적 중요성을 강조한다. 나아가 염증 기반의 식이평가 도구가 대장암 예방전략 및 임상적 활용에 있어 유용한 지표로 작용할 수 있음을 보여준다.

(계속)

표 4-4 식이 염증 점수 및 생활습관 염증 점수와 대장암의 연관성: 환자-대조군 연구

염증 점수	대장암		근위부 결장암		원위부 결장암		직장암	
	환자군/대조군	OR (95% 신뢰구간)	환자군/대조군	OR (95% 신뢰구간)	환자군/대조군	OR (95% 신뢰구간)	환자군/대조군	OR (95% 신뢰구간)
식이 염증 점수								
T1	159/615	1.00 (기준)	34/615	1.00 (기준)	53/615	1.00 (기준)	71/615	1.00 (기준)
T3	487/615	2.65 (2.10, 3.36)	87/615	2.35 (1.51, 3.67)	150/615	2.53 (1.77, 3.63)	241/615	3.00 (2.19, 4.10)
생활습관 염증 점수								
T1	273/636	1.00 (기준)	46/636	1.00 (기준)	94/636	1.00 (기준)	129/636	1.00 (기준)
T3	366/563	1.28 (1.03, 1.59)	63/563	1.33 (0.88, 2.03)	124/563	1.22 (0.89, 1.67)	174/563	1.23 (0.93, 1.63)

OR: 위험비
T: 대상자들을 염증 점수에 따라 3분위로 나눈 구간

표 4-5 식이 염증 점수와 생활습관 염증 점수가 대장암 위험에 미치는 상호작용 효과

	생활습관 염증 점수					
	T1		T2		T3	
	환자군/대조군	OR (95% 신뢰구간)	환자군/대조군	OR (95% 신뢰구간)	환자군/대조군	OR (95% 신뢰구간)
식이 염증 점수						
T1	42/221	1.00 (기준)	57/239	1.15 (0.72,1.84)	60/155	1.74 (1.08, 2.80)
T2	82/232	1.55 (0.99, 2.42)	87/207	1.86 (1.19, 2.90)	104/177	2.45 (1.57, 3.83)
T3	149/183	3.73 (2.43, 5.71)	136/201	2.97 (1.93, 4.55)	202/231	3.60 (2.38, 5.43)

OR: 위험비
T: 대상자들을 염증 점수에 따라 3분위로 나눈 구간

4) 코호트 연구

코호트cohort라는 용어는 원래 로마제국에서 군단을 구성하는 부대 단위로 사용되었으나, 현재는 공통된 특성이나 경험을 가진 집단을 의미하는 개념으로 확장되었다. 예를 들어, 같은 해에 태어난 사람들은 '출생코호트', 특정 시기에 이주한 사람들은 '이민자코호트'라 부를 수 있다. 역학 연구에서의 코호트 연구cohort study는 특정 인구집단을 일정 기간 동안 추적하면서, 특정 요인(예: 식이, 환경, 생활습관 등)에 노출된 집단과 그렇지 않은 집단 간의 질병 발생률을 비교하는 관찰적 연구 설계이다(**그림 4-5**). 연구는 현재부터 미래를 추적하는 전향적 코호트 연구prospective cohort study와 과거의 기록을 이용해 노출과 질병의 관계를 분석하는 후향적 코호트 연구retrospective cohort study로 구분된다.

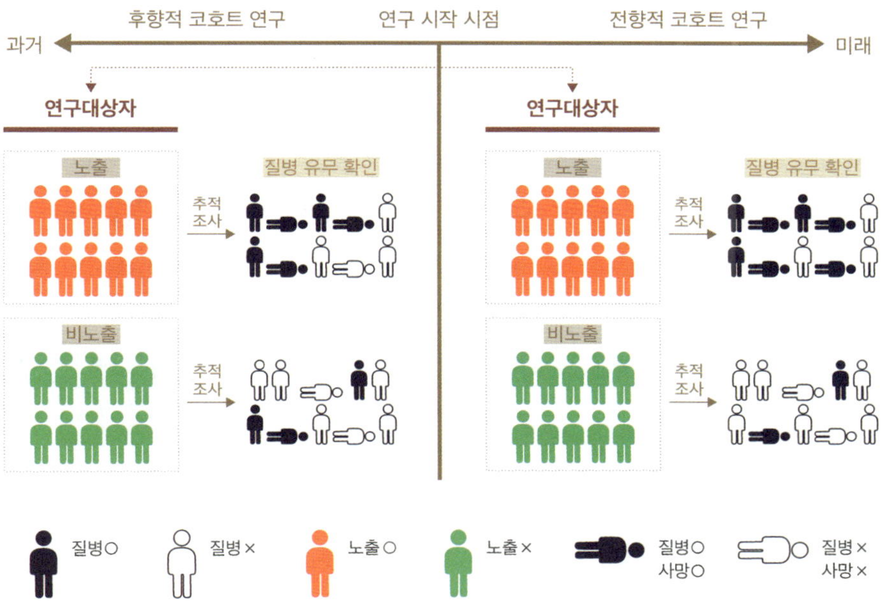

그림 4-5 코호트 연구의 디자인 설계

코호트 연구는 노출이 질병보다 먼저 발생하므로 시간적 선후관계를 명확히 할 수 있어 인과관계 추론이 가능한 연구 설계이다. 일정 기간 동안의 추적을 통해 질병의 '발병률incidence'을 계산할 수 있고, 만성질환처럼 발병까지 시간이 오래 걸리는 질병에 적합하다. 또한 하나의 코호트 집단을 통해 여러 가지 노출 요인(예: 흡연, 식이, 운동 등)과 다양한 건강 결과(예: 당뇨병, 심혈관질환, 암 등)를 동시에 분석할 수 있어 다차원적인 연구가 가능하다. 이외에도 연구 설계 단계에서 혼란 변수를 통제하거나, 분석 과정에서 통계적으로 조정할 수 있어 자료 해석의 신뢰도를 높일 수 있다.

그러나 코호트 연구는 일반적으로 장기간에 걸쳐 많은 대상자를 추적해야 하므로 시간과 비용이 많이 소요된다. 추적 기간 동안 일부 대상자가 탈락하거나 추적이 불가능해지는 '추적 탈락loss to follow-up' 문제가 발생할 수 있으며, 이로 인해 결과에 바이어스가 발생할 수 있다. 또한 노출 상태를 오랜 기간 동안 정확하게 측정하기 어렵고, 측정 오류가 누적되면 데이터의 신뢰도가 저하될 수 있다. 설계 단계에서 혼란 변수를 통제했다 하더라도, 모든 영향을 고려하지 못한 채 분석이 진행될 경우, 여전히 남아 있는 혼란 요인으로 인해 인과 추론이 어려울 수 있다.

따라서 코호트 연구를 수행할 때는 장기적인 자원 확보와 대상자 유지전략이 필요하며, 체계적인 데이터 관리와 정기적인 추적이 중요하다. 노출과 결과 측정의 정확도를 높이기 위해 표준화된 조사 도구와 프로토콜을 마련하고, 예상되는 혼란 요인 외에도 다양한 변수들을 고려한 분석 설계가 요구된다. 코호트 연구는 철저한 준비와 장기적 계획이 수반되어야 하는 만큼, 신중하게 대상 집단을 선정하고 추적 체계를 구성하는 것이 핵심이다.

더 알아보기 4-4

전향적 코호트 연구 사례

식물성 식단지표와 관상동맥심장질환 위험 간의 연관성(Khongorzul G. 외. Association between plant-based diets and the risk of coronary heart disease predicted using the Framingham Risk Score in Korean men: data from the HEXA cohort study. 2024)

- 식물성 식단 섭취와 관상동맥심장질환(Coronary Heart Disease, CHD) 발생 위험 간의 관계를 분석하기 위해 전향적 코호트 연구(prospective cohort study)가 수행되었다. 본 연구는 Health Examinees Study에 참여한 40세 이상 한국 남성 12,356명을 대상으로 하였으며, Framingham Risk Score를 활용해 향후 10년 내 CHD 발생 위험을 예측하였다.
- 연구에서는 식이 섭취 조사를 위해 검증된 식품섭취빈도조사(FFQ)를 사용하였고, 총 네 가지 식물성 식단지표—① 총 식물성 식단지표(Overall Plant-Based Diet Index), ② 건강한 식물성 식단지표(hPDI), ③ 불건강한 식물성 식단지표(uPDI), ④ 준채식 식단지표(Pro-Vegetarian Diet Index)—를 산출하여 분석에 활용하였다.
- 분석 결과, 건강한 식물성 식단(hPDI) 점수가 가장 높은 그룹(5분위)은 가장 낮은 그룹(1분위)과 비교해 CHD 위험 점수가 19% 낮은 것으로 나타났다(HR: 0.80, 95% CI: 0.69, 0.93). 또한, 신체 활동 수준에 따른 층화분석 결과, 준채식 식단지표가 높은 집단은 신체활동량이 많을수록 CHD 위험 점수가

(계속)

더 낮은 경향을 보였으며(HR: 0.73, 95% CI: 0.58, 0.92), 이는 식이와 신체활동 간의 상호작용 가능성을 시사한다(**표 4-6**). 반면, 불건강한 식물성 식단(uPDI) 점수가 높은 그룹에서는 BMI≥25kg/m² 및 허리둘레 ≥90cm인 경우, CHD 위험 점수가 가장 높게 나타나, 식물성 식단의 질이 건강에 미치는 영향이 상이할 수 있음을 보여주었다(**그림 4-6**).

- 이 연구는 전향적 코호트 연구 설계를 기반으로 하여, 식물성 식단의 질적 구성에 따라 CHD 위험이 다르게 나타날 수 있으며, 특히 건강한 식물성 식단(hPDI)이 심혈관 건강에 긍정적인 영향을 미칠 수 있음을 시사하는 중요한 근거를 제공한다.

표 4-6 식물성 식단지표 5분위에 따른 관상동맥질환 발생 위험도

	Q1	Q2	Q3	Q4	Q5
식물성 식단지표					
점수 중위수(25~75% 범위)	44 (32~46)	48 (47~49)	51 (50~52)	54 (53~56)	58 (56~71)
관상동맥질환 환자 수	401	349	405	384	478
HR(95% 신뢰 구간)	1.00 (기준)	0.94 (0.82, 1.09)	0.91 (0.79, 1.04)	0.91 (0.78, 1.04)	0.93 (0.81, 1.07)
건강한 식물성 식단지표					
점수 중위수(25~75% 범위)	42 (27~45)	48 (46~49)	51 (50~53)	55 (54~57)	60 (58~77)
관상동맥질환 환자 수	345	333	460	455	424
HR(95% 신뢰 구간)	1.00 (기준)	0.88 (0.75, 1.02)	0.95 (0.82, 1.10)	0.92 (0.80, 1.07)	0.80 (0.69, 0.93)
불건강한 식물성 식단지표					
점수 중위수(25~75% 범위)	43 (28~45)	48 (46~49)	52 (50~53)	55 (54~57)	61 (58~75)
관상동맥질환 환자 수	416	389	416	353	443
HR(95% 신뢰 구간)	1.00 (기준)	0.99 (0.86, 1.14)	1.02 (0.89, 1.18)	0.99 (0.85, 1.15)	1.05 (0.90, 1.21)

Q: 대상자들을 각 식물성 식단지표 점수에 따라 5분위로 나눈 구간
HR: 발생 위험도

(계속)

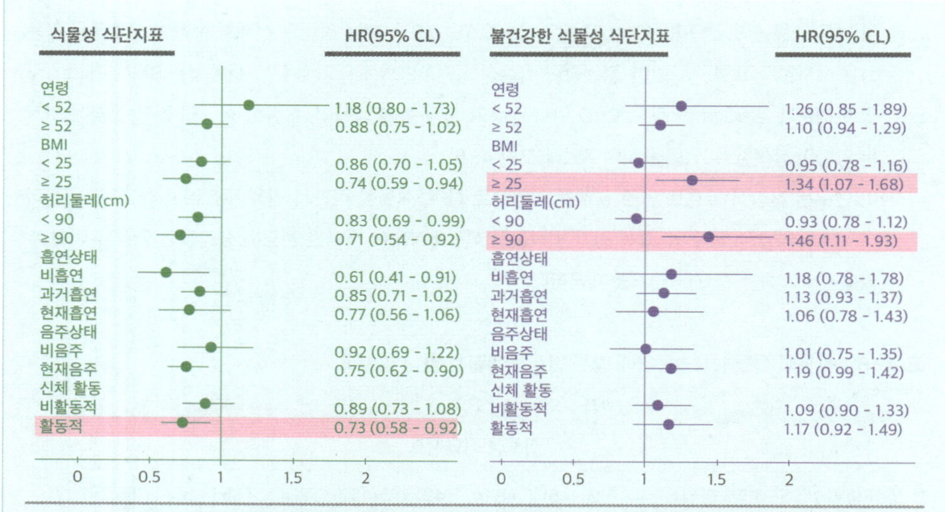

그림 4-6 식물성 식이 지수와 관상동맥심장질환(CHD) 간 연관성에 대한 층화 분석

5) 시험 연구

시험 연구Experimental Study 또는 Intervention Study는 연구자가 인위적으로 특정 개입을 도입하고, 그 개입이 대상자의 건강 결과에 미치는 영향을 관찰 · 평가하는 연구 설계이다(**그림 4-7**). 시험 연구는 질병 치료, 예방, 건강증진 등 다양한 목적으로 수행되며, 관찰 연구와 달리 연구자가 노출 요인을 직접 조작할 수 있어 인과관계를 보다 명확히 추론할 수 있다는 특징을 가진다. 시험 연구는 실험환경이나 지역사회, 병원, 학교, 보건소 등 다양한 현장에서 수행될 수 있으며, 대상은 개인뿐만 아니라 집단이나 지역 단위일 수도 있다. 시험 연구의 대표적 예로는 약물의 효과를 검증하는 임상시험뿐만 아니라, 보건교육 프로그램, 백신 캠페인, 영양 개입 등 지역사회 기반의 중재 연구가 있다.

시험 연구는 개입 전후의 변화를 직접적으로 측정할 수 있어 개입 효과를 명확히 평가할 수 있으며, 다양한 보건 프로그램이나 정책의 효과성을 사전에 검토할 수 있는 실용적인 도구로 활용된다. 특히 공공보건 영역에서는 식생활 개선, 신체활동 증진, 만성질환 예방 등과 관련된 건강 개입 연구를 통해 실제 정책 수립이나 지역사회 보건사업에 근거를 제공할 수 있다. 또한 연구자가 개입의 내용을 사전에 정의하고, 자료 수집 및 분석을 체계적으로 설계할 수 있어 자료의 신뢰성과 재현성을 높일 수 있다. 대상자나 집단에 대한 자세한 정보 수집이 가능하다는 점에서도 장점이 있다.

그러나 시험 연구는 실제 환경에서 다양한 변수들이 통제되지 않거나, 무작위 배정이 불가능한 경우가 많아 연구의 내적 타당성이 저하될 수 있다. 특히 지역사회 기반 연구에서는 행정적 · 윤리적 · 사회문화적 요인으로 인해 연구 설계에 제한이 발생하기도 하며, 비교군 설정이 어렵거나 개입의 확산 효과로 인해 군 간 경계가 모호해질 수 있다. 또한 대상자의 순응도 저하, 추적 탈락 등의 문제는 결과 해석에 혼란을 초래할 수 있다. 따라서 시험 연구에서는 단순한 통제보다 현실성을 고려한 설계와 적절한 비교 방법, 정량적 · 정성적 평가를 병행하는 통합적 접근이 필요하다. 연구 결과의 해석 시에는 개입의 효과뿐 아니라 맥락, 실행 가능성, 수용성 등을 함께 고려해야 한다.

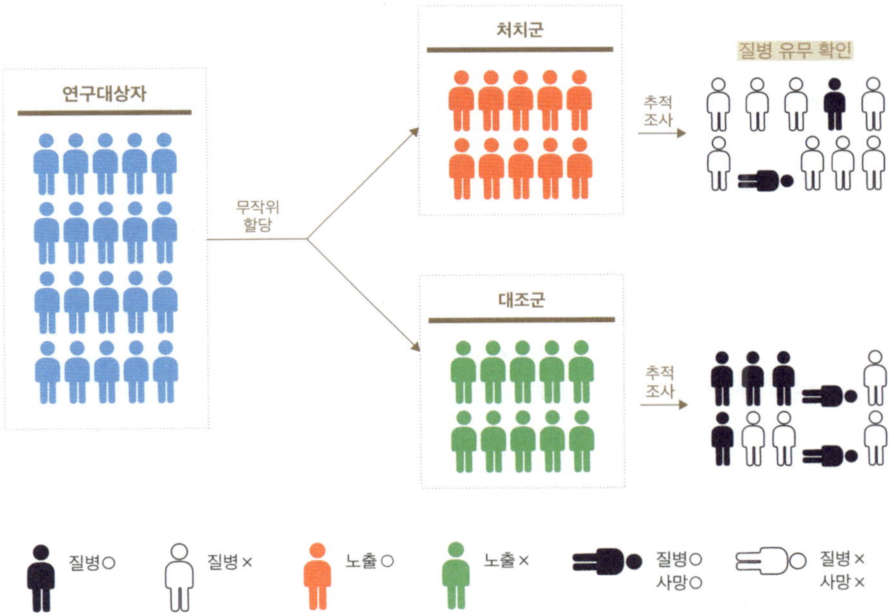

그림 4-7 시험 연구의 디자인 설계

더 알아보기 4-5

임상연구 사례

균형 잡힌 한국식(Balanced Korean Diet, BKD)이 대사 위험요인에 미치는 영향(김성아 외. Effect of a balanced Korean diet on metabolic risk factors among overweight obese Korean adults_a randomized controlled trial. 2020)

- 균형 잡힌 한국식의 대사 건강 효과를 평가하기 위해 무작위 교차 시험(Randomized Crossover Controlled Trial)이 수행되었다. 이 연구는 과체중 또는 비만 성인을 대상으로 BKD, 미국식 식이지침(2010DGA), 일반적인 미국식 식단(TAD)의 세 식단이 체질량지수(BMI), 혈중 지질, 혈당 등 대사 위험요인에 미치는 영향을 비교 분석하였다.
- 총 61명의 참가자가 연구에 등록되었으며, 각 참가자는 BKD, 2010DGA, TAD를 무작위 순서로 4주간 섭취하고, 식이 간에는 2주간의 휴지기(washout period)를 두었다. 최종적으로 54명이 연구를 완료하였고, 각 식단의 시작과 종료 시점에 BMI, 체지방률, 혈압, 혈중 지질(총 콜레스테롤, LDL, HDL, 중성지방), 공복 혈당 및 인슐린 등을 측정하였다.
- 연구 결과, BKD는 BMI, 체지방률, 총 콜레스테롤, LDL-콜레스테롤을 2010DGA나 TAD에 비해 유의하게 감소시켰으며($p<0.05$), 세 식단 모두 중성지방 수치를 감소시키는 효과를 보였다. 그러나 BKD는 HDL-콜레스테롤을 감소시키고($p=0.001$), 공복 혈당을 증가시키는 경향이 있어($p=0.018$), 일부 지표에서의 부정적 영향도 관찰되었다(**표 4-7**). 또한, BKD는 총 콜레스테롤과 LDL-콜레스테롤이 높은 참가자의 비율을 유의하게 줄였으며, 2010DGA는 비만 참가자의 비율 감소, TAD는 중성지방 수치 개선에 각각 긍정적 영향을 보였다. 반면, TAD 섭취 시 LDL-콜레스테롤이 높은 참가자 비율은 오히려 증가하는 경향을 나타냈다(**표 4-8**).
- 이러한 결과는 BKD가 특정 대사 위험요인 개선에 효과적일 수 있으며, 특히 체중과 혈중 지질 조절에 유의미한 이점을 가질 수 있음을 시사한다. 다만, HDL 감소와 공복 혈당 증가와 같은 요소는 장기적인 영향 평가를 위한 추가 연구가 필요함을 의미한다. BKD는 향후 대사질환 예방을 위한 권장 식단으로의 활용 가능성을 제시하는 근거로 활용될 수 있다.

(계속)

표 4-7 식사 유형에 따른 4주 후 대사지표 변화

구분	균형잡힌 한식(BKD) (n=54)		미국식사지침준수식단 (DG) (n=53)		일반적인 미국식(TAD) (n=54)	
	Mean changes ±SE	p value	Mean changes ±SE	p value	Mean changes ±SE	p value
BMI(kg/m²)	-0.46±0.07	<0.001	-0.40±0.07	<0.001	-0.16 ±0.07	0.037
체지방률(%)	-0.62±0.17	<0.001	0.03±0.17	0.471	-0.08 ±0.17	0.616
허리둘레(cm)	-0.63 ±0.32	0.056	-0.49 ±0.33	0.139	-0.20 ±0.32	0.535
수축기 혈압(mmHg)	-1.96±1.55	0.207	0.31±1.56	0.844	-1.55±1.55	0.320
이완기 혈압(mmHg)	-1.77±1.37	0.199	1.15±1.38	0.408	-0.41±1.37	0.768
총 콜레스테롤(mg/dL)	-20.92±3.92)	<0.001	2.47 ±3.96	0.535	1.19±3.92	0.763
LDL-C(mg/dL)	-10.21±3.70	0.007	6.51±3.74	0.085	6.03±3.70	0.106
HDL-C(mg/dL)	-3.32±0.97	0.001	2.00±0.98	0.044	3.28±0.97	0.001
LDL-C/HDL-C	0.03±0.09	0.758	0.01±0.09	0.868	-0.06±0.09	0.456
중성지방(mg/dL)	-33.11 ±7.99	<0.001	-20.69±8.06	0.012	-27.63±7.99	0.001
공복 혈당(mg/dL)	2.72±1.13	0.018	0.87±1.14	0.446	0.51±1.13	0.651

표 4-8 식사 유형에 따른 4주 후 주요 대사지표 유병률의 변화

N(%)	균형잡힌 한식(BKD) (n=54)		미국식사지침준수식단(DG) (n=53)		일반적인 미국식(TAD) (n=54)	
	전	후	전	후	전	후
비만	40 (74.1)	36 (66.7)	39 (73.6)	35 (66.0)*	39 (72.2)	37 (68.5)
복부 비만	34 (63.0)	33 (61.1)	33 (32.3)	30 (56.6)	32 (59.3)	28 (51.9)
고혈압	16 (29.6)	14 (25.9)	17 (32.1)	11 (20.8)	15 (27.8)	12 (22.2)
고콜레스테롤혈증	39 (72.2)	23 (42.6)***	36 (37.9)	40 (75.5)	37 (68.5)	41 (75.9)
높은 LDL 콜레스테롤혈증	42 (77.8)	26 (48.2)**	39 (73.6)	40 (75.5)	34 (63.0)	44 (81.5)*
낮은 HDL 콜레스테롤혈증	15 (27.8)	17 (31.5)	14 (26.4)	9 (17.0)	15 (27.8)	11 (20.4)
고중성지방혈증	19 (35.2)	12 (22.2)	20 (37.7)	16 (30.2)	28 (51.9)	18 (33.3)*
높은 공복 혈당	21 (38.9)	28 (51.9)	18 (34.0)	23 (43.4)	20 (37.0)	26 (48.2)

*, **, *** 각각 p<0.05, p<0.01, p<0.001의 통계적 유의성

6) 체계적 문헌고찰 및 메타분석

체계적 문헌고찰은 특정 연구 질문에 대해 기존 문헌을 체계적이고 반복 가능한 방법으로 검색한 후, 사전에 정의된 기준에 따라 문헌을 선별 · 평가 · 요약하는 연구 설계이다. 메타분석은 이 체계적 문헌고찰을 기반으로, 포함된 연구들의 통계적 결과를 정량적으로 통합하여 전체적인 효과 크기를 산출하는 통계기법이다. 두 방법 모두 개별 연구들의 결과를 종합적으로 해석하여 보다 일관된 결론을 도출하는 데 목적이 있다.

이러한 접근은 개별 연구가 갖는 제한점을 보완하고, 특히 결과가 상반되는 연구들 사이에서 정리된 근거를 제공하는 데 매우 유용하다. 잘 수행된 체계적 문헌고찰systematic review과 메타분석meta-analysis은 근거 수준이 높아, 임상 지침이나 공중보건정책 수립에 있어 핵심적인 역할을 한다(**그림 4-8**).

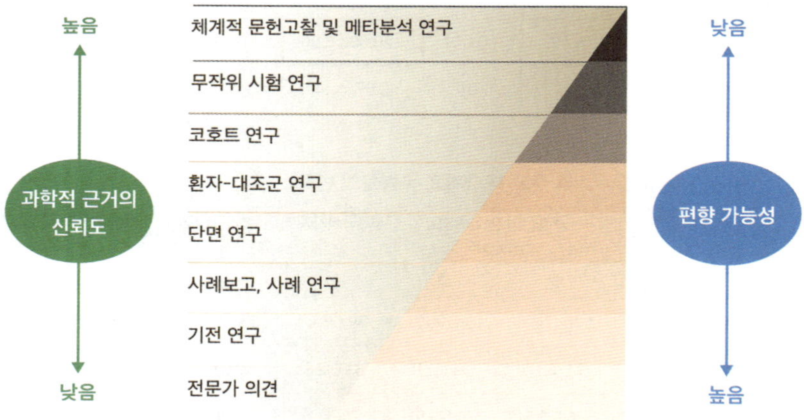

그림 4-8 과학적 근거의 우선순위

체계적 문헌고찰과 메타분석의 강점 중 하나는 다양한 연구를 종합함으로써 표본 수가 커지고 통계적 검정력이 향상된다는 점이다. 또한 다양한 지역, 집단, 설계를 포함할 수 있어 결과의 일반화 가능성도 높다. 최근에는 영양소 섭취와 만성질환, 식이 패턴과 사망률, 비만 등 주요 주제를 중심으로 활발히 활용되고 있으며, 영양정책 수립과 식이 권고안 제시에 중요한 과학적 근거가 된다. 예를 들어, 아시아 인구에서 식사패턴과 유방암 위험 간의 연관성에 대한 메타분석 결과 건강한 식단 및 건강식이 지수에 높은 순응도는 유방암 위험이 각각 38%, 51% 낮았다(**그림 4-9**).

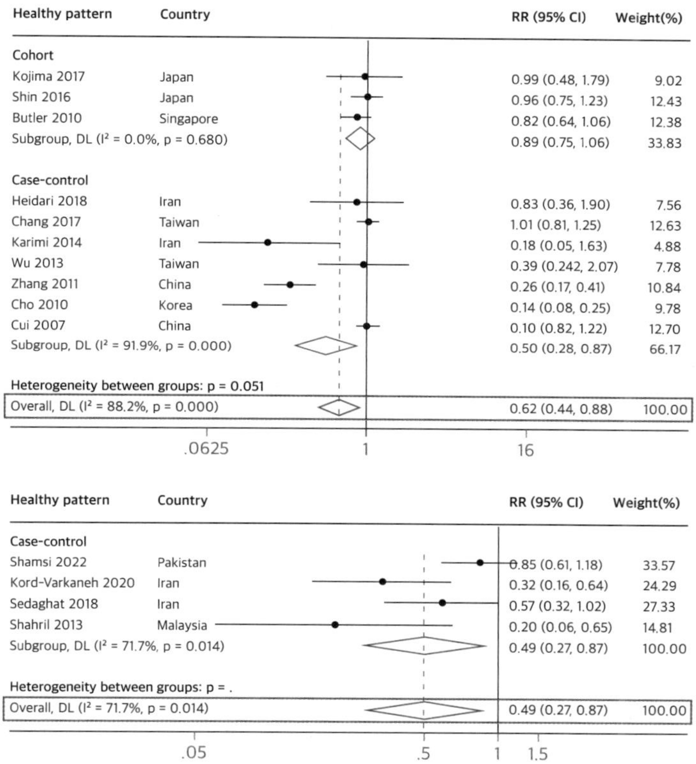

그림 4-9 건강한 식단 및 건강식이지수와 유방암 발생 위험 간의 메타분석 결과

출처: Shin S. et al. Association of food groups and dietary pattern with breast cancer risk: A systematic review and meta-analysis. 2023.

그러나 이러한 연구들은 포함된 논문의 질이나 결과의 일관성에 따라 신뢰도가 달라질 수 있다. 예를 들어, 각 연구 결과가 서로 너무 다르거나(이를 '이질성'이라고 함), 긍정적인 결과만 발표되는 경향이 있을 경우('출판 편향'이라 부름), 전체 결론이 실제보다 과장되거나 왜곡될 수 있다. 또한 메타분석은 연구 설계나 결과 측정 방식이 서로 다른 경우에는 분석에 포함하기 어렵고, 주관적인 내용을 다루는 질적 연구에는 적용이 제한된다.

따라서 체계적 문헌고찰과 메타분석은 다양한 연구 결과를 통합하여 신뢰도 높은 결론을 도출할 수 있는 강력한 도구이지만, 엄격한 포함 기준, 문헌의 질 평가, 편향 분석 등 체계적 절차를 반드시 따라야 하며, 결과 해석 시 한계점을 충분히 인식하는 것이 중요하다.

더 알아보기 4-6

연구의 시작은 문헌검색부터!

1. PubMed

PubMed는 미국 국립생물정보센터(NCBI)에서 운영하는 의학 및 생명과학 분야의 대표적인 문헌 검색 엔진으로, MEDLINE을 비롯한 다양한 데이터베이스의 논문을 무료로 검색할 수 있다.

1) 기본 검색 방법

① PubMed 접속: https://pubmed.ncbi.nlm.nih.gov/

② 검색창에 키워드 입력

- 단순 키워드 입력(예: obesity and diet)
- 자연어 검색 지원(예: Effects of a high-protein diet on weight loss)

③ 검색 결과 필터링

- Publication date: 최근 5년, 10년 등
- Article type: Clinical trial, Systematic review, Meta-analysis 등
- Text availability: Full text, Free full text, Abstract 등
- Study species: Human, Animal

④ 검색 결과 확인 및 논문 열기

- 논문 제목 클릭 → 초록(Abstract) 및 논문 정보 확인
- "Full text links"를 통해 원문 접근(일부 무료 제공)

2) 고급 검색 방법(Advanced Search)

① MeSH(Medical Subject Headings) 검색 활용

- MeSH Database에서 특정 용어의 표준화된 주제어 검색
  (예: Hypertension → Hypertension/therapy)

② Boolean 연산자 활용

- AND: 두 키워드가 모두 포함된 논문 검색(예: diabetes AND exercise)
- OR: 두 키워드 중 하나라도 포함된 논문 검색(예: stroke OR heart attack)
- NOT: 특정 키워드를 제외(예: cancer NOT lung)

(계속)

③ 필드 검색

- title/abstract에서 특정 키워드만 검색(예: obesity[Title/Abstract])
- 특정 저자의 논문 검색(예: Smith J[Author])
- 특정 저널에서 검색(예: Nature[Journal])

④ Citation Matcher 활용

- 논문의 DOI 또는 PubMed ID(PMID)를 입력하면 논문 정보 바로 확인 가능

2. PubMed 외 추가적인 문헌 검색 엔진

검색 엔진	설명	주요 특징
Google Scholar (scholar.google.com)	다양한 학술 논문, 보고서 검색	무료 이용 가능, 다양한 분야 논문 포함
Scopus (www.scopus.com)	Elsevier에서 제공하는 학술 데이터베이스	인용 색인, 연구 영향력 분석 지원 (유료)
Web of Science (www.webofscience.com)	인용 색인 기능을 포함한 과학기술 논문 검색	SCI(E) 등재 저널 포함, 연구 영향력 평가 (유료)
Embase (www.embase.com)	의학·약학 분야 전문 데이터베이스	임상시험 및 약물 연구 강점 (유료)
Cochrane Library (www.cochranelibrary.com)	체계적 문헌고찰 및 메타분석 제공	근거중심의학(EBM) 연구 자료 포함
PsycINFO (www.apa.org/pubs/databases/psycinfo)	심리학 및 정신건강 관련 논문 검색	APA(미국심리학회)에서 제공

3. 국내 논문 검색 엔진

국내에서 학술 논문을 검색할 수 있는 대표적인 검색 엔진 및 데이터베이스는 국가 연구기관, 학회, 대학 도서관 등이 운영하는 시스템을 기반으로 하고 있다. 한국어 논문뿐만 아니라 일부 서비스에서는 영문 논문 및 해외 학술지도 함께 제공된다.

검색 엔진	제공 기관	주요 특징
RISS, Research Information Sharing Service (www.riss.kr)	한국교육학술정보원(KERIS)	국내 최대 학술논문 및 학위논문 데이터베이스
KCI, Korea Citation Index (www.kci.go.kr)	한국연구재단(NRF)	국내 학술지 인용 색인 및 논문 검색

(계속)

검색 엔진	제공 기관	주요 특징
DBpia (www.dbpia.co.kr)	누리미디어	국내 학회 및 연구기관 논문 제공 (유료 이용 가능)
KISS, Korean studies Information Service System (www.kstudy.com)	한국학술정보	국내 학술지 및 학회 논문 제공 (유료 이용 가능)
NDSL, National Digital Science Library (www.ndsl.kr)	한국과학기술정보연구원(KISTI)	과학·기술·공학·의학 분야 논문 및 연구자료 검색
KoreaMed (www.koreamed.org)	대한의학회	국내 의학 및 생명과학 분야 논문 검색
MedRIC (www.medric.or.kr)	의과학연구정보센터	의학 및 보건 분야 학술자료 제공
법제처 국가법령정보센터 (www.law.go.kr)	법제처	법학 및 정책 연구 논문 검색
e-Article (www.earticle.net)	학술교육원	사회과학, 인문학, 공학 논문 검색 가능

4. 국내 주요 논문 검색 엔진 특징 비교

1) 학위논문 검색이 필요한 경우

- RISS: 국내 박사·석사 학위논문 검색 가능
- KCI: 연구자의 학위논문과 학술지 논문 간 인용관계 분석 가능

2) 국내 학술지 논문을 찾을 경우

- DBpia, KISS, e-Article: 다양한 국내 학술지 논문 제공(대부분 유료)
- KCI: 한국연구재단 등재 학술지 논문 무료 제공

3) 과학·기술·의학 논문을 검색할 경우

- NDSL, ScienceON: 과학기술 및 공학 연구자료 제공
- KoreaMed, MedRIC: 의학 및 생명과학 분야 논문 검색

4) 무료로 논문을 볼 수 있는 경우

- RISS: 대학 도서관 연계 서비스 활용 시 일부 논문 무료 열람 가능
- KCI, NDSL, ScienceON: 무료 논문 다수 제공

요약

1. 영양역학은 식이와 건강의 상관관계를 과학적으로 분석하여 질병 예방과 공중보건전략 수립에 기여하는 학문임

2. 기술 연구는 상관성 연구와 단면 연구를 통해 영양과 건강상태의 분포를 파악하고, 분석 연구는 환자-대조군 연구, 코호트 연구, 실험 연구, 메타분석 등을 통해 인과관계를 체계적으로 규명함

3. 실제 조사자료를 활용한 연구는 이론적 지식을 실천에 적용하며, 식사와 건강 지표 간의 관계를 근거 기반으로 제시함

활동

1. 같은 주제, 다른 설계: 영양역학 논문 비교하기

1) 활동 목표

- 동일한 주제를 다룬 다양한 연구 설계 논문을 찾아 비교 분석한다.
- 연구 설계에 따른 결과 해석의 차이와 한계를 비판적으로 평가한다.

2) 활동 내용

① 주제 선정: 조별 또는 개인별로 하나의 주제 선택

② 논문 3~4편 선정: 같은 주제를 다룬 논문 중, 서로 다른 연구 설계로 된 논문을 각각 1편씩 선정(예: 단면 연구 1편, 환자-대조군 연구 1편, 코호트 또는 개입 연구 1편)

③ 비교 분석표 작성

- 각 논문에 대해 다음 항목을 정리 - 연구 설계, 연구 목적, 노출/결과 변수, 주요 결과, 한계점 등
- 연구 설계별 장단점 비교

④ 비판적 평가

- 어떤 설계가 더 신뢰할 만한가?
- 설계 차이가 결과 해석에 어떤 영향을 주었는가?
- 실제 정책이나 건강 실천에 적용하려면 어떤 설계를 더 참고해야 하는가?

⑤ 결과 정리 및 발표(선택 사항): 보고서, 발표자료(PPT), 포스터 등으로 요약 정리하여 발표

2. 역학 연구 설계 모의활동: 내가 직접 만드는 영양역학 연구

1) 활동 목표

- 특정 영양 요인과 건강 지표 간의 관계를 설정하고, 이에 적합한 역학 연구 설계를 스스로 구성한다.
- 다양한 연구 설계(단면 연구, 환자-대조군, 코호트 등)의 적용 방식을 실습한다.

2) 활동 내용

① 영양 요인과 건강문제 선정

- 예: 영양소-나트륨, 당류, 섬유소, 오메가-3 등
  식습관-초가공식품 섭취, 야식 빈도, 채식 식단 등
  건강 지표-고혈압, 비만, 당뇨병, 대장암, 심혈관질환 등

② 연구 질문 설정

- 예: "나트륨 섭취는 고혈압 유병률에 영향을 미치는가?"
- 가능하면 PICO 형식(Population, Intervention/Exposure, Comparison, Outcome)으로 작성

③ 연구 설계 선택 및 정당화

- 단면 연구/환자-대조군 연구/코호트 연구 중 택 1
- 왜 이 설계가 적절한지 설명

④ 간단한 연구계획서 작성

- 조사 대상 및 표본 추출 방법
- 노출 변수와 결과 변수 설정
- 자료 수집 방법(예: 설문, 국가 데이터, FFQ 등)
- 분석 계획(교차비, 평균 비교, 회귀분석 등)

⑤ 결과 정리 및 공유: 보고서, 요약 슬라이드 또는 구두 발표로 구성

CHAPTER

05

영양정보의 이해와 활용

건강한 식생활을 실천하고 만성질환을 예방하기 위해서는 신뢰할 수 있는 영양정보를 올바르게 이해하고, 이를 일상생활에 효과적으로 적용할 수 있는 능력이 필요하다. 영양정보는 단순한 숫자나 지식의 나열이 아니라, 개인의 식사 선택부터 국가의 보건정책 수립에 이르기까지 다양한 수준에서 실질적인 변화를 이끄는 중요한 도구로 작용한다. 이러한 정보를 올바르게 활용하려면, 다양한 출처에서 제공되는 영양정보의 신뢰도와 편향 가능성을 비판적으로 검토할 수 있는 안목이 필요하다.

이 장에서는 영양정보를 구성하는 세 가지 주요 축—한국인 영양소 섭취기준과 식생활지침, 식품영양성분 데이터베이스, 국가 수준의 건강·영양조사—을 중심으로, 신뢰할 수 있는 정보를 어떻게 해석하고 활용할 수 있을지를 다룬다. 이러한 정보들이 서로 유기적으로 연결될 때, 과학적 근거에 기반한 건강한 식생활 실천이 가능해진다.

학습목표

1. 영양소 섭취기준과 식생활지침의 개념 및 활용 방법을 이해할 수 있다.
2. 국가에서 수행하는 주요 건강 및 영양 역학조사의 목적과 활용 방안을 설명할 수 있다.
3. 식품영양성분 데이터베이스의 개념과 다양한 활용 분야를 이해할 수 있다.
4. 빅데이터와 최신 기술이 영양 데이터 분석 및 건강 모니터링에 미치는 영향을 평가할 수 있다.

1. 한국인 영양소 섭취기준과 식생활지침

우리나라 국민의 건강증진과 만성질환 예방을 위해 설정된 한국인 영양소 섭취기준은 연령, 성별, 생애주기별로 적절한 에너지와 영양소 섭취량을 제시하는 과학적 기준이다. 이를 바탕으로 구성된 식생활지침은 일반인이 일상생활에서 실천할 수 있도록 식품 중심의 권장사항을 제공하며, 건강한 식사습관 형성을 돕는다. 이 절에서는 영양소 섭취기준과 식생활지침의 개념과 활용 방법을 살펴보고, 이를 통해 균형 잡힌 식생활을 어떻게 실현할 수 있을지를 이해한다.

한국인 영양소 섭취기준

국민의 건강 유지와 만성질환 예방을 위해 연령, 성별, 생애주기별로 권장되는 에너지 및 영양소 섭취 수준을 제시한 과학적 기준. 평균필요량, 권장섭취량, 충분섭취량, 상한섭취량, 만성질환 위험 감소섭취량 등을 포함함

식생활지침

과학적 근거를 바탕으로 국민이 일상에서 쉽게 실천할 수 있도록 제시된 식품 기반의 행동지침. 건강한 식사습관 형성과 질병 예방을 위해 실용적인 수칙으로 구성됨

1) 한국인 영양소 섭취기준

한국인 영양소 섭취기준Dietary Reference Intakes for Korean, KDRIs은 건강한 개인 및 집단을 대상으로 하여 국민의 건강을 유지·증진하고 식사와 관련된 만성질환의 위험을 감소시켜 궁극적으로 건강수명을 증진하기 위한 목적으로 설정된 에너지 및 영양소 섭취량 기준으로, 「국민영양관리법」에 따라 보건복지부가 주관하여 5년마다 제·개정한다. 한국인 영양소 섭취기준 제·개정 방향은 에너지 및 영양소 섭취 부족으로 인해 발생하는 결핍증 예방에 그치지 않고, 과잉섭취로 인한 건강문제 예방과 만성질환의 위험 감소까지 포함하고 있다.

한국인 영양소 섭취기준에는 안전하고 충분한 영양을 확보하는 기준치(평균필요량, 권장섭취량, 충분섭취량, 상한섭취량)와 식사와 관련된 만성질환 위험 감소를 고려한 기준치(에너지적정비율, 만성질환위험감소섭취량)가 제시되어 있다(**그림 5-1**). 2020 한국인 영양소 섭취기준은 에너지 및 다량영양소 12종, 비타민 13종, 무기질 15종의 총 40종의 영양소에 대해 섭취기준을 제시하고 있다(**표 5-1**).

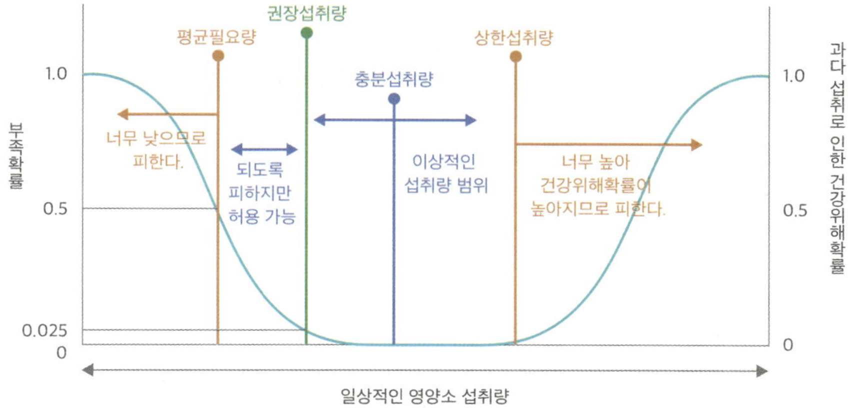

그림 5-1 한국인 영양소 섭취기준의 구성

표 5-1 2020 한국인 영양소 섭취기준 제·개정 대상 영양소

영양소		영양소 섭취기준					
		권장 섭취량	충분 섭취량	상한 섭취량	만성질환 위험 감소를 고려한 섭취량		
					에너지적정비율	만성질환위험감소섭취량	
에너지	에너지	○1)					
다량 영양소	탄수화물	○	○			○	
	당류						○3)
	식이섬유			○			
	단백질	○	○			○	
	아미노산	○	○				
	지방			○		○	
	리놀레산			○			
	알파-리놀렌산			○2)			
	EPA+DHA			○			
	콜레스테롤						○3)
	수분						
지용성 비타민	비타민 A	○	○		○		
	비타민 D			○	○		
	비타민 E			○	○		

(계속)

영양소		영양소 섭취기준					
		권장 섭취량	충분 섭취량	상한 섭취량	만성질환 위험 감소를 고려한 섭취량		
					에너지적정비율	만성질환위험감소섭취량	
지용성 비타민	비타민 K			○			
수용성 비타민	비타민 C	○	○		○		
	티아민	○	○				
	리보플라빈	○	○				
	니아신	○	○		○		
	비타민 B_6	○	○		○		
	엽산	○	○		○		
	비타민 B_{12}	○	○				
	판토텐산			○			
	비오틴			○			
다량 무기질	칼슘	○	○		○		
	인	○	○		○		
	나트륨			○			○
	염소			○			
	칼륨			○			
	마그네슘	○	○		○		
미량 무기질	철	○	○		○		
	아연	○	○		○		
	구리	○	○		○		
	불소			○	○		
	망간			○	○		
	요오드	○	○		○		
	셀레늄	○	○		○		
	몰리브덴	○	○		○		
	크롬			○			

[1] 에너지필요추정량
[2] 0~5개월과 6~11개월 영아의 경우 DHA 단일성분으로 충분섭취량 설정
[3] 권고치

(1) 평균필요량

평균필요량estimated average requirement, EAR은 건강한 사람들의 일일 영양소 필요량의 중앙값을 기준으로 산출한 수치이다. 영양소 필요량은 섭취량에 민감하게 반응하는 기능적 지표와 영양상태를 판정할 수 있는 평가 기준이 있을 때 추정할 수 있다. 모든 영양소의 기능적 지표가 알려져 있는 것이 아니므로, 일부 영양소에 대해서는 인체 필요량을 추정할 수 없다. 특히 에너지의 경우, 개인의 에너지 필요량 측정이 제한적이므로 에너지 소비량을 바탕으로 추정하며, 이때는 에너지필요추정량estimated energy requirements, EER이라는 용어를 사용한다.

(2) 권장섭취량

권장섭취량recommended nutrient intake, RNI은 인구집단의 약 97~98%에 해당하는 사람들의 영양소 필요량을 충족시킬 수 있는 섭취 수준으로, 이는 평균필요량에 표준편차 또는 변이계수의 2배를 더하여 산출한다.

(3) 충분섭취량

충분섭취량adequate intake, AI은 영양소의 필요량을 추정할 수 있는 과학적 근거가 부족할 경우, 대상 인구집단의 건강을 유지하는 데 충분한 양을 설정한 수치이다. 충분섭취량은 실험연구 또는 관찰연구에서 확인된 건강한 사람들의 영양소 섭취량 중앙값을 기준으로 정한다.

(4) 상한섭취량

상한섭취량tolerable upper intake level, UL은 인체에 유해한 영향이 나타나지 않는 최대 영양소 섭취 수준을 의미한다. 이는 과량을 섭취 시 유해 영향이 나타날 수 있다는 과학적 근거가 있을 경우에 설정이 가능하다.

(5) 에너지적정비율

에너지적정비율acceptable macronutrient distribution range, AMDR은 각 영양소를 통해 섭취하는 에너지가 전체 에너지 섭취량에서 차지하는 적정한 비율 범위를 제시한 것이다. 각 다량영양소

(탄수화물, 단백질, 지방)의 에너지적정범위는 무기질 및 비타민 등의 다른 영양소를 충분히 공급하면서 만성질환 및 영양 불균형의 위험을 감소시킬 수 있는 에너지 섭취비율을 근거로 설정한다.

(6) 만성질환위험 감소섭취량

만성질환위험 감소섭취량chronic disease risk reduction intake, CDRR이란 건강한 인구집단에서 만성질환의 위험을 감소시킬 수 있는 영양소의 최저수준의 섭취량이다. 이는 해당 기준치 이하를 목표로 섭취량을 감소시키라는 의미가 아니라 그 기준치보다 높게 섭취할 경우 전반적으로 섭취량을 줄이면 만성질환에 대한 위험을 감소시킬 수 있다는 근거를 중심으로 도출된 섭취기준을 의미한다. 만성질환 위험 감소를 위한 섭취량은 과학적 근거가 충분할 때 설정할 수 있다.

2) 영양소 섭취기준을 이용한 식사섭취상태 평가

영양소 섭취기준을 이용하여 식사를 평가하기 위해서는, 먼저 영양소 섭취기준의 개념을 정확하게 이해하고 이를 올바르게 적용하는 것이 중요하다. 개인의 식사평가를 하기 위해서는 개인의 일상적인 영양소 섭취량을 파악해야 한다. 그러나 개인의 일상적인 영양소 섭취량을 정확히 파악하는 것은 매우 어렵다. 따라서 개인의 영양소 섭취 수준을 평가할 때는 개인의 영양소 섭취량을 절대적 수치로 평가하기보다는, 섭취 수준의 적절/부적절 가능성 정도로 평가하는 것이 바람직하다 (**그림 5-2**).

그림 5-2 영양소 섭취기준을 이용한 개인의 식사평가

출처: 보건복지부·한국영양학회. 2020 한국인 영양소 섭취기준 활용. 2022.

더 알아보기 5-1

개인의 영양소 섭취량 평가에 영양소 섭취기준을 사용한 예

① 개인의 성별, 연령, 기준 체위 확인 및 활동 수준 점검

- 조사대상자: 저활동을 하는 신장 162cm, 체중 52kg의 21세 여대생

② 에너지 필요량 계산: 신장, 체중, 성별, 활동량 고려

> 에너지 필요량 계산 공식(성인 여자)
>
> 354 − 6.91 × 연령(세) + PA[9.36 × 체중(kg) + 726 × 신장(m)]
>
> PA(신체활동계수): 1.0(비활동적), 1.12(저활동적), 1.27(활동적). 1.45(매우 활동적)

- 조사대상자의 에너지 필요량 계산

  354 − 6.91 × 21(세) + 1.12[9.36 × 52(kg) + 726 × 1.62(m)] = 2071.27kcal

- 에너지필요추정량은 정상체중 범위에서의 에너지 소비량으로 대상자의 비만도를 계산하여 정상체중 여부를 확인해야 함. 이 여대생의 체질량 지수는 19.8kg / m^2이므로 정상체중에 해당됨

③ 일상적인 영양소 섭취량을 산출한 후, 영양소 섭취기준에 따라 영양소 섭취량을 평가

[조사대상자의 영양소 섭취량 결과]

구분	섭취량	평균필요량	권장섭취량	충분섭취량	상한섭취량
에너지(kcal)	1,900	-	-	-	-
지방(g)	57.5	-	-	-	-
단백질(g)	64.7	45	55	-	-
식이섬유(g)	27.3	-	-	20	-
비타민 A(μgRAE)	560	460	650	-	3,000
티아민(mg)	1.0	0.9	1.1	-	-
리보플라빈(mg)	0.9	1.0	1.2	-	-
비타민 C(mg)	2,785	75	100	-	2,000
엽산(μg)	189.3	320	400	-	1,000
칼슘(mg)	347.2	550	700	-	2,500
철(mg)	9.5	11	14	-	45
나트륨(mg)	4,245	-	-	1,500	2,300 (만성질환위험 감소섭취량)

(계속)

④ 에너지 및 다량영양소(탄수화물, 단백질, 지방) 평가

- 조사대상자의 경우 하루 에너지필요추정량이 2,071kcal로 약 170kcal 정도 적게 섭취하고 있음
- 2020 한국인 영양소 섭취기준에서 총에너지 중 탄수화물 : 단백질 : 지방의 비율은 55~65%, 7~20%, 15~30%가 되도록 권장함. 조사대상자의 경우 지방(27.2%), 단백질(13.6%)의 에너지 섭취 비율이 적정 범위 안에 포함됨

⑤ 식이섬유, 비타민, 무기질 섭취 평가

- 식이섬유: 충분섭취량 이상 섭취하였으므로, 현재의 섭취량을 유지할 것을 권장함
- 리보플라빈, 엽산, 칼슘, 철: 평균필요량보다 낮게 섭취하여 부족할 확률이 높으므로 권장섭취량 수준으로 섭취를 증가시킬 필요가 있음
- 비타민 A, 티아민: 평균필요량보다 높으나 권장섭취량 미만으로 섭취하였으므로, 권장섭취량 수준으로 섭취를 증가시킬 필요가 있음
- 비타민 C: 상한섭취량을 초과하여 섭취하였으므로, 과잉 섭취가 우려됨
- 나트륨: 충분섭취량 및 만성질환위험 감소섭취량을 초과하여 섭취하였으므로 건강 유지 및 만성질환 위험 감소를 위하여 섭취량을 줄일 필요가 있음

3) 식생활지침

식생활지침이란 질병 예방과 더불어 최적의 건강상태를 유지하기 위해 실천해야 하는 바람직한 식생활의 내용을 일반인들이 누구나 이해하기 쉽게 제시한 것이다. 이는 과학적 근거를 바탕으로 구성되며 각국의 문화, 식품 접근성, 영양상태, 질병 유병률 등을 고려하여 설계된다. 식생활지침은 단순히 영양소 섭취기준을 넘어, 일상생활에서 쉽게 실천할 수 있도록 식품 기반으로 제시된 권장사항이라는 점에서 실용적인 특징을 갖는다.

우리나라의 식생활지침은 「국민영양관리법」에 따라 매 5년 주기로 제·개정하여 발표 및 보급하도록 규정하고 있고, 2016년부터 보건복지부, 농림축산식품부, 식품의약품안전처가 공동으로 지침을 만들어 발표하고 있다. 2021년 발표한 〈한국인을 위한 식생활지침〉은 건강한 식생활을 위해 일반인들이 쉽게 이해할 수 있고, 일상생활에서 실천할 수 있도록 만성질환 감소, 비만관리, 위생적인 식문화 등을 강조한 9가지 수칙을 포함한다(**그림 5-3**).

그림 5-3 2021 한국인을 위한 9가지 식생활지침

출처: 사단법인 대한영양사협회 홈페이지.

2. 식품영양성분 데이터베이스의 활용과 중요성

> **식품영양성분 데이터베이스**
> 다양한 식품에 포함된 영양성분 정보를 체계적으로 정리한 자료. 식단 평가, 영양교육, 식품 개발, 건강정책 수립 등 다양한 분야에서 활용되며, 국가표준식품성분표와 식품의약품안전처 DB 등이 대표적임

식품영양성분 데이터베이스Food Composition Database는 각 식품에 포함된 영양성분 정보를 체계적으로 정리한 자료로 연구, 공공보건, 개인 건강 관리, 식품산업 등 다양한 분야에서 활용된다. 국가 및 국제기관에서 제공하는 이 데이터는 영양정책 수립, 식단 평가, 식품 개발의 기초자료로 쓰이며, 균형 잡힌 식생활 실천을 위한 중요한 도구가 된다. 이 절에서는 식품영양성분 데이터베이스의 개념과 활용 방식을 이해하고, 건강한 식생활을 위한 실천적 기반으로서 그 중요성을 살펴본다.

1) 농촌진흥청 국립농업과학원의 국가표준식품성분표

농촌진흥청은 「식품산업진흥법」 제19조와 동법 시행령 제25조에 의거하여 〈국가표준식품성분표〉를 발간하고 있다. 농촌진흥청은 1970년 UNICEF(유엔아동기금), FAO(국제연합식량농업기구), WHO(세계보건기구)의 자원으로 추진된 한국응용영양사업의 일환으로 국내외 영양정보를 수집하여 처음으로 식품성분표를 발간하였다. 이후 1981년 제2개정판부터는 5년 주기로 개정 · 발간하고 있으며, 2021년 제10개정판이 발간되었다. 〈국가표준식품성분표〉 제10개정판은 총 3,270점의 식품과 130종의 성분을 아우르는 '국가표준식품성분 DB 10.0'을 기반으로 구성되었다. 이 가운데 실생활에서 자주 접하게 되는 식품과 성분을 중심으로 오프라인에서의 식품성분 데이터의 활용을 고려하여 1,228점의 식품, 42종의 성분이 선별 수록되었다(**그림 5-4**).

식품의 영양성분 함량은 가식부 100g을 기준으로 제시되며, 폐기율은 식품의 구입 상태를 기준으로 섭취하지 않는 부위인 껍질, 뼈, 씨앗 등을 분리하여 측정한 무게(100g 기준)로 제시한다. 〈국가표준식품성분표〉는 농촌진흥청 국립과학원에서 운영하는 웹사이트를 통해 검색 및 다운로드할 수 있다(https://koreanfood.rda.go.kr/main).

곡류 및 그 제품

가식부 100g 기준

색인	식품명	에너지	수분	단백질	지방	회분	탄수화물	당류	총 식이섬유	칼슘	철	마그네슘	인	칼륨	나트륨	아연	구리	망간	셀레늄	몰리브덴	요오드	폐기율	출처
		kcal	g	g	g	g	g	g	g	mg	mg	mg	mg	mg	mg	mg	mg	mg	µg	µg	µg	%	
1	귀리, 겉귀리, 도정, 생것	380	11.5	11.40	7.35	2.00	67.71	0.32	-	80	2.93	103	308	458	0	1.90	0.102	3.883	0.56	138.17	0	0	농진청 ('16)
2	귀리, 쌀귀리, 도정, 생것	388	11.6	11.14	8.90	1.70	66.66	0.91	8.1	61	4.31	138	409	405	1	3.08	0.375	6.544	2.01	42.71	0	0	농진청 ('20)
3	귀리, 쌀귀리, 도정, 밥	218	50.7	6.51	5.36	0.95	36.54	0.42	-	34	2.46	78	228	212	1	1.71	0.206	3.642	1.06	20.25	0	0	농진청 ('20)
4	귀리, 오트밀	382	12.0	13.2	8.2	1.7	64.9	-	18.8	60	5.8	-	381	383	4	-	-	-	-	-	-	0	농진청 ('11)
5	기장, 찰기장, 도정, 생것	371	11.3	13.63	3.77	1.63	69.65	0.46	4.7	21	4.78	155	370	301	5	3.20	0.680	0.972	3.41	35.46	0.36	0	농진청 ('19)
6	메밀, 도정, 생것	363	13.1	13.64	3.38	2.04	67.84	0.30	6.3	21	2.78	244	453	444	1	3.09	0.541	1.469	3.16	37.62	1.07	0	농진청 ('14)
7	메밀, 도정, 가루	374	10.5	12.96	3.29	1.89	71.36	0.30	8.5	17	2.92	227	435	432	1	2.99	0.522	1.478	2.67	28.46	3.26	0	농진청 ('14)
8	메밀 국수, 생것	291	28.8	7.59	0.96	1.51	61.14	0	1.9	13	0.59	21	64	116	455	0.30	0.074	0.442	6.13	5.71	3.67	0	농진청 ('14)
9	메밀 국수, 생것, 삶은것	124	70.1	3.54	0.44	0.19	25.73	0	1.7	7	0.28	4	21	7	38	0.21	0.030	0.145	2.90	2.21	1.40	0	농진청 ('14)
10	메밀 국수, 말린것	372	8.3	13.58	1.27	2.44	74.41	2.77	4.6	28	2.54	83	173	198	707	1.64	0.360	1.388	7.03	21.38	0.95	0	농진청 ('14)

그림 5-4 농촌진흥청 국립농업과학원 국가표준식품성분표

2) 식품의약품안전처의 식품영양성분 데이터베이스

식품의약품안전처의 〈식품영양성분 데이터베이스〉는 대한민국 정부기관(식품의약품안전처, 농촌진흥청, 국립수산과학원)에서 생산한 식품영양성분 정보를 체계적으로 통합하여 제공하는 시스템이다. 일반식품(농축수산물, 음식)부터 시판음식(가공식품, 프랜차이즈 조리식품)에 대한 영양성분 정보를 제공하여 국민 누구나 식품의 영양성분 정보를 쉽게 확인하고, 국민 건강 · 영양정책 수립, 산업계의 영양표시와 신제품 개발, 학계의 연구사업 등에 널리 활용할 수 있다(**그림 5-5**).

식품의약품안전처는 수록된 〈식품영양성분 데이터베이스〉의 정보를 누구나 필요에 따라 손쉽게 검색할 수 있도록 웹사이트를 구축하여 운영하고 있다. 일반인의 경우 검색창에 영양정보가 궁금한 식품을 검색해서 손쉽게 영양성분을 확인할 수 있고, '나의 영양성분 섭취량' 기능을 통해 본인의 섭취 수준도 직접 계산할 수 있다. 연구자는 '영양성분 DB 내려받기' 메뉴를 통해 전체 데이터뿐만 아니라 필요한 영양성분만 선택적으로 다운로드하여 필요한 연구에 활용할 수 있다. 또한 산업체를 위해 건강관리 앱/웹 서비스 및 신제품 개발을 지

원하는 '공공데이터OPEN AI' 메뉴가 제공되고 있다. 조리식품을 생산하는 업체는 직접 자사 제품의 영양정보를 등록할 수 있는 기능도 제공한다(https://various.foodsafetykorea.go.kr/nutrient/).

- 식품영양성분 자료원

No.	부처	자료원명	버전(년도)	발간년도	수록 식품수(중복값제외)	수록 성분수(중복값제외)
1	식품의약품안전처	가공식품 DB	2024	2024	133,762	139
2	식품의약품안전처	음식 DB	2024	2024	14,650	135
3	농촌진흥청(국립농업과학원)	국가표준식품성분표	10.2	2024	2,707	130
4	해양수산부(국립수산과학원)	원재료성식품(수산물)	2023	2023	1,751	131
5	해양수산부(국립수산과학원)	지방산핸드북	2023	2023	100	41
		총계			152,970(152,970)	576(151)

그림 5-5 식품의약품안전처 식품영양성분 데이터베이스 식품영양성분 자료원

3) 국외의 식품영양성분 데이터베이스

(1) 유엔 FAO/INFOODS Global Food Composition Database

유엔 식량농업기구FAO의 국제식품데이터시스템INFOODS은 전 세계 식품 영양성분 데이터를 수집, 분석, 표준화하여 제공하는 글로벌 네트워크다. INFOODS는 1984년에 설립되어, 식품 영양성분 데이터의 품질, 가용성, 신뢰성 향상을 목표로 활동하고 있으며, 이를 통해 정부 기관, 영양학자, 연구자, 정책 결정자, 식품산업 종사자 및 일반 소비자들이 다양한 용도로 활용할 수 있는 신뢰성 있는 데이터를 제공한다. INFOODS는 다양한 글로벌 식품 구성 데이터베이스를 개발하여 공개하고 있으며(https://www.fao.org/infoods/infoods/en), 대표적으로 다음과 같은 예가 있다.

- **FAO/INFOODS 글로벌 식품구성 데이터베이스(uPulses)** 건조 식용 씨앗류(예: 콩류)의 영양성분 값을 제공하며, 원료 및 가공 형태에 대한 근접성분, 무기질, 비타민, 피트산, 아미노산, 지방산 분획 데이터를 포함한다.
- **FAO/INFOODS/IziNCG 글로벌 피트산 식품구성 데이터베이스(PhyFoodComp1.0)** 다양한 형태의 피트산과 철, 아연, 칼슘 등의 무기질 함량에 대한 분석 데이터를 제공하며, 이는

무기질 결핍 관련 영양 프로그램 및 연구에 활용된다.

INFOODS는 이러한 데이터베이스를 통해 식품 영양성분 데이터의 국제적 표준화를 촉진하며 영양 연구, 식품 안전, 공공건강정책 수립 등에 중요한 역할을 하고 있다. 또한, 식품 구성 데이터베이스의 품질 평가 절차를 표준화하여 데이터의 신뢰성을 높이고, 이를 통해 전 세계 식품 영양성분 데이터의 접근성과 활용도를 향상시키고 있다.

(2) 미국 USDA FoodData Central

USDA FoodData Central은 미국 농무부USDA에서 운영하는 영양성분 데이터베이스로, 다양한 식품의 영양정보를 신뢰할 수 있는 방식으로 제공하는 플랫폼이다. 이 데이터베이스는 기존의 표준 참조용 영양소 데이터베이스National Nutrient Database for Standard Reference, SR와 가공 식품 제품 데이터베이스Branded Food Products Database를 통합하여 더욱 포괄적인 정보를 담고 있으며 연구자, 영양사, 식품산업 전문가 및 일반 소비자들이 활용할 수 있도록 설계되었다.

FoodData Central은 정기적으로 데이터를 업데이트하여 최신 식품 영양정보를 반영하며, 누구나 쉽게 활용할 수 있도록 다양한 기능을 제공한다. 특히 연구자나 개발자는 별도로 웹사이트를 찾지 않고도 자신이 사용하는 분석 도구나 프로그램에 데이터를 불러와 활용할 수 있어, 방대한 식품 정보를 보다 효율적으로 활용할 수 있다. 이러한 기능 덕분에 FoodData Central은 영양 연구, 건강 관리, 식품산업, 공공건강정책 수립 등 다양한 분야에서 널리 사용되며, 개인 맞춤형 식단을 계획하는 데도 도움이 된다. 사용자는 웹사이트(https://fdc.nal.usda.gov)를 통해 식품의 영양성분을 직접 검색할 수 있으며, 기존 USDA 영양 데이터베이스보다 더 폭넓고 신뢰할 수 있는 정보를 제공한다.

(3) 유럽 FoodEXplorer(EuroFIR)

FoodEXplorer는 유럽 식품정보자원EuroFIR AISBL에서 개발한 식품 영양성분 데이터베이스 인터페이스로, 유럽 연합 회원국 대부분과 유럽 외 여러 국가의 식품 구성 데이터를 동시에 검색할 수 있도록 설계되었다. 이 시스템은 LangualLangua Alimentaria라는 표준화된 식품 기술자와 EuroFIR 시소러스(표준 용어집)를 기반으로, 식품을 구조적으로 분류하고 설명함으로써 다양한 국가 간 식품 데이터를 비교할 수 있도록 한다. 사용자는 식품명, 식품군, LangualL 분류어를 활용하여 원하는 식품을 검색할 수 있으며, 다양한 국가의 데이터 세트 간 영양성분 값을 비교하는 독특한 기능도 제공된다.

FoodEXplorer는 웹 브라우저를 통해 누구나 접근할 수 있으며, 연구자는 이를 활용해 식품 영양성분 값을 계산하거나 데이터를 평가할 수 있다. 일정 범위 내에서는 식품 구성 데이터를 다운로드할 수 있으며(https://www.eurofir.org), EuroFIR의 서면 승인(이메일)을 받은 경우에는 해당 데이터를 과학 저널, 출판물, 식품 라벨, 프레젠테이션 등 다양한 용도로 활용할 수 있다.

(4) 일본 Standard Tables of Food Composition in Japan(STFCJ)

일본의 식품표준성분표는 일본 문부과학성이 발행하는 공식적인 식품 영양성분 데이터베이스로, 일본에서 소비되는 다양한 식품의 영양성분 정보를 체계적으로 제공한다. 2015년에 대대적인 개정이 이루어져, 약 2,191개 식품에 대한 정보를 포함하였다. 주요 추가 식품으로는 일본의 전통적인 식문화와 건강 지향적인 식품, 어린이 알레르기를 고려한 식품 등이 포함되었다. 또한, 탄수화물을 구성하는 전분과 당류 등을 직접 분석하여 새로운 탄수화물 성분표를 작성하였으며, 아미노산 및 지방산 성분표도 대폭 확충되었다.

일본식품표준성분표는 일본의 식품 영양성분 표시 기준의 기초자료로 활용되며, 식품의 열량, 단백질, 지방, 탄수화물, 나트륨(식염 상당량) 등의 핵심 영양소 정보를 제공한다. 또한, 포화지방산과 섬유질 등의 추가 영양소 정보도 포함되어 있어, 소비자들이 건강한 식단을 구성하는 데 도움을 준다(https://fooddb.mext.go.jp). 일본식품표준성분표는 포괄적이고 신뢰할 수 있는 데이터를 기반으로 일본 내 식품의 영양성분에 대한 표준을 제공하며 영양교육, 연구, 식품 개발 및 공공건강정책 수립 등에 중요한 역할을 하고 있다.

(5) 영국 UK McCance & Widdowson's Composition of Foods

영국의 식품 구성표McCance and Widdowson's The Composition of Foods는 영국에서 소비되는 다양한 식품의 영양성분을 체계적으로 제공하는 권위 있는 데이터베이스다. 최초의 식품 구성표는 1940년에 출판되었으며, 이후 지속적인 개정과 업데이트를 거쳐 영국 내 식품 영양정보의 표준으로 자리 잡았다. 이 데이터베이스는 식품 과학자, 영양사, 연구자, 식품산업 전문가 및 일반 소비자들에게 신뢰할 수 있는 영양정보를 제공하여 영양 연구, 식품 개발, 건강 관리 및 공공정책 수립 등에 활용된다. 2021년에 업데이트된 CoFIDComposition of Foods Integrated Dataset는 영국 공중보건국Public Health England에서 관리하며, 영국 식품 공급의 영양성분에 대한 최신 정보를 포함하고 있다. 이 데이터세트는 국가 식단 및 영양조사National Diet and Nutrition Survey를 지원하기 위해 사용되며, 영국에서 일반적으로 소비되는 식품의 영양성분 데이터를 포함한다(https://www.gov.uk/government/publications/composition-of-foods-integrated-dataset-cofid). 또한, 새로운 분석 데이터를 지속적으로 반영하여 식품의 영양성분 정보를 최신 상태로 유지하고 있다.

이러한 포괄적이고 신뢰할 수 있는 데이터를 통해 McCance와 Widdowson의 식품 구성표는 영국 내 식품의 영양성분에 대한 표준을 제공하며 영양교육, 연구, 식품 개발 및 공공건강 정책 수립 등에 중요한 역할을 하고 있다.

3. 영양 및 건강 모니터링을 위한 국가 빅데이터 조사

국가 차원의 건강 및 영양 관련 빅데이터 조사는 국민의 건강 수준과 식생활 실태를 과학적으로 파악하고, 근거 기반의 보건정책 수립과 연구에 기여하는 중요한 역할을 한다. 질병관리청에서는 국민건강영양조사, 지역사회건강조사, 청소년건강행태조사 등을 통해 전국 단위의 대표성 있는 자료를 수집하고 있으며, 한국인유전체역학조사는 유전적 요인과 생활습관이 만성질환에 미치는 영향을 밝히기 위한 대규모 코호트 연구로 수행되고 있다. 이 절에서는 이러한 국가 조사자료의 구성과 목적, 활용 가능성을 살펴보고, 건강한 식생활 실천과 공중보건전략 수립에 있어 빅데이터의 의미를 이해한다.

1) 국민건강영양조사

국민건강영양조사Korea National Health and Nutrition Examination Survey, KNHANES는 1995년에 제정된 「국민건강증진법」 제16조에 따라 질병관리청이 시행하는 전국 규모의 대표성 있고 신뢰성 있는 건강 및 영양조사이다. 제1기(1998년)부터 제3기(2005년)까지는 3년 주기의 단기조사 체계로 운영되었고, 제4기(2007~2009년)부터는 전문조사원을 도입한 연중조사 체계로 전환되었다. 현재는 제10기(2025~2027년)가 수행 중이다.

(1) 조사목적

국민건강영양조사는 국민의 건강 수준, 건강행태, 식품 및 영양섭취 상태의 현황과 변화를 종합적으로 파악하여, 국가보건정책 수립 및 평가에 활용할 수 있는 근거자료를 마련하기 위해 실시된다. 국민건강영양조사를 통해 수집된 자료는 다음과 같은 국민의 건강지표 평가 및 보건정책 개발, 연구 등에 활용되고 있다(**표 5-2**).

표 5-2 국민건강영양조사 자료의 활용

활용 내용	
• 국민건강증진종합계획 수립 및 평가 • 국민건강증진 프로그램 개발 • 지역보건의료계획 목표 수립 및 평가 • OECD, WHO 등 국제기구가 요구하는 보건통계 산출 • 건강수준 및 보건행태에 관한 국가 간 비교 지표 산출	• 주요 만성질환의 유병률 파악 및 관리 방안 모색 • 건강취약계층 파악 및 관리 방안 마련 • 영양소 섭취기준 제정 기초자료 마련 • 소아·청소년 표준성장도표 제정

(2) 조사표본 및 조사대상 가구

국민건강영양조사는 제1기(1998)부터 제3기(2005년)까지는 3년 주기 2~3개월 단기조사체계로 실시되었다. 그러나 제4기(2007~2009년)부터 연중조사체계로 개편됨에 따라 3개년도가 각기 독립적인 3개의 순환표본으로 전국을 대표하는 확률표본이 될 수 있도록 순환표본조사Rolling Sampling Survey 방식을 도입하였다. 매년 192개 지역에서 25가구씩 확률표본으로 추출하여 만 1세 이상 가구원을 대상으로 약 1만 명을 조사한다. 제 10기 국민건강영양조사 표본설계 방법은 **표 5-3**과 같다.

표 5-3 제10기(2025~2027년) 국민건강영양조사 표본설계 방법

구분	내용
조사방법	순환표본조사
표본크기	총 576조사구, 약 1만 4천 가구(연간 192조사구, 4,800가구)
추출틀	인구주택총조사
추출단위	(병합)조사구 → 가구
층	시도, 동읍면, 주택유형(내재적층: 성별, 연령, 가구주나이, 주거면적 등)

(3) 조사항목

국민건강영양조사는 크게 검진조사, 건강설문조사, 영양조사로 구성되어 있으며, 대상자의 생애주기별 특성에 따라 소아(1~11세), 청소년(12~18세), 성인(19세 이상)으로 구분하여, 각기 특성에 맞는 조사항목을 적용한다. 조사는 전문조사수행팀이 이동검진차량을 이용해 해당 지역을 직접 방문하여 검진, 건강설문 및 영양조사를 실시한다(**그림 5-6**).

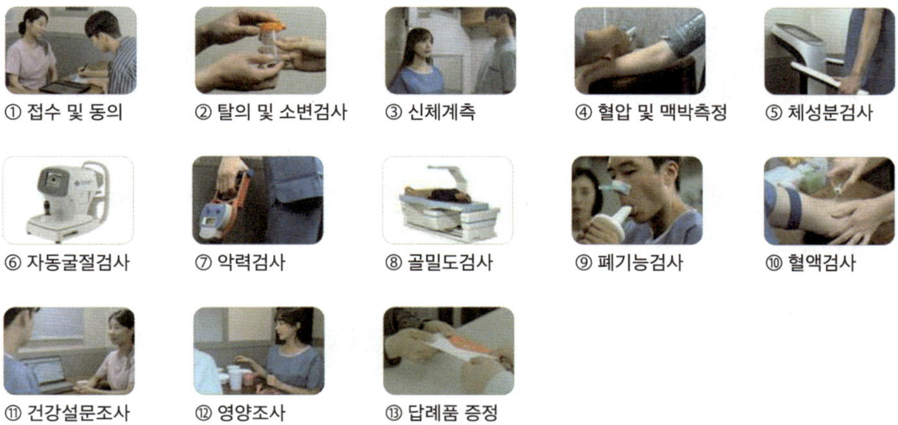

※ 조사항목은 대상자 연령에 따라 차이가 있음
※ 6주 이내 검진 및 영양결과지 발송

그림 5-6 국민건강영양조사 수행 과정

검진조사는 비만, 고혈압, 당뇨병, 이상지질혈증 등 만성질환 유병자 규모를 파악하고 질병의 관리수준을 파악하기 위한 목적으로 실시된다. 주요 항목에는 신체계측, 혈압 측정, 악

력검사, 체성분검사, 폐기능검사, 혈액 및 소변검사, 자동굴절검사, 골밀도검사 등이 포함되며, 조사대상자의 연령에 따라 일부 항목에 차이가 있다. 건강설문조사는 전문조사원이 개별 면접 조사하는 교육 및 경제활동, 이환 여부, 의료 이용, 삶의 질 조사와 대상자가 직접 작성하는 건강행태조사로 구성되어 있다. 면접조사는 이동검진센터에서 진행되며, 건강행태조사는 사전 안내에 따라 인터넷에 접속하여 참여하는 방식으로 이루어진다(**표 5-4**).

표 5-4 국민건강영양조사 조사 분야 및 내용

조사분야	조사내용	
검진조사	신체계측, 혈압측정, 악력검사, 체성분검사, 폐기능검사, 혈액 및 소변검사, 자동굴절검사, 골밀도검사 등	
건강설문조사	면접조사	가구조사, 경제활동, 이환, 손상(사고 및 중독), 정신건강, 건강검진, 여성건강, 신체활동
	자기기입조사	비만 및 체중조절, 음주, 안전의식, 정신건강, 흡연, 구강건강, 예방접종, 의료이용, 활동제한, 삶의 질, 수면건강, 교육수준 등
영양조사	식생활 행태, 식이보충제, 영양지식, 식품안정성, 조사 이틀 전 식품섭취내용(24시간 회상법)	

주) 제10기 1차년도(2025) 조사 기준

영양조사는 식사 내용 및 섭취량, 식습관 등을 면접 방법으로 조사한다. 식생활조사에서는 끼니별 식사 · 외식 빈도, 식이보충제 복용 경험, 영양교육 및 상담 경험, 영양표시 이용 현황, 모유 및 조제분유 수유, 이유보충식 및 시판 우유 섭취 시작 시기 등의 정보를 수집한다. 식품섭취조사는 만 1세 이상을 대상으로 24시간 회상법을 사용하여 조사 이틀 전 하루 동안 섭취한 음식의 종류 및 섭취량, 조리 방법 등을 수집한다. 식품안정성조사는 식생활 관리자를 대상으로 식품안정성 확보 여부에 대해 조사한다(**표 5-5**).

표 5-5 국민건강영양조사 영양조사항목

구분	조사항목	조사대상자
식생활조사	• 아침식사 빈도 • 음식점 음식 섭취 빈도 • 식이보충제 복용 경험 • 식사조절 여부 및 사유 • 평균 물 섭취량 • 과일, 고기·생선·달걀·콩류, 우유 및 유제품 섭취 빈도	1세 이상

(계속)

구분	조사항목	조사대상자
식생활조사	• 영양교육 및 상담 경험 • 영양표시 인지 및 이용	12세 이상
식생활조사	• 모유·조제분유 수유 경험 • 이유보충식 시작 시기	1~3세
식품섭취조사	• 조사 이틀 전 섭취 음식의 종류 및 섭취량, 조리정보	1세 이상
식품안정성조사	• 식생활 관리자 여부 • 식품안정성 확보 여부 • 식생활 지원 프로그램 수혜 여부	식생활관리자 (14세 이상)

주) 제10기 1차년도(2025) 조사 기준

2) 지역사회건강조사

(1) 조사목적

1995년「지역보건법」제정으로 지방자치단체는 지역 보건사업 계획을 수립할 법적 의무를 갖게 되었으나, 이를 실질적으로 뒷받침할 수 있는 신뢰성 있는 지역 건강통계는 부족한 실정이었다. 일부 지방자치단체에서 자체적인 건강조사를 시행하기도 했지만, 조사 내용과 방법의 일관성이 없어 지역 간 건강 수준을 비교하거나 국가 차원의 정책자료로 활용하는 데 한계가 있었다. 이에 따라, 지역별 건강지표를 표준화된 방식으로 수집하고, 전국적으로 비교 가능한 건강통계를 구축하기 위한 필요성이 제기되었고, 이러한 배경에서 지역사회건강조사가 추진되었다.

지역사회건강조사는 질병관리청과 17개 시 · 도 및 255개 보건소가 협력하여 매년 실시하는 건강조사이다. 이 조사는 지역 주민의 건강행태, 이환 여부, 삶의 질 등을 파악하여 지역 맞춤형 보건사업 수립과 국가보건정책 수립에 필요한 기초자료를 생산하기 위해 시행된다. 조사 결과는 지역보건의료계획 수립, 건강도시사업, 건강격차 해소정책 등 다양한 보건정책에 활용되고 있으며, 지역의 건강지표를 정기적으로 파악함으로써 지역사회 중심의 건강관리 체계를 구축하는 데 기여하고 있다.

(2) 조사표본 및 대상자

조사는 만 19세 이상 성인을 대상으로 하며, 전국 255개 보건소에서 약 900명씩 표본을 추출하여 매년 약 23만 명을 조사한다. 표본설계는 2단계 층화집락추출법stratified two-stage cluster sampling을 기반으로 하며, 1단계에서는 조사구, 2단계에서는 가구를 무작위로 선정한다(**그림 5-7**). 조사대상자는 주민등록부를 기준으로 선정되며, 질병관리청의 전문교육을 이수한 조사원이 대상자의 가정을 직접 방문하여 면접조사를 진행한다.

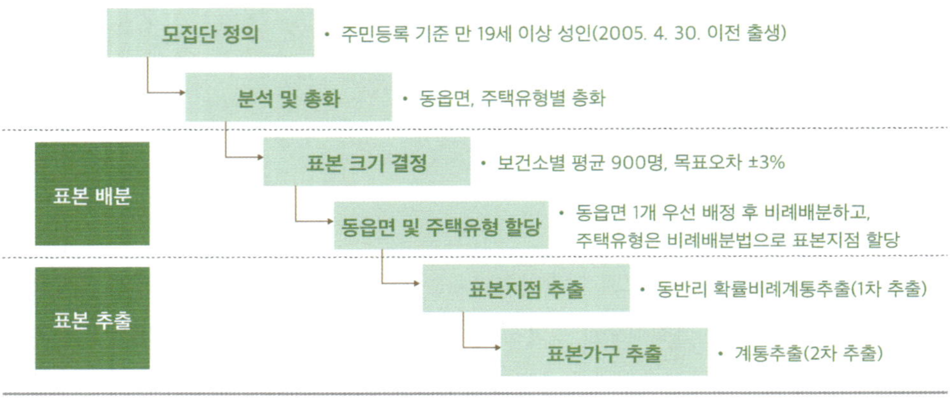

그림 5-7 지역사회건강조사 표본선정 과정

(3) 조사항목

지역사회건강조사는 크게 가구조사와 개인조사로 구분된다. 가구조사는 표본으로 선정된 각 가구에서 만 19세 이상 성인 1명을 대상으로 세대구성 유형, 기초생활수급 여부, 가구소득 등의 정보를 파악하는 데 중점을 둔다. 개인조사는 해당 가구의 모든 성인을 대상으로 하며, 주요 조사 항목에는 흡연 및 음주 습관, 안전에 대한 인식, 신체활동 수준, 예방접종 이력, 건강검진 여부, 질병 이환 경험, 의료서비스 이용, 사고 및 중독 경험, 일상생활에서의 제약, 삶의 질, 보건기관 이용 실태, 심폐소생술 교육 이수 여부, 교육 배경과 경제활동 상태 등이 포함된다.

지역사회건강조사의 조사표는 17개 영역, 172개 문항으로 구성되어 있으며, 조사영역 및 항목은 **표 5-6**과 같다. 조사는 조사원이 표본가구를 직접 방문하여 태블릿 PC에 탑재된 전자

조사표를 활용하고, 응답자와 일대일 면접을 진행하는 CAPIComputer Assisted Personal Interviewing 방식으로 이루어진다.

표 5-6 지역사회건강조사 조사영역 및 항목

영역			조사항목
설문 조사	가구조사(가구대표 1인 참여)		세대구성 유형, 기초생활수급 여부, 가구소득, 가구 식품 안전성, 치매환자 동거 여부
	개인 조사	흡연	평생흡연(일반, 궐련형, 액상형, 기타), 현재흡연(일반, 궐련형, 액상형, 기타), 모든 담배 금연 시도·계획, 간접흡연(가정 실내, 직장 실내)
		음주	평생음주, 음주 경험 및 빈도, 음주량, 10잔 이상 응답자의 음주량, 폭음 빈도, 절주 또는 금주 계획, 음주폐해 예방 또는 절주에 대한 홍보노출 경험·교육 경험
		안전의식	안전벨트 착용(자동차), 헬멧 착용(오토바이, 자전거), 음주운전 경험(자동차, 오토바이)
		신체활동	고강도 신체활동 실천, 중강도 신체활동 실천, 걷기 실천, 근력운동 실천
		식생활	아침식사 일수, 영양표시 인지·독해·활용
		비만 및 체중조절	본인인지 키(신장) 및 몸무게(체중) 자가보고, 본인 인지 체형, 체중조절 시도
		구강건강	주관적 구강건강, 저작 불편, 어제 하루 칫솔질 여부, 치과 미충족 의료 경험·이유, 스케일링 경험
		정신건강	수면시간, 스트레스 인지, 우울감 및 정신상담, 우울증상유병, 자살 생각 및 정신상담 경험, 치매 및 인지 장애
		예방접종 및 검진	인플루엔자 예방접종
		이환	뇌졸중 및 심근경색증 조기증상 인지, 고혈압·당뇨병 진단 여부
		이료의용	미충족 의료 여부, 미충족 의료 이유
		사고 및 중독	사고·중독 경험 및 건수, 사고·중독 원인
		활동제한 및 삶의 질	주관적 건강수준, 행복감 지수, 삶의 질 지수
		보건기관 이용	연간 보건기관 이용
		심폐소생술	심폐소생술 인지, 교육 경험, 실습 경험(마네킹, AED), 시행능력 정도
		교육 및 경제활동	최종학력 및 졸업상태, 경제활동 참여, 직업 및 종사상지위, 혼인상태

3) 청소년건강행태조사

(1) 조사목적

청소년건강행태조사는 청소년의 건강행태 실태를 체계적으로 파악하고, 이를 기반으로 효과적인 건강정책과 증진사업을 수립하기 위한 과학적 근거자료를 마련하는 것을 주된 목적으로 한다. 특히 흡연, 음주, 식생활, 신체활동 등 청소년기에 중요한 건강행동을 중심으로 전국 중 · 고등학생을 대상으로 실시되며, 조사 결과는 국가 및 지역 수준의 정책 수립과 사업 평가에 핵심 자료로 활용된다. 본 조사는 2005년부터 국가승인통계(승인번호 제117058호)로 지정되어 매년 수행되고 있으며, 질병관리청과 교육부가 공동 주관하고, 익명성이 보장된 자기기입식 온라인 조사 방식을 통해 신뢰성과 응답의 정확성을 확보하고 있다.

(2) 표본선정 및 대상자

청소년건강행태조사의 표본선정은 전국 중 · 고등학교 재학생을 모집단으로 하여 이루어진다. 표본추출은 모집단의 대표성을 확보하고 표본오차를 최소화하기 위해 층화집락추출법을 적용하며, 이 과정은 모집단 층화, 표본배분, 표본추출의 단계로 구성된다. 모집단은 시 · 도, 지역 규모(대도시, 중소도시, 군지역), 학교급(중학교, 일반계고, 특성화계고) 등을 기준으로 층화하고, 각 층에 대해 균형 있게 표본학교를 배분한다.

1차 추출단위는 학교이며, 무작위 방법을 통해 표본학교를 선정한 뒤, 2차로 선정된 학교에서 학년별로 한 개 학급을 무작위로 추출한다. 선정된 학급의 모든 학생이 조사 대상이 되며, 다만 장기결석자, 특수교육대상자, 문자해독이 어려운 학생 등은 조사에서 제외된다.

(3) 조사항목

청소년건강행태조사의 조사항목은 청소년의 건강행태 전반을 포괄하도록 구성되어 있으며 흡연, 음주, 식생활, 신체활동 등 주요 영역을 중심으로 다양한 건강 관련 지표를 조사한다. 초기에는 11개 영역의 문항으로 시작했으나, 이후 건강형평성, 아토피 · 천식, 인터넷중독, 폭력 등의 영역이 추가되면서 조사항목이 점차 확대되었다.

조사항목은 매년 공통으로 조사되는 필수문항과 3년 주기로 실시되는 순환문항으로 구분되며, 순환문항이 포함된 영역은 심층조사 형태로 운영된다. 조사 문항 수는 해마다 약 120개 내외로 유지되며, 흡연 및 음주 실태, 신체활동 수준, 식생활 습관, 정신건강, 안전의식, 구강 및 개인위생, 성행태, 인터넷 사용, 약물 사용, 건강형평성과 관련된 내용 등을 포함하고 있다(표 5-7).

표 5-7 청소년건강행태조사 조사항목

영 역	문항 수	조사내용	지표 수
흡연	26	평생/월간 일반담배(궐련) 흡연 경험, 평생/월간 액상형 전자담배 사용 경험, 평생/월간 궐련형 전자담배 사용 경험, 처음 일반담배(궐련) 흡연 경험 연령, 매일 일반 담배(궐련) 흡연 시작 연령, 월간 일반담배(궐련) 흡연량, 월간 궐련형 전자담배 사용량, 담배 구매 용이성, 금연 시도 경험, 가정/공공장소 실내 간접흡연, 처음/매일 액상형 전자담배 사용시기, 처음/매일 궐련형 전자담배 사용시기, 흡연장소, 담배 구입방법, 금연홍보인지, 담배광고 노출, 학교 실내 간접흡연, 학교에서 흡연예방 및 금연교육, 가족 흡연 여부, 친한친구 흡연 여부	28
음주	12	평생/월간 음주 경험, 처음 음주 경험 연령, 월간 음주량, 만취 경험, 주류 구매 용이성, 음주장소, 학교에서 음주 예방 교육, 음주간접폐해, 가정 내 음주 허용, 주류광고 노출, 저알코올 탄산주 섭취	17
신체활동	5	고강도 신체활동, 하루 60분 이상 신체활동, 근력강화운동, 주중/주말 앉아서 보내는 시간	7
식생활	7	아침 결식, 과일, 패스트푸드 섭취, 고카페인 음료/단맛 나는 음료/물 섭취, 학교에서 영양식습관 교육	8
비만 및 체중 조절	4	신장, 체중, 월간 체중 조절, 신체이미지 왜곡 인지	6
정신건강	10	스트레스 인지, 주관적 수면 충족, 주중/주말 수면시간, 우울감 경험, 자살 생각/계획/시도, 외로움, 범불안장애(GAD-7)[1]	11
손상 및 안전의식	7	안전벨트 착용(승용차, 택시 앞/뒷좌석, 고속버스), 오토바이/자전거 헬멧 착용, 학교 내 손상경험, 학교 손상으로 인한 병원치료, 이어폰 및 휴대폰 사용으로 인한 손상, 학교에서 안전교육 경험	8
구강건강	4	하루동안 칫솔질, 학교에서 점심식사 후 칫솔질 실천, 실란트(치아 홈 메우기) 경험, 구강증상 경험	5
개인위생	2	비누 이용 손씻기 실천(학교/집에서 식사 전/화장실 사용 후), 학교에서 개인위생교육 경험	5
성행태	5	성관계 경험/시기, 피임경험/방법, 학교에서 성교육 경험	5

(계속)

영 역	문항 수	조사내용	지표 수
아토피·천식	6	평생/연간 천식/알레르기비염/아토피피부염 의사진단 경험	3
약물	1	습관적 및 의도적 평생 약물 사용 경험	1
인터넷 중독	2	주중/주말 스마트폰 사용 여부/시간	4
건강 형평성	13	성별, 태어난 연도/월, 학년, 가족구성원, 친부모/양부모와의 거주 여부, 친부모 학력, 친부모 한국 국적 여부, 친부모 태어난 나라, 주관적 학업성적, 주관적 경제적 상태, 현재 거주형태	-
폭력	1	폭력으로 인한 병원 치료 경험	-
기타	1	주관적 건강 인지	1
합계	106	-	109

[1] 'Seven-item Generalized Anxiety Disorder'의 약자

4) 한국인유전체역학조사

(1) 배경 및 목적

한국인유전체역학조사사업KoGES은 한국인에게 흔한 만성질환의 위험요인을 규명하고 이를 바탕으로 맞춤·예방의학 구현의 과학적 근거를 마련하고자 수행하는 대표적인 코호트 기반 역학조사사업이다. 2001년부터 일반 인구집단을 대상으로 참여자를 모집하여 약 23만 5천 명의 대규모 코호트를 구축하였으며, 건강 및 생활습관 관련 설문조사와 검진, 혈액·소변·DNA 등의 인체유래물의 수집이 함께 수행되었다. 현재는 새로운 질병 발생과 생활습관 변화에 대한 추적조사를 진행 중이다.

KoGES는 질병관리청 국립보건연구원 유전체역학과와 전국 의과대학 및 의료기관이 협력하여 수행한다. 조사 수행기관은 참여자를 모집하여 동의서를 취득한 후 설문조사와 검진을 통해 역학·임상정보와 인체유래물을 수집하고, 유전체역학과에서는 조사단계의 자료 질관리 및 수집 후 심층자료 정제를 수행한다. 또한, 조사 및 검진, 채혈 등 전 과정에 걸쳐 표준화된 프로토콜을 적용하여 고품질의 자료와 인체유래물을 연구자들에게 분양할 수 있도록 관리하고 있다.

(2) 코호트 구성 및 조사내용

KoGES는 40세 이상의 일반 인구집단을 대상으로 구축한 '일반인 기반population-based 코호트'와 만성질환의 유전-환경 상호작용 위험요인 규명을 위한 '유전-환경gene-environment 모델 코호트'로 구성된다. 2001년부터 약 23만 5천여 명 규모의 기반조사 참여자를 모집하였으며 2~4년 주기로 코호트 참여자를 재접촉하여 조사 및 검진을 수행하는 반복 추적조사를 실시하였다(**그림 5-8**). 현재는 통계청 사망자료, 건강보험공단 수진자료 및 국립암센터 암등록통계자료 등의 연계를 통한 수동 추적조사도 병행하여 실시하고 있다.

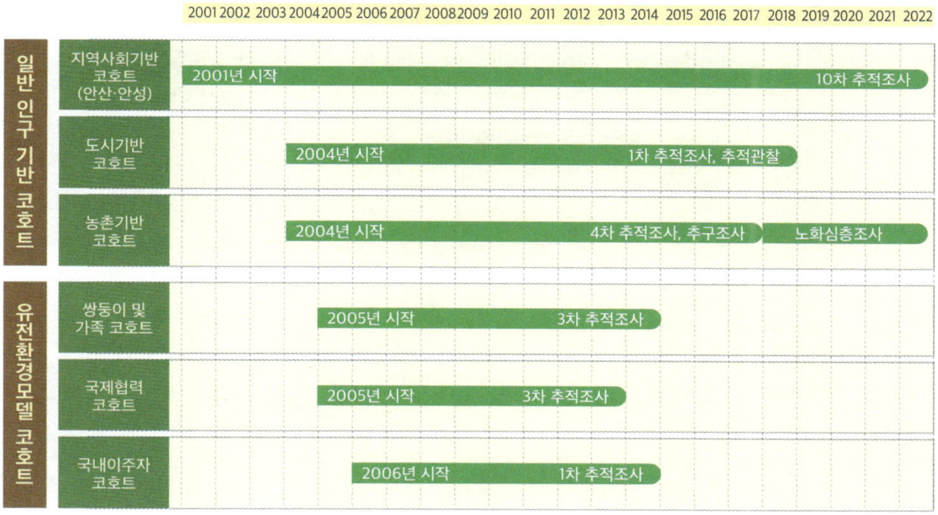

그림 5-8 한국인유전체역학조사 코호트 구성

출처: 국립보건연구원 홈페이지.

KoGES는 다양한 집단을 대상으로 여러 수행기관에서 참여자를 모집하고 조사를 수행하기 때문에 코호트별 목적에 따라 조사 항목이 일부 상이하다. KoGES 자료는 대표적으로 일반사항, 질병 과거력, 질병 치료현황, 약물력, 가족력, 음주 및 흡연 등 생활습관, 신체활동 등이 포함된 설문 항목과 혈압 및 맥박 측정, 체성분 분석, 혈액 및 소변검사 등 임상검사, 심전도, 흉부 X-ray, 폐기능 검사 등이 포함된 검진 항목으로 구성된다.

KoGES는 자체적으로 개발한 106개 식품을 포함한 반정량적 식품섭취빈도조사법 semi-quantitative food frequency questionnaire, SQFFQ을 이용하여, 대상자들의 최근 1년간의 평균 섭취빈도 및 섭취량을 조사한다(**그림 5-9**).

다음은 **지난 1년 동안** 섭취한 음식과 식품에 관한 질문입니다. 각 항목마다 **얼마나 자주 섭취하는지(지난 1년간 평균 섭취 빈도) 표**시하여 주시고 섭취한 음식에 대해서만 **얼마만큼씩 섭취하는지(평균 1회 섭취 분량)** 해당 칸에 표시해 주시기 바랍니다.
모든 항목에 응답을 하셔야 합니다. 거의 먹지 않은 경우는 섭취분량을 표시하지 않습니다.

사진 1-1. 밥

사진 1-2. 밥

사진 1-3. 밥

	지난 1년간 평균 섭취빈도									평균 1회 섭취분량
	거의 안 먹음	월		주			일			
		1회	2~3회	1~2회	3~4회	5~6회	1회	2회	3회	
밥	□1	□2	□3	□4	□5	□6	□7	□8	□9	□ 사진 1-1 ($\frac{1}{2}$공기) □ 사진 1-2 (1공기) □ 사진 1-3 (1공기 반)
	주로 드시는 밥의 종류는? □ 쌀밥 □ 잡곡밥 □ 쌀밥과 잡곡밥을 비슷하게 먹는다 잡곡밥의 종류는? □ 콩밥 □ 기타 잡곡밥 (집에서 섭취하는 것뿐만 아니라 회사나 식당에서 먹는 것도 포함하여 생각하십시오)									
라면	□1	□2	□3	□4	□5	□6	□7	□8	□9	□ $\frac{1}{2}$그릇 □ 1그릇 □ 1그릇 반
칼국수/장국국수/우동	□1	□2	□3	□4	□5	□6	□7	□8	□9	□ $\frac{1}{2}$그릇 □ 1그릇 □ 1그릇 반
짜장면/짬뽕	□1	□2	□3	□4	□5	□6	□7	□8	□9	□ $\frac{1}{2}$그릇 □ 1그릇 □ 1그릇 반
냉면/메밀국수	□1	□2	□3	□4	□5	□6	□7	□8	□9	□ $\frac{1}{2}$그릇 □ 1그릇 □ 1그릇 반
만두/만둣국	□1	□2	□3	□4	□5	□6	□7	□8	□9	□ 냉동만두 5개/$\frac{1}{2}$그릇 □ 냉동만두 10개/1그릇 □ 냉동만두 15개/1그릇 반
흰떡/떡국	□1	□2	□3	□4	□5	□6	□7	□8	□9	□ $\frac{1}{2}$그릇 □ 1그릇 □ 1그릇 반

그림 5-9 한국인유전체역학조사 식품섭취빈도조사지

출처: 국립보건연구원 홈페이지.

4. 빅데이터와 영양역학의 미래

빅데이터 기술의 발전은 영양역학 분야에 큰 변화를 가져오고 있다. 과거에는 소규모 연구와 설문조사, 실험실 기반 분석에 의존했으나, 오늘날에는 대규모 건강 및 영양 데이터를 활용하여 보다 정밀하고 객관적인 분석이 가능해졌다. 이는 질병과 영양소 섭취 간의 관계를 심층적으로 이해하고, 개인 맞춤형 영양전략 수립을 가능하게 하고 있다. 특히, 다음과 같은 기술 발전이 주목된다.

- **AI와 머신러닝** 대규모 영양 데이터를 학습해 질병 위험 예측 및 맞춤형 식단 제안이 가능하다. AI 챗봇, 음식 이미지 인식 기술 등을 통해 실시간 영양 분석이 이루어진다.
- **IoT 및 웨어러블 기기** 스마트워치, 피트니스 트래커 등 웨어러블 장치를 통해 혈당, 콜레스테롤, 수분 등 생체 정보를 실시간 모니터링할 수 있다.
- **클라우드와 블록체인** 클라우드는 영양 데이터를 효율적으로 저장·분석하게 해주며, 블록체인은 식품 원산지·품질 정보의 투명한 관리를 가능하게 해 식품 안전성을 높인다.

이러한 변화는 영양정보 제공 방식에 근본적인 혁신을 가져오고 있다. 유전체, 생활습관, 건강 데이터를 기반으로 한 정밀 맞춤형 영양이 가능해지면서, 개인별 특성에 최적화된 영양소 조합을 제안할 수 있게 되었다. 또한, 빅데이터를 활용한 분석을 통해 특정 영양소의 질병 예방 효과를 보다 정밀하게 규명하고, 이를 바탕으로 효과적인 영양 개입전략을 수립할 수 있다. 아울러, 웨어러블 기기와 IoT 기술을 활용한 실시간 영양 모니터링 시스템이 구축되면서 개인의 영양상태를 지속적으로 추적하고 즉각적인 피드백을 제공하는 것도 가능해졌다.

결과적으로, 빅데이터와 IT 기술은 영양역학을 정밀화하고, 개인 맞춤형 영양 서비스, 질병 예방, 공중보건정책 수립 등 다양한 분야에 걸쳐 실질적인 혁신을 이끌고 있다. 앞으로도 AI, IoT, 유전체 기반 기술의 발전은 건강한 사회 실현에 핵심적인 역할을 하게 될 것이다.

더 알아보기 5-2

CODA를 아시나요? KoGES 데이터의 문을 여는 열쇠

KoGES 자료의 분양은 역학자료 만을 요청하는 경우와 역학자료와 함께 유전체정보 및 인체자원을 요청하는 경우를 구분하여 두 가지 분양 절차로 구분된다. 역학자료 만을 활용하고자 하는 연구자는 '보건의료연구자원정보센터(https://coda.nih.go.kr)'를 통하여 자료 분양 신청을 할 수 있다. 보건의료연구자원정보센터(CODA)에서는 OPEN KoGES(KoGES 공유 활용 플랫폼)을 통해 KoGES에서 생산한 21만 명의 코호트 자료(지역사회(안성·안산)/도시/농촌)를 통합검색부터 활용(분석) 인프라까지 지원하는 원스톱 서비스를 제공한다. OPEN KoGES는 일반인구집단을 대상으로 한 대규모 코호트 통합 자료를 제공하며, 연구자가 필요로 하는 맞춤형 DB를 설계하고 생성할 수 있을 뿐만 아니라, 임상·역학 및 유전체 데이터의 다양한 분석 환경(GUI, 파이선, 터미널 등)을 구축·제공하여, 대용량 데이터를 빠르게 탐색하고 다양한 시각적인 방법으로 분석 및 활용할 수 있다(**그림 5-10**).

코호트 자료와 연계한 통계청 사망원인자료의 분양 신청 역시 온라인 분양을 통하여 가능하다. 단, 해당 자료는 바이오빅데이터과 분석실 방문분석 또는 원격분석을 통하여 열람 및 분석이 가능하다. 역학자료와 유전체정보 또는 인체자원을 함께 분양 받고자 하는 경우에는 '인체자원 분양데스크(http://biobank.nih.go.kr)'를 통하여 신청하고, 이 경우는 월 1회 개최되는 분양심의위원회의 심의를 실시하여 자원을 분양한다.

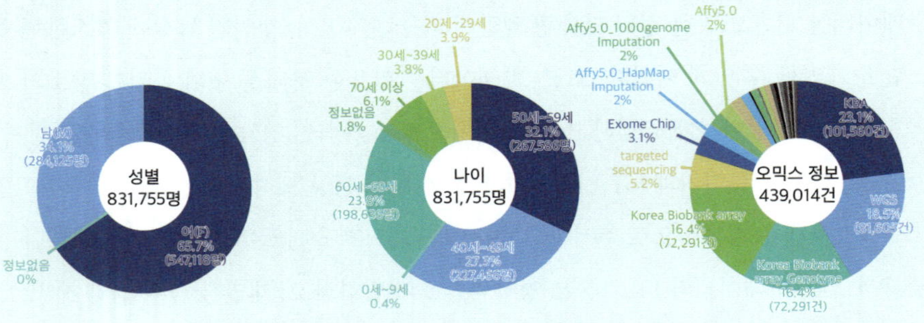

그림 5-10 보건의료연구자원정보센터(CODA) 데이터 보유 현황

요약

1. 영양정보는 건강한 식생활 실천과 질병 예방을 위해 신뢰할 수 있는 과학적 근거를 제공하며, 개인 건강 관리뿐만 아니라 공중보건정책, 식품산업, 지역사회영양 프로그램 등 다양한 분야에서 중요한 역할을 함

2. 영양소 섭취기준과 식생활지침은 적절한 영양 섭취를 위한 기준을 제시하며, 이를 활용하여 균형 잡힌 식사를 계획하고 영양상태를 평가할 수 있음

3. 식품영양성분 데이터베이스는 다양한 식품의 영양정보를 체계적으로 제공하여 연구, 공공보건, 개인 건강관리 및 식품산업에서 활용됨

4. 국가에서 수행하는 주요 건강 및 영양 역학조사는 국민의 영양 및 건강상태를 모니터링하고, 공중보건정책 수립과 질병 예방을 위한 근거 자료로 활용됨

5. 빅데이터와 최신 기술의 발전은 영양 모니터링과 분석을 정밀화하여, 개인 맞춤형 영양 관리 및 공중보건 전략 수립의 가능성을 확대하고 있음

활동

1. 신뢰할 수 있는 영양정보란? – 온라인 정보 팩트체크 활동

1) 활동 목적

인터넷상에 유통되는 영양정보의 과학적 근거와 신뢰성을 평가하는 경험을 통해, 비판적 사고 능력과 정보 분석 역량을 기른다.

2) 활동 내용

① 검증할 영양 관련 주장 선택

- 유튜브, 블로그, 인스타그램, 뉴스 기사 등에서 회자되는 주장 중 하나 선택
- 예시: "레몬물만 마시면 디톡스된다"

  "탄수화물은 다 끊어야 살이 빠진다"

  "○○음식은 독이다"

  "단백질 파우더는 신장에 해롭다"

② 해당 주장에 대한 과학적 근거 조사

- PubMed, Google Scholar, KCI, DBpia 등 학술 논문 검색
- 식약처, 보건복지부, WHO, FAO 등 공공기관 자료 검색

③ 신뢰성 평가: 다음 기준에 따라 해당 주장 분석

- 출처의 신뢰성(전문가 vs 비전문가)
- 과학적 근거의 유무
- 정보의 과장 또는 왜곡 여부
- 이익 유도 여부(광고 목적 등)

④ 팩트체크 결과 정리 및 개선 방향 제안

- 주장의 옳고 그름 여부 요약
- 대중에게 정확한 정보를 전달하기 위한 개선 방안 작성

2. 식품영양성분 데이터베이스 활용 – 에너지 밀도 & 영양 밀도로 건강한 식품 찾기

1) 활동 목적

다양한 식품군을 대상으로 에너지 밀도와 영양 밀도를 비교하여, 건강에 유리한 식품 선택 기준을 스스로 설정해본다.

2) 활동 내용

① 데이터베이스 선택: 다음 중 한 곳 이상을 선택하여 사용한다.

- 국가표준식품성분표(농촌진흥청)
- 식품의약품안전처 식품영양성분 데이터베이스
- USDA FoodData Central
- 기타: e-Nutrition, 영양플러스 자료 등

② 비교할 식품군 선정

- 예시: 가공식품 vs. 자연식품
  식물성 vs. 동물성 단백질 식품
  즉석식품 vs. 집밥 식재료
  식물성 두유 vs. 동물성 우유 등
- 식품 3~5종 이상을 선정하여 비교

③ 주요 영양소 분석

- 항목 예시: 에너지, 탄수화물, 단백질, 지방, 나트륨, 섬유소, 철, 칼슘 등

④ 에너지 밀도 및 영양밀도 계산

- 에너지 밀도 = 열량(kcal) / 중량(g) → g당 열량이 높은 식품은 포만감은 낮고 과잉섭취 위험이 큼
- 영양 밀도 = (주요 영양소 총합량) / 열량(kcal) → Kcal당 영양소가 많은 식품일수록 영양밀도가 높으며, 적은 열량으로도 다양한 영양소 섭취가 가능

⑤ 분석 결과 정리 및 결론 도출

- 도표 또는 그래프 형식으로 시각화
- 어떤 식품이 더 건강한 선택인가? 이유는?

CHAPTER

06

건강행동 이론과 모형

지역사회 영양사업의 목표는 대상자의 행동 변화를 통해 영양 및 건강상태를 개선하는 데 있다. 이러한 목표를 성공적으로 달성하고 그 효과를 명확하게 평가하기 위해서는 건강행동과 그 변화 과정을 설명 및 예측하기 위한 다양한 이론 및 모형을 적절히 활용하는 것이 중요하다. 이에 따라, 본 장에서는 지역사회 영양사업에서 널리 이용되는 건강행동 이론 및 모형들을 소개하고자 한다.

학 습 목 표

1 다양한 수준의 건강행동 이론 및 모형을 설명할 수 있다.
2 지역사회 영양사업을 개발 및 실행하는 과정에서 적합한 건강행동 이론 및 모형을 적용할 수 있다.

1. 건강행동 이론과 모형의 중요성

지역사회 영양사업의 목표는 대상자의 영양과 건강상태를 개선하는 것이며, 이를 위해서는 개인 혹은 지역사회 수준에서 행동 변화를 유도해야 한다. 지역사회 영양사업의 목표를 성공적으로 달성하고 그 효과를 명확하게 평가하기 위해서는 건강행동과 그 변화 과정을 설명하고 예측하기 위한 다양한 이론과 모형을 적절히 활용하는 것이 필요하다. 이론theory은 사건이나 현상을 체계적으로 이해하기 위해 구성된 개념, 정의, 명제들의 집합으로, 다양한 현상에 폭넓게 적용할 수 있어야 한다. 이에 비해 모형model은 보다 구체적인 문제를 이해하는 데 사용되며, 이론만큼 엄밀하게 정의되어 있지는 않지만 전반적인 과정을 설명하는 데 유용하다.

> **건강행동**
> 건강의 유지와 증진을 위한 행동

대부분의 건강행동health behavior 이론 및 모형은 사회학, 심리학, 인류학, 경제학, 역학, 생물학 등 다양한 학문의 관점과 도구를 활용하며, 상황에 따라 여러 이론과 모형을 결합하여 적용하기도 한다. 지역사회 영양사업을 성공적으로 수행하기 위해서는, 해결하고자 하는 문제를 철저하게 평가하여 그 문제에 적합한 이론과 모형을 선택하는 것이 매우 중요하다. 이때, 문제를 제대로 평가하기 위해서는 생태학적 접근을 이해하는 것이 필요하다. 생태학적 관점ecological perspective은 개인 내 수준, 개인 간 수준, 지역사회 수준 등 여러 수준의 요인들이 건강에 영향을 미치며, 모든 수준의 요인들이 상호작용하고 상호의존한다는 관점이다(**그림 6-1**).

많은 건강행동 이론 및 모형은 생태학적 관점의 특정 수준에 초점을 맞추고 있다. 이 장에서는 널리 이용되는 개인 내 수준, 개인 간 수준, 지역사회 수준의 건강행동 이론 및 모형과 기획 모형을 소개하고자 한다. 개인 내 수준 이론 및 모형은 지식, 태도, 신념, 기질 등 개인의 특성에 초점을 맞추며, 일대일 상담과 교육 등을 통해 개별적 행동 변화를 추구한다. 주요 이론에는 건강신념 모형, 계획적/합리적 행동 이론, 행동 변화 단계 모형 등이 있다. 개인 간 수준 이론 및 모형은 가족, 친구, 동료 등 사회적 관계를 통해 사회적 정체성, 지지, 역할의 정의 등을 강조하며, 사회인지 이론과 사회조직 이론 등이 이에 포함된다. 지역사회 수준 이론 및 모형은 개인을 둘러싼 사회적·물리적 환경 변화를 통해 건강행동 변화를 유도하며, 이 장에서는 혁신확산 이론을 다룬다.

한편, 기획 모형은 실제 지역사회 영양사업을 기획하는 전체 과정에 대한 지침으로, 여러 이론들을 통합하여 건강문제를 효율적으로 파악하고, 중재 방안을 설계하며, 그 효과를 평가할 수 있도록 한다. 주요 기획 모형에는 PROCEED-PRECEDE 모형, 사회마케팅 모형, 인터벤션 매핑 등이 있다.

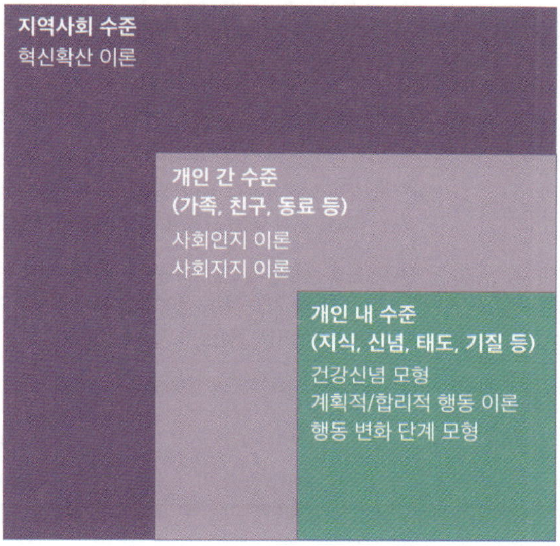

그림 6-1 생태학적 관점과 건강행동 이론 및 모형

2. 건강신념 모형

개인 내 수준 이론 및 모형 중 하나인 건강신념 모형Health Belief Model, HBM은 1950년대 미국에서 사람들이 질병 예방 사업에 참여하거나 참여하지 않는 이유를 이해하기 위해 개발되었으며, 이후 다양한 보건 및 영양사업에 널리 적용되어 왔다. 이 모형은 질병 예방에 대한 의지와 특정 건강행동이 질병 예방에 효과적이라는 신념이 건강행동을 결정짓는 주요 요인이라는 심리학 및 행동과학 이론에 기반한다.

건강신념 모형은 초기에는 질병에 대한 인지된 민감성과 심각성, 행동 변화에 대한 인지된 이익과 장애의 네 가지 구성 요소로 제시되었다. 이후 시간이 지나며 행동 변화의 계기와 자아효능감이라는 두 가지 구성 요소가 추가되면서 현재는 총 여섯 가지의 구성 요소로 이루어져 있다(**표 6-1**). 각 구성 요소 간의 관계는 **그림 6-2**와 같다.

표 6-1 건강신념 모형의 구성 요소

구성 요소	정의
(질병에 대한) 인지된 민감성	• 자신이 질병에 걸릴 위험이 얼마나 큰지에 대한 주관적 인식
(질병에 대한) 인지된 심각성	• 자신이 질병에 걸리는 것이 얼마나 심각한 일인지에 대한 주관적 인식 • 의학적 결과(예: 사망, 장애 등)와 사회적 결과(예: 가족관계, 사회적 관계)를 주로 고려함
(행동 변화에 대한) 인지된 이익	• 질병의 위험을 낮추기 위한 건강행동이 얼마나 효과적일지에 대한 주관적 인식
(행동 변화에 대한) 인지된 장애	• 건강행동을 실행하는 데 장애가 되는 요소들에 대한 주관적 인식 • 비용, 부작용 등의 위험, 고통 등의 불쾌함, 시간, 불편함을 주로 고려함
행동 변화의 계기	• 건강행동을 수행하기로 결정하는 데 필요한 계기 • 내부적 계기(예: 가슴 통증, 쌕쌕거림 등)와 외부적 계기(예: 타인의 조언, 가족의 질병, 신문 기사 등) 등이 있음
자아효능감	• 자신이 얼마나 성공적으로 건강행동을 수행할 수 있을지에 대한 자신감

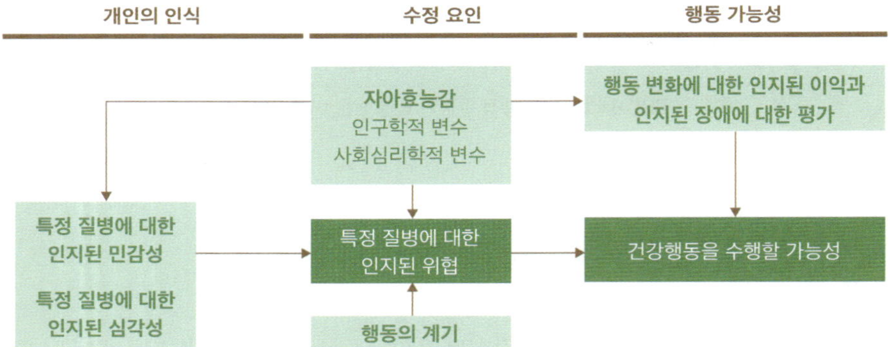

그림 6-2 건강신념 모형의 구성 요소 간의 관계

출처: "Becker, M. H. & Maiman, L. A. Sociobehavioral determinants of compliance with health and medical care recommendations. Medical Care, 1975;134(1):10-24. Figure 1, p. 12."의 그림을 수정한 버전.

적용 예시로서, 중년 남성에게 심장질환 예방을 위한 운동 실천을 권유하는 상황을 건강신념 모형을 통해 설명하면 다음은 **표 6-2**와 같다.

표 6-2 건강신념 모형의 적용

구성 요소	예시
(질병에 대한) 인지된 민감성	• 얼마 전의 건강검진에서 고혈압 진단을 받았으므로, 심장질환에 걸릴 위험이 높은 편임
(질병에 대한) 인지된 심각성	• 심근경색이나 뇌졸중을 겪으면 오랜 기간 입원해야 할 수 있으며, 몸의 일부가 마비될 수 있음
(행동 변화에 대한) 인지된 이익	• 매일 꾸준히 운동을 한다면, 심장질환의 위험을 낮출 수 있을 뿐만 아니라 전반적인 체력도 향상될 것임
(행동 변화에 대한) 인지된 장애	• 지난 몇 달간 너무 바빠서 따로 운동할 시간을 빼기가 어려웠음
행동 변화의 계기	• 아내가 지속적으로 운동할 것을 권유함 • 최근 동생이 심장 수술을 받음
자아효능감	• 젊을 때는 다양한 운동을 취미로 즐겨 했으므로, 운동을 시작하기만 하면 즐기며 잘 할 수 있을 것 같음

3. 계획적/합리적 행동 이론

개인 내 수준 이론 및 모형 중 계획적 행동 이론Theory of Planned Behavior과 합리적 행동 이론Theory of Reasoned Action은 행동의 의도intention가 행동을 결정하는 가장 중요한 요인이라고 가정한다. 두 이론은 행동의 의도에 영향을 미치는 요인으로, 해당 행동에 대한 개인의 태도attitude와 주변 사람들이 해당 행동을 찬성하거나 반대하는지에 대한 신념, 즉 주관적 규범subjective norm을 제시한다. 계획적 행동 이론은 여기에 인지된 행동 통제perceived behavioral control라는 개념을 더하여, 개인이 행동을 얼마나 잘 수행하고 통제할 수 있다고 느끼는지를 고려했다는 점에서 합리적 행동 이론과 구별된다. 계획적/합리적 행동 이론의 주요 구성 요소 간의 관계는 **그림 6-3**과 같다.

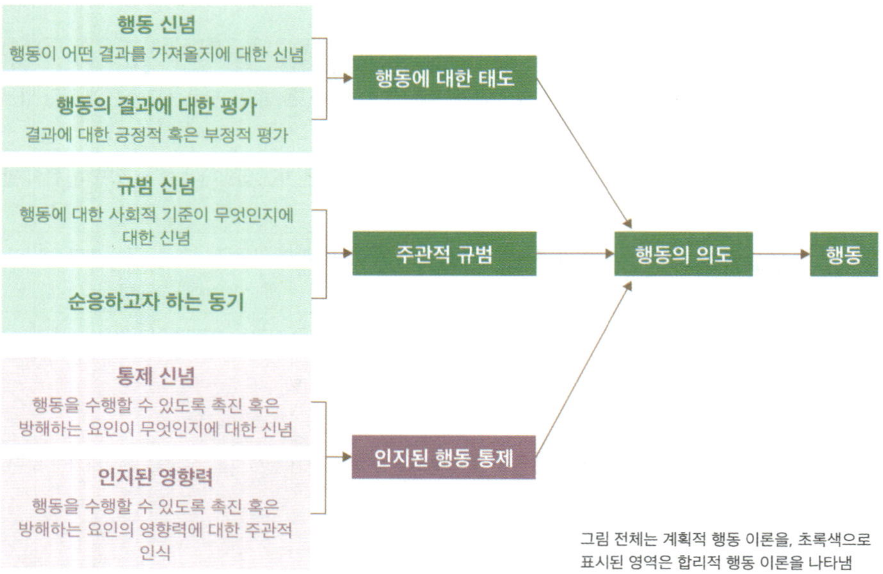

그림 6-3 계획적/합리적 행동 이론의 구성 요소 간의 관계

출처: US Department of Health and Human Services. Theory at a glance: A guide for health promotion practice. 2018.

계획적 행동 이론은 여자 청소년을 대상으로 하는 음주 예방 또는 금주 프로그램에 적용된 바 있다. 서울시 중고등학교 여학생을 대상으로 **표 6-3**과 같은 설문조사를 실시한 결과 태도, 주관적 규범, 인지된 행동통제 모두 음주 의도에 유의미한 영향을 미치는 변수로 나타났다. 이 중 태도가 가장 큰 영향력을 보였으며, 특히 현명함, 바람직함, 가치 있음이 중요한 요인이었다. 주관된 규범에서는 형제자매의 영향력이 가장 두드러졌고, 인지된 행동통제 측면에서는 술 마시기 쉬운 환경이 가장 큰 영향을 미쳤다.

표 6-3 계획적/합리적 행동 이론의 적용

구성 요소	측정 방법
행동의 의도	• 나는 술을 마실 생각이 있다 • 나는 술을 마시기 위한 계획을 가지고 있다 • 나는 술을 마시기 위해 시도할 것이다
태도	'내가 술을 마시지 않는 것'에 대해 • 좋다/나쁘다 • 이롭다/해롭다

(계속)

구성 요소	측정 방법
태도	• 어리석다/현명하다 • 가치있다/가치없다 • 중요하다/중요하지 않다 • 필요하다/불필요하다 • 바람직하다/바람직하지 않다 • 유쾌하다/불쾌하다
주관적 규범	다음의 소중한 사람들이 술 마시는 것에 찬성한다 • 아버지 • 어머니 • 오빠/남동생 • 언니/여동생 • 애인 • 여자 친구들 • 남자 친구들 • 학교 선생님 • 연예인
인지된 행동통제	• 내가 원한다면 언제든지 술을 마실 수 있다 • 술을 마시는 것의 여부는 전적으로 나에게 달려있다 • 주변상황을 보면 술을 마시는 것은 쉬운 것이다

출처: 박재은, 정슬기, 서진환. 여자청소년의 음주의도에 관한 연구:계획된 행동 이론(Theory of Planned Behavior)의 적용. 학교사회복지 2012;23:71-99.

4. 행동 변화 단계 모형

행동 변화 단계 모형Stages of Change Model은 개인 내 수준 모형으로서, 1980년대에 금연에 성공한 사람들을 연구하는 과정에서 개발되었다. 이 모형은 행동 변화를 하나의 사건이 아니라 연속적인 과정으로 보는 것이 특징이다. 따라서, 행동 변화를 고려 전 단계precontemplation, 고려 단계contemplation, 준비 단계preparation, 실행 단계action, 유지 단계maintenance의 5개의 단계로 구분하고(**표 6-4**), 개인이 어느 단계에 있는지에 따라 적절한 전략을 사용해야 효과적으로 행동 변화를 유도할 수 있다고 본다. 또한, 개인의 행동 변화는 반드시 5단계를 순차적으로 거치는 것이 아니라, 어느 단계에서든 시작할 수 있고, 특정 단계를 건너뛸 수 있으며, 이전 단계로 돌아가는 재발relapse이 발생할 수도 있다.

표 6-4 행동 변화 단계 모형의 행동 변화 단계와 단계별 행동 변화전략

구성 요소	정의	전략
고려 전 단계	• (향후 6개월 내) 행동 변화의 필요를 인지하지 못하거나 실행할 의도가 없음	• 행동 변화의 필요에 대한 인식을 높임 • 행동 변화의 장단점에 대한 정보를 개인에 맞게 제공함
고려 단계	• (향후 6개월 내) 행동 변화 실행을 고려하고 있음	• 동기를 부여함 • 구체적인 계획을 세우도록 장려함
준비 단계	• (향후 1개월 내) 행동 변화를 실행할 의도가 있으며 일부 행동 변화를 이미 시도함	• 점진적인 행동 계획을 세우고 수행할 수 있도록 도움
실행 단계	• (6개월 내의 기간 동안) 행동 변화를 실행하고 있음	• 문제점을 해결하는 방안을 제시하고, 긍정적 변화를 지지함
유지 단계	• (6개월 이상) 변화된 행동을 유지함	

행동 변화 단계 모형을 적용하여, 한 회사에서 직원들의 건강증진을 위해 나트륨 저감 운동을 시행하고자 하는 상황을 가정해보자. 직원 개개인의 행동 변화 준비 정도는 서로 다르기 때문에, 먼저 각 직원이 어느 행동 변화 단계에 해당하는지를 조사한 후, 단계별로 적합한 중재 프로그램을 기획하고자 한다(**표 6-5**).

표 6-5 행동 변화 단계 모형의 적용

구성 요소	예시
고려 전 단계	• 나트륨 저감에 관심이 없는 상태이므로, 나트륨 저감이 필요한 이유(나트륨 과잉 섭취 시 심혈관계 질환 위험 증가 등)에 대한 교육 세션을 제공함
고려 단계	• 나트륨 저감의 필요성은 인지한 상태이므로, 동기를 부여하기 위하여 현재 얼마나 나트륨을 섭취하고 있는지 조사하여 만성질환위험 감소섭취량과 얼마나 차이가 있는지 평가하고, 나트륨 저감에 도움이 되는 방법 등을 공유함
준비 단계	• 본격적으로 나트륨 저감을 실천해보고 싶은 의지가 있는 상태이므로, 연령과 성별 등을 고려하여 적절한 나트륨 섭취량을 목표로 수립할 수 있도록 돕고, 구체적으로 나트륨 섭취를 줄일 수 있는 방법(국물 적게 먹기 등)을 알려줌
실행 단계	• 이미 나트륨 저감을 실천하고 있는 상태이므로, 어떤 노력을 기울이고 있는지 조사한 후, 잘 되고 있는 경우 사회적 지지를 제공하고, 어려움을 겪고 있는 경우 해결 방안(고나트륨 간식의 대안 등)을 모색함
유지 단계	• 나트륨 저감을 6개월 이상 실천하고 있는 경우, 종종 문자를 통해 격려와 도움이 되는 정보 등을 제공함

5. 사회인지 이론

개인 간 수준 이론 및 모형 중 하나인 사회인지 이론Social Cognitive Theory은 개인적 요소, 환경적 요소, 그리고 행동이 끊임없이 영향을 주고 받는 것을 의미하는 상호결정론reciprocal determinism에 기반한다(**그림 6-4**). 이 이론은 특히 주변 인물들의 행동이나 반응과 같은 환경적 요소를 강조하므로, 개인 간 수준 이론으로 분류된다.

사회인지 이론의 주요 개념은 다음과 같다(**표 6-6**). 강화reinforcement는 행동과 환경 간의 상호작용 중 하나로서, 특정 행동을 다시 수행할 가능성을 커지게 하거나 작아지게 하는 반응을 의미한다. 강화에는 긍정적 강화와 부정적 강화가 있는데, 긍정적 강화는 격려, 칭찬, 포상과 같은 긍정적 자극을 제공하여 행동을 강화하는 것이고, 부정적 강화는 심리적 불안감이나 금단증상과 같은 부정적 자극을 제거함으로써 행동을 강화하는 것을 말한다. 관찰학습observational learning은 믿을 수 있는 사람의 행동과 그 결과를 관찰하여 학습하는 과정을 의미하며, 대리경험 또는 모방경험이라고도 한다. 자아효능감self-efficacy은 개인적 요인 중 행동 변화를 유도하는 데 가장 중요한 개념으로, 자아효능감이 높을수록 행동 변화에 대한 동기 부여가 잘 이루어지고, 변화 과정에서 직면하는 장애물을 보다 쉽게 극복할 수 있다. 자아효능감을 증진시키기 위한 전략으로는 작은 변화부터 시작하기, 목표 구체화하기, 강화 기법 활용하기 등이 있다. 결과기대outcome expectation는 특정 행동을 수행하였을 때 기대되는 결과에 대한 개인의 신념을 의미한다. 마지막으로 행동수행력behavioral capability은 특정 행동을 수행하는 데 필요한 지식과 기술을 갖추고 있는 정도를 의미한다.

사회인지 이론은 행동 변화에 관한 여러 이론들을 통합한 모델로, 특히 상담이나 중재 프로그램에 적용하기 수월하다. 따라서, 사회인지 이론은 현재 가장 많이 이용되는 건강행동 이론 중 하나다.

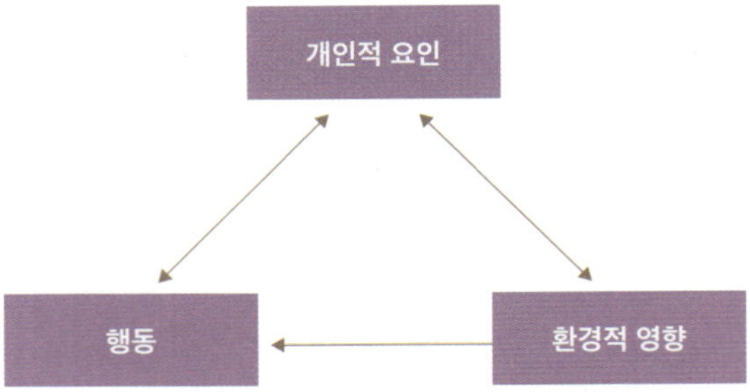

그림 6-4 사회인지 이론의 상호결정론

출처: Bandura A. Social foundations of thought and action. 1986.

표 6-6 사회인지 이론의 구성 요소

구성 요소	정의
상호결정론	• 개인, 환경, 행동 간의 상호작용을 통해 행동이 결정된다는 시각
행동수행력	• 특정 행동을 수행하기 위한 지식과 기술
결과기대	• 행동 수행 시 기대되는 결과에 대한 신념
자아효능감	• 행동을 수행하고 장애물을 극복할 수 있는 능력에 대한 자신감
관찰학습	• 다른 사람의 행동과 그 결과를 관찰함으로써 학습한 신념
강화	• 행동에 대한 반응을 통해 해당 행동을 다시 수행할 가능성이 커지거나 작아지는 것

적용의 예시로, 한 노인복지센터를 대상으로 어르신들이 '국민 암 예방 수칙'을 실천할 수 있도록 지원하는 지역사회 건강증진사업에 사회인지 이론을 적용하고자 한다. 먼저, 노인복지센터 내 어르신들의 체중, 식습관, 운동습관, 만성질환 여부, 사회경제적 지위 등 개인적 특성과 노인복지센터 주변의 식당, 운동시설 등 환경적 여건을 조사하여, 사업 기획 시 반영한다. 사업 세부내용은 **표 6-7**과 같다.

표 6-7 사회인지 이론의 적용

구성 요소	예시
상호결정론	• 노인복지센터 구성원들이 '국민 암 예방 수칙'에 제시된 건강한 생활습관에 익숙해지면서, 신선한 채소와 과일을 가지고 와서 나누어 먹고 함께 산책을 하는 등 더욱 건강한 환경을 만들게 되고, 이는 구성원들이 더욱 건강한 생활습관을 가질 수 있게 도움

(계속)

구성 요소	예시
행동수행력	• 건강한 조리 방법과 운동 방법을 알려주는 실습 세션을 제공함
(결과)기대	• '국민 암 예방 수칙'을 따름으로써 기대할 수 있는 암 예방 및 삶의 질 상승 효과를 알려주는 교육 세션을 제공함
자아효능감	• 강사가 각 구성원과 상담 후 쉽게 달성할 수 있는 작은 목표들을 세워서 성취감을 느낄 수 있도록 함
관찰학습	• 노인복지센터 내에서 존경받고 국민 암 예방 수칙을 잘 따르는 사람들에게 본인의 경험담을 공유하도록 함
강화	• 본인이 세운 목표를 달성하면 강사와 구성원들이 다 함께 칭찬하는 시간을 가지고 요리책, 운동기구 등 상품을 제공함

더 알아보기 6-1

사회지지 이론(Social Support Theory)

사회지지 이론은 사회적 지지, 즉 개인과 관계를 맺고 있는 타인과 집단이 주고자 하는 도움에 초점을 맞춘다. 사회적 지지는 정서적 지지, 도구적 지지, 정보적 지지, 평가적 지지로 분류된다. 정서적 지지는 공감, 사랑, 신뢰, 배려의 표현을 의미한다. 도구적 지지는 실질적인 도움과 서비스를 의미하며, 요리할 시간 동안 아기 돌봐주기 등이 이에 해당한다. 정보적 지지는 조언, 제안 등의 형태로 정보를 제공하는 것이다. 평가적 지지는 스스로에 대한 평가를 내릴 때 도움이 되는 정보를 제공하는 것으로, 지난 시간 동안 얼마나 열심히 노력해왔는지 상기시켜주는 말 등이 이에 해당한다. 이와 같은 사회적 지지는 행동 변화를 방해하는 어려움을 해소하는 데 도움을 주어, 보다 수월하게 행동 변화를 실천할 수 있도록 하는 역할을 한다.

6. 혁신확산 이론

혁신확산 이론Diffusion of Innovations Theory은 지역사회 수준 이론으로, 지역사회 내 또는 지역사회 간에 새로운 아이디어, 상품, 관행 등 혁신innovation이 어떤 과정을 통해 확산하는지를 설명한다. 혁신의 확산은 시간이 흐름에 따라 사회체계social system 구성원들 사이에서 특정 채널channel을 통해 혁신이 전달되는 과정으로 본다. 혁신이 확산되는 속도와 범위는 개인이 혁신을 받아들이는 성향, 혁신 자체의 특성, 지역사회의 특성 등 다양한 요인의 영향을 받는다.

혁신을 받아들이는 성향에 따라 구성원을 혁신가innovators, 초기 수용자early adopters, 초기 대다수early majority adopters, 후기 대다수late majority adopters, 혁신 지체자laggards의 5개 집단으로 분류할 수 있다. 혁신을 가장 빨리 받아들이는 소수의 혁신가가 새로운 건강행동을 수용하고 주변에 전파하면 초기 수용자, 초기 대다수, 후기 대다수, 혁신 지체자의 순으로 점차 확산된다. 이 과정은 전체적으로 정규분포에 가까운 곡선을 그리게 된다(**그림 6-5**).

혁신의 특성으로는 상대적 이점relative advantage, 적합성compatibility, 복잡성complexity, 시험가능성trialability, 관찰가능성observability이 중요한 요소다(**표 6-8**). 이 외에도 지역사회의 지리학적 특징, 문화, 정치적 상황, 구성원의 균질성 등이 혁신의 확산 과정에 영향을 미친다.

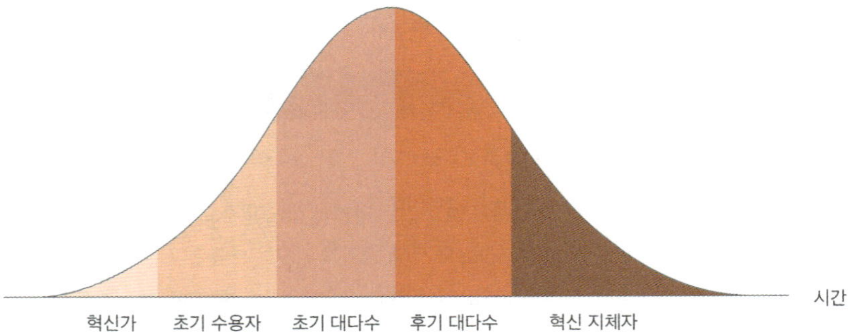

그림 6-5 혁신확산 이론의 혁신수용곡선

출처: Rogers EM. Diffusion of innovations 5th Edition. 2003.

표 6-8 혁신확산 이론 중 혁신의 특성

구성 요소	예시
상대적 이점	• 혁신이 기존의 것보다 이점이 있음
적합성	• 혁신이 대상 집단의 요구에 적합함
복잡성	• 혁신을 이해하고 시행하기 수월함
시험가능성	• 혁신을 수용할지 결정하기 전에 시험해볼 수 있음
관찰가능성	• 혁신의 결과를 확인할 수 있고 쉽게 측정할 수 있음

혁신확산 이론의 적용 예시는 다음과 같다. 미국에서 'The Food Trust'라는 비영리 민간단체가 시행하고 있는 '건강한 편의점 운동Healthy Corner Store Initiative'은 저소득층 비율이 높고 대형

슈퍼마켓이 부족한 도심 지역의 편의점에 신선한 채소와 과일 등 건강 식품을 더 많이 비치하여 이것에 대한 접근성을 높이고자 한 지역사회 영양개선사업이다. 이 사업에서 혁신은 '건강한 편의점'이라는 아이디어이고, 사회체계는 편의점 점주와 지역주민 등이며, 전달 채널은 민간단체의 교육 세션, 설득활동, 편의점 점주들 간의 입소문 등이다. 초기에는 소수의 혁신가 점주들이 운동에 참여했으며, 이들의 성공 사례를 보고 초기 수용자, 초기 대다수, 후기 대다수, 마지막으로 혁신 지체자 점주들이 점차 참여하게 되었다. 혁신의 확산 속도와 범주에 긍정적 영향을 미친 특징은 **표 6-9**에 제시하였다.

표 6-9 혁신확산 이론의 적용

구성 요소	예시
상대적 이점	• '건강한 편의점 운동'에 참여한 편의점은 지역사회 내에서 긍정적인 이미지를 얻을 수 있었을 뿐만 아니라 판매 수익과 기부금 등도 늘어남
적합성	• 도심 지역에서 신선한 채소와 과일을 구할 수 있는 곳이 제한되어 있었는데, 이 운동을 통해 채소와 과일을 구하기 수월해졌으므로, 지역주민의 요구에 적합함 • 편의점 점주들은 매출 증대가 필요했는데, 이 운동에 참여하면서 영업 범위를 확대하게 되었으므로, 편의점 점주의 요구에 적합함
복잡성	• 기존 편의점 영업 방식을 고수하면서 일부 상품만 추가하면 되었으므로, 시행하기 수월함
시험가능성	• 처음에는 소수의 상품만 추가해보거나 특정 기간에만 신선한 채소와 과일을 판매해보는 등 본격적으로 운동에 참여하기 전에 시험해볼 수 있었음
관찰가능성	• 지역신문에서 다루어져서 광고 효과를 얻었을 뿐만 아니라 소비자의 만족도가 높아지고, 판매 수익과 기부금이 늘어남

출처: Sandoval B, Karpyn A, Aquilante J. Philadelphia's Healthy Corner Store Initiative. Philadelphia, PA: The Food Trust. 2012.

7. PRECEDE-PROCEED 모형

PRECEDE-PROCEED 모형은 건강증진 및 교육사업의 기획, 수행, 평가 과정을 체계적으로 연속하여 진행할 수 있는 로드맵을 제시하는 기획 모형이다. PRECEDE는 Predisposing, Reinforcing, and Enabling Constructs in Educational Diagnosis and Evaluation의 약자로, 질병을 치료하기 위해 의학적 진단이 필요하듯이 건강증진사업을 고안하기 위해서는 교육적 진단이 필요하다는 인식 아래 1970년대에 개발되었다. PROCEED는 Policy, Regulatory, and Organizational Constructs in Educational and Environmental Development의 약자로 건강에 영향을 미치는 환경적 요인까지 고려할 수 있도록 하기 위해 1990년대 초에 추가되었다.

이 모형은 총 8단계로 구성된다(**그림 6-6, 표 6-10**). 1~4단계를 포함한 PRECEDE 부분은 다양한 수준에서 지역사회의 건강문제와 그 원인을 진단하고, 건강증진 프로그램의 목표와 기준을 구체화하는 과정이다. 5~8단계를 포함한 PROCEED 부분은 건강증진 프로그램의 수행 과정과 결과를 평가하고, 지속적인 질적 향상을 도모하는 과정이다.

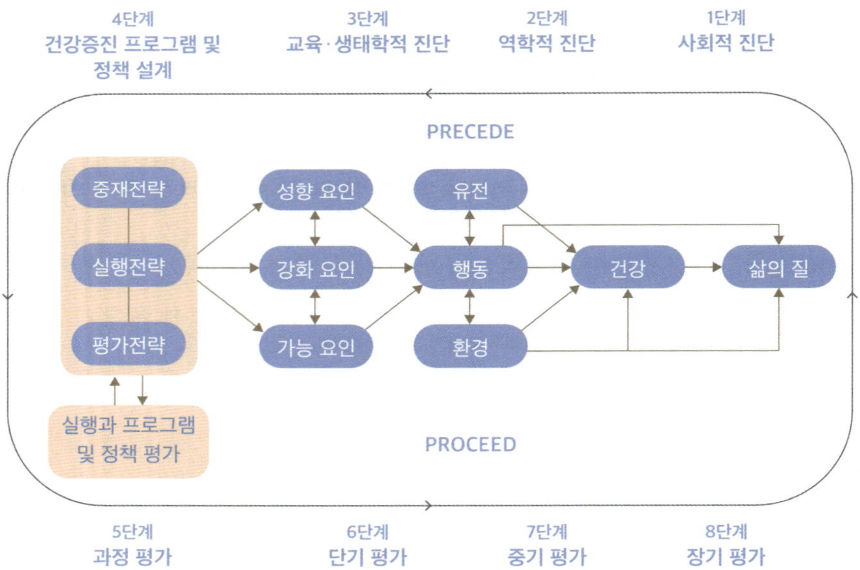

그림 6-6 PRECEDE-PROCEED 모형

출처: Fielding JE. Health program planning, implementation, and evaluation: creating behavioral, environmental, and policy change. 2022.

표 6-10 PRECEDE-PROCEED 모형의 단계

구성 요소	정의
1단계 사회적 진단	• 대상 지역사회 구성원들이 삶의 질과 관련하여 중요하게 생각하는 것, 즉 관심사를 진단하는 단계로, 무엇을 위해 건강해지고자 하는지를 파악함
2단계 역학적 진단	• 대상 지역사회의 건강문제와 이에 영향을 미치는 유전, 행동, 환경요인이 무엇인지 진단하는 단계로, 건강증진 프로그램에서 다룰 건강문제와 행동 및 환경요인을 선정함
3단계 교육·생태학적 진단	• 행동 및 환경요인에 영향을 미치는 요인이 무엇인지 진단하는 단계로, 건강증진 프로그램에서 다룰 행동의 성향요인(지식, 신념, 태도 등), 강화요인(사회적 지지, 보상 등), 가능요인(자원, 정책, 기술 등)을 선정함
4단계 건강증진 프로그램 및 정책 설계	• 진단 결과를 활용하여 건강증진을 위한 중재전략, 실행전략, 평가전략을 수립하는 단계
5단계 과정평가	• 프로그램 혹은 정책의 실행 과정을 평가하는 단계로, 프로그램이 전략대로 실행되고 있는지, 수정이 필요한 부분이 있는지 파악함
6&7단계 단기&중기평가	• 프로그램 혹은 정책을 실행한 후, 단기 및 중기 목표가 달성됐는지 측정하는 단계로, 성향요인, 가능요인, 강화요인의 변화와 행동의 변화를 평가함
8단계 장기평가	• 최종 목적과 목표가 달성됐는지 측정하는 단계로, 건강증진 프로그램이 대상 지역사회의 건강과 삶의 질에 미친 영향을 평가함

서울시 서초구에서 시행하고 있는 '건강식당' 사업은 음식의 열량·지방·나트륨 함량을 줄이고 차림표에 음식별로 영양성분을 표시하는 식당을 건강식당으로 인증함으로써 건강한 외식환경을 조성하고자 하는 사업이다. 이 사업의 기획 과정에는 PRECEDE-PROCEED 모형이 적용되었으며, 그 구체적인 내용은 **표 6-11**에 제시하였다.

표 6-11 PRECEDE-PROCEED 모형의 적용

구성 요소	예시
1단계 사회적 진단	• 서초구 주민들과의 인터뷰를 통해 대상 집단이 삶의 질과 관련하여 중요하게 생각하는 것은 일상생활을 독립적으로 영위하는 것이며, 이를 위해 건강을 유지하고자 한다는 것을 파악함
2단계 역학적 진단	• 선행연구 조사와 설문조사를 통해 서초구 주민들의 주요 건강문제와 그 원인을 파악함. 건강문제 중에는 비만과 심혈관계 질환이 손꼽혔으며, 그 원인으로는 과도한 열량, 지질 및 나트륨 섭취, 정적인 생활 습관, 잦은 음주 등이 대두됨 • 여러 원인 중 과도한 열량 및 나트륨 섭취에 우선순위를 두기로 함

(계속)

구성 요소	예시
3단계 교육·생태학적 진단	• 포커스그룹 인터뷰를 통해 과도한 열량, 지질 및 나트륨 섭취에 영향을 미치는 성향요인, 강화요인, 가능요인을 파악함 • 성향요인: 음식의 맛이 가장 중요하다고 생각함, 음식의 영양성분에 대한 감이 없음, 일일 열량 및 나트륨 권장량에 대한 지식이 없음, 바쁜 일상 속에서 건강하게 식사를 하는 것은 현실적으로 어렵다고 생각함 • 강화요인: 주변 사람들(가족, 동료, 친구 등)이 건강한 식사를 선호하면 같이 할 수 있을 것 같음, 건강한 식사에 대해 칭찬과 격려를 받으면 더 즐겁게 할 수 있을 것 같음, 내 식사가 얼마나 건강한지 확인받을 수 있으면 더 열심히 할 수 있을 것 같음 • 가능요인: 집에서 요리할 시간 혹은 공간이 없어서 주로 외식에 의존함, 외식 메뉴의 영양성분을 알기 어려움, 외식 메뉴는 대부분 기름지고 짠맛이 강조됨
4단계 건강증진 프로그램 및 정책 설계	• 중재전략: 음식별 영양성분을 표시하고 열량, 지질 및 나트륨 양을 조절한 메뉴를 제공하는 음식점에 '건강식당' 인증을 제공하여, 소비자들이 건강에 도움이 되는 외식 메뉴를 선택할 수 있도록 도움 • 실행전략: 서초구에서 '건강식당' 사업에 참여하고자 하는 음식점을 대상으로 음식의 영양성분 평가와 건강 메뉴 개발을 위한 인력과 예산을 지원하고, 종사자들이 소비자의 질문에 응답할 수 있도록 영양성분 표시에 대한 교육을 실시함. 또한, '건강식당' 홍보물을 개발하여 주민들에게 제공함 • 평가전략: 담당자의 역할, 단기·중기·장기 목표와 평가지표를 명시해서 평가에 활용하고, 평가 시점을 정함
5단계 과정평가	• 담당자의 역할과 건강인증 내용이 미리 계획한 것과 같은지 평가하고, 참여한 음식점의 수, 종업원의 교육 만족도, 홍보물에 대한 만족도 등을 평가함
6&7단계 단기&중기평가	• 단기평가: 건강식당에 방문한 소비자들을 대상으로 방문 직후 설문조사를 실시해 건강식당에 대한 인지도, 건강식당 이용에 대한 만족도, 영양정보에 대한 이해도를 평가함 • 중기평가: 건강식당에 방문한 소비자를 대상으로 방문 1개월 후 설문조사를 실시해 건강식당 이용 현황, 건강한 식사에 대한 지식과 태도를 평가함
8단계 장기평가	• 건강식당에 방문한 소비자들을 대상으로 방문 6개월 후 설문조사를 실시해 식생활 행태와 건강수준이 개선되었는지 평가함

출처: 서울대학교 보건대학원 건강증진사업단. 건강식당 시범사업 효과평가. 2008.

더 알아보기 6-2

1. 사회마케팅 모형(Social Marketing Model)

사회마케팅 모형은 상업마케팅 기법을 도입하여 대상 지역사회 구성원들의 행동 변화를 유도하는 기획모형이다. 사회마케팅에서 판매하고자 하는 상품이 물건이 아니라 건강행동 변화 또는 이를 유도하기 위한 서비스가 된다. 또한, 상업마케팅이 생산자, 판매자, 구매자에게 수익을 돌려주는 데 비해, 사회마케팅은 개인을 넘어 사회 전체에 혜택이 돌아간다는 특징이 있다.

사회마케팅 모형은 건강증진사업의 계획, 수행, 평가에 이르는 전 과정을 포괄한다. 1) 우선, 영양문제 파악과 환경 분석을 통해 지역사회 요구를 진단하는데, 이때 SWOT 분석을 사용할 수 있다. SWOT 분석은 내부요인 중 강점(Strength)과 약점(Weakness), 외부요인 중 기회(Opportunity)와 위협(Threat)을 파악하는 것이다. 2) 그리고 시장세분화(market segmentation)를 통해 표적시장을 선정한다. 이때 고려할 요인에는 지리적 요인(지역, 인구밀도, 기후 등), 인구학적 요인(연령, 성별, 인종, 교육 수준 등), 심리학적 요인(견해, 생활양식, 변화에 대한 준비도 등), 행동적 요인(이용 경험, 이용 횟수, 자아효능감, 프로그램에 대한 태도 등) 등이 있다. 3) 사회마케팅 전략은 표적 집단에 맞춰 수립하며, 이는 마케팅믹스(marketing mix), 즉 4P라고 요약되는 상품(Product), 가격(Price), 장소(Place), 판매촉진(Promotion)으로 구성된다. 이때, 상품은 바람직한 행동 변화와 그로 인해 기대되는 결과를 의미하고, 가격은 행동 변화 수용에 필요한 비용으로서 돈, 시간, 노력 등을 포함한다. 장소는 행동 변화를 유도할 수 있는 장소를, 판매촉진은 캠페인, 인센티브, 상담 등을 통해 상품, 가격, 장소에 대한 정보를 효과적으로 전달하는 방법을 의미한다. 4) 이 마케팅 전략에 따라 프로그램을 계획하고 실행하며, 이후 평가 과정을 거쳐 사업을 마무리한다. 모든 단계는 충분한 연구조사에 기반할 때 성공 가능성이 높아진다.

2. 인터벤션 매핑(Intervention Mapping)

인터벤션 매핑은 비교적 최근인 2000년대에 개발된 기획 모형으로, 여러 건강행동 이론과 모형을 통합하여 중재 프로그램의 기획, 구상, 수행, 평가 전 과정을 제시한다. 인터벤션 매핑의 특징은 생태학적 접근을 유지하고, 모든 이해관계자의 참여를 강조하며, 이론과 근거를 기반으로 하는 것이다. 인터벤션 매핑은 총 6개 단계로 구성되는데, 각 단계는 이전 단계들을 기반으로 한다. 1단계는 요구진단으로, 건강문제와 그 결정요인을 파악한다. 2단계는 변화목표매트릭스 작성으로, 목표하는 행동 변화와 그 결정요인을 매트릭스 형태로 정리하여 중재 대상과 전략을 선정한다. 3단계는 중재 방법 선정으로, 이론에 근거하여 효과적인 중재 방법과 적용 방안을 기획한다. 4단계는 프로그램 설계로, 구체적인 중재 프로그램과 활동자료를 개발한다. 5단계는 프로그램 실행 계획 수립으로, 대상 집단이 중재를 받아들이고 실행할 수 있도록 장려하는 전략을 세운다. 6단계는 평가 계획 수립으로, 각 단계에서 적합한 결과 도출되었는지, 중재 프로그램이 효과적이었는지 등을 측정할 수 있도록 평가 계획을 세운다.

요약

1. 개인 내 수준 이론 및 모형은 지식, 태도, 신념, 기질 등 개인의 특성에 초점을 맞춰 행동 변화를 추구하며, 건강신념 모형, 계획적/합리적 행동 이론, 행동 변화 단계 모형 등이 있음

2. 개인 간 수준 이론 및 모형은 가족, 친구, 동료 등의 영향력에 초점을 맞추며, 사회인지 이론, 사회지지 이론 등이 이에 해당됨

3. 지역사회 수준 이론 및 모형은 개인을 둘러싼 사회적·물리적 환경의 영향력을 반영하며, 혁신확산 이론이 대표적임

4. 기획 모형은 실제 지역사회 영양사업을 기획하는 과정 전반에 대한 지침으로서, PRECEDE-PROCEED 모형, 사회마케팅 모형, 인터벤션 매핑이 자주 쓰임

활동

나는 변화할 준비가 되어 있을까?

2022년 국민건강영양조사 결과, 아침 식사 결식률이 34%에 달했다. 특히, 19~29세의 아침 식사 결식률은 60%로, 다른 연령대에 비해 현저히 높았다. 아침 식사 결식은 오전 활동에 지장을 줄 수 있을 뿐만 아니라 장기적으로 다양한 만성질환의 위험을 높일 수 있으므로, A 대학에서는 학생들이 매일 아침 식사를 챙겨 먹도록 돕는 영양개선사업을 기획하고자 한다. 이때, 아침 식사 먹기에 대하여 나와 친구들은 행동 변화 단계 모형 중 어떤 단계에 있는지 파악해보고, 각 단계별로 어떤 전략이 필요할지 생각해보자.

출처: 질병관리청. 아침식사 결식률 추이, 2013-2022년. 주간 건강과 질병 2024;17(2):72-73.

행동 변화 단계	나의 현재 모습	변화를 위한 전략
고려 전 단계		
고려 단계		
준비 단계		
실행 단계		
유지 단계		

지역사회 영양사업을 효과적으로 계획, 실행, 평가하기 위한 전 과정을 다룬다. 먼저, 지역사회의 특성과 환경, 목표집단에 대한 자료를 수집하고 요구를 진단하는 방법을 살펴본다. 이후 요구 진단 결과를 바탕으로 지역사회 영양문제를 파악하고 우선순위를 설정하며, 새로운 사업 기획의 필요성 및 가능성을 검토한다. 이어서 사업 목표 설정과 실행 계획 수립 및 실행 시의 촉진요인과 장애요인을 다루고, 마지막으로 사업의 수행 여부, 성과, 효율성 등을 평가하는 다양한 방법에 대해 설명한다.

PART 03

지역사회 영양사업의 개발, 실행과 평가

CHAPTER 07

지역사회 요구 진단

지역사회 요구 진단은 효과적인 영양사업 계획 과정의 중요한 요소이다. 지역사회 요구 진단은 실행 계획을 수립하기 전에 많은 질문을 제기하고, 이해관계자와 소통하며, 지역사회의 이해도를 높일 수 있는 다양한 방법을 활용하는 과정이다. 지역사회의 특성, 사회문화적 배경, 환경적 특성 등에 대한 자료 수집을 통해 대상자와 환경의 요구를 충족하는 사업을 계획해야 한다. 본 장에서는 요구 진단을 계획하고 실행하는 과정에 대해 알아보고자 한다. 구체적으로 지역사회와 환경, 목표집단에 대해 수집할 자료의 유형과 자료 수집 방법을 살펴보고, 요구 진단 결과를 바탕으로 영양문제를 파악하고 우선순위를 결정하는 방법, 요구 진단 결과를 활용하는 과정을 다룬다.

학 습 목 표

1 지역사회 요구 진단의 개념과 과정에 대해 설명할 수 있다.
2 다양한 자료를 이용해 지역사회의 영양문제를 파악할 수 있다.

1. 요구 진단의 정의

지역사회 요구 진단은 지역사회의 건강 및 영양상태를 평가하고, 건강과 영양에 대한 요구를 파악한 뒤, 그 요구가 충족되지 않는 부분을 식별하는 과정이다(**그림 7-1**). 요구 진단은 크게 문제 분석과 결정요인 분석으로 나눌 수 있으며, 이 과정은 지역사회의 영양 요구를 정확하게 반영한 중재사업이나 서비스를 계획할 때 필요한 기본적인 질문들에 대한 답을 찾는 과정이다.

- 지역사회의 본질과 특성은 무엇인가?
- 어떤 집단의 영양 요구가 충족되지 않고 있는가?
- 영양 요구를 해결하기 위해 어떤 사업이 존재하는가?
- 기존의 사업과 서비스가 요구를 충족하지 못한 이유는 무엇인가?
- 지역사회의 사회적, 문화적, 환경적 요인들이 건강한 식생활에 어떤 영향을 미치는가?
- 지역사회의 건강과 영양상태를 개선하기 위해 무엇을 할 수 있는가?

1단계	요구 진단의 목적 설정
2단계	지역사회, 지역사회의 환경, 목표집단에 대한 자료 수집
3단계	문제 분석
4단계	결정요인 분석
5단계	진단 결과의 공유
6단계	우선순위 선정
7단계	진단 결과의 활용

그림 7-1 지역사회 요구 진단 과정

2. 요구 진단 절차

1) 목적 설정

지역사회 요구 진단은 다양한 계기에 의해 시작될 수 있다. 기존에 수집된 정보가 오래되어 더 이상 인구집단의 건강상태를 정확하게 반영하지 못하거나, 특정 인구집단에 대한 데이터가 전혀 수집되지 않은 경우, 지역사회의 건강상태에 대한 새로운 정보가 필요할 수 있다. 보통 국가나 지방 정부가 이러한 활동을 수행할 책임이 있으며, 때로는 연구 결과가 요구 진단의 계기가 되기도 한다. 또한, 지역사회의 리더나 활동 단체가 건강 또는 영양문제에 대한 인식을 높이기 위해 지역사회 평가 실시의 필요성을 제기하기도 한다. 이외에도 예산의 가용성이 지역사회의 건강과 영양에 대한 자료 수집을 촉진할 수 있다.

> **목표집단**
> 평가, 연구 또는 중재 대상이 되는 인구집단

지역사회 요구 진단의 목적은 특정 집단, 즉 목표집단target population의 건강 및 영양상태에 대한 정보를 수집하는 과정으로 **더 알아보기 7-1**과 같이 한 개 이상의 목적을 가질 수 있다. 목표집단은 한 국가의 모든 국민처럼 광범위할 수도 있고, 서울시에서 2024년 7월 한 달 동안 출생한 저체중아와 같이 특정 집단일 수도 있다. 지역사회 요구 진단에는 반드시 따라야 하는 고정된 방법은 존재하지 않으며, 요구 진단을 계획하는 과정에서는 지역사회의 특성과 상황에 맞는 유연한 접근이 필요하다.

더 알아보기 7-1

지역사회 요구 진단의 목적

- 지역사회 내 영양위험집단 선별
- 지역사회 혹은 목표집단에서 가장 시급한 영양 요구를 파악해 우선순위 선정
- 지역사회 구성원의 영양상태에 영향을 미치는 다양한 요인들 분석
- 지역사회 내 기존의 자원과 사업이 영양 요구를 충족하는지 점검
- 지역사회의 영양 요구 해결을 위한 사업 계획 및 평가에 필요한 기초자료 제공
- 목표집단의 영양상태 개선을 위한 사업 계획

2) 자료 수집

지역사회 요구 진단은 지역사회의 식생활에 영향을 미치는 다양한 요인들을 규명하고, 개선 방안을 모색하기 위해 이루어진다. 이를 위해 개인적, 사회적, 정치적, 경제적, 환경적 요인 등 지역사회에 영향을 미치는 여러 측면에 대한 정보를 수집해야 한다. 지역사회 요구 진단에 필요한 자료의 유형은 진단의 범위, 목적 및 목표에 따라 달라질 수 있다.

(1) 정량적 자료와 정성적 자료

요구 진단을 위한 자료는 크게 정량적 자료와 정성적 자료로 나눌 수 있다. 정량적 자료(양적 자료, quantitative data)는 출생률, 사망률, 사망원인과 같은 생명통계vital statistics(**더 알아보기 7-2**), 출판된 연구, 병원 기록, 건강조사 등 다양한 자료원에서 확인할 수 있는 객관적이고 측정 가능한 자료이다. 반면, 정성적 자료(질적 자료, qualitative data)는 지역사회의 과거와 현재에 대해 잘 아는 주요 정보제공자나 영양상태 개선에 관심이 있는 개인 및 조직과 같은 이해관계자들과의 인터뷰를 통해 수집된 의견과 통찰로, 수량화되거나 측정하기 어려운 특징을 가진다.

> **생명통계**
> 출생, 사망, 혼인 등 주요 인구 통계

또한, 지역사회 구성원들도 지역사회에 대한 유용한 정보를 제공할 수 있다. 자료를 수집할 때에는 정량적 자료와 정성적 자료를 모두 포함하는 것이 이상적이다. 정량적 자료는 지역사회의 '이야기'를 충분히 담아내지 못하거나 영양 요구를 해결하기 위한 실질적인 해결책을 제공하지 못할 가능성이 있다. 반면, 정성적 자료는 가장 중요한 문제가 무엇인지 명확히 드러내지 못하거나, 시간에 따른 변화와 추세를 파악하는 데 한계가 있을 수 있다.

더 알아보기 7-2

흔히 사용되는 생명통계 지표

- 조출생률(Crude birth rate) = 특정 1년간의 총 출생아 수/당해 연도의 연앙인구* × 1,000
  ➡ 특정 연도의 인구 1,000명당 출생아 수
- 조사망률(Crude death rate) = 특정 1년간의 총 사망자 수/당해 연도의 연앙인구 × 1,000
  ➡ 특정 연도의 인구 1,000명당 사망자 수

(계속)

- 연령별사망률(Death rate by age)=특정 연령의 사망자 수/특정 연령의 연앙인구×1,000(또는 100,000)
  ➡ 특정 연령집단 인구 1,000명(또는 10만 명)당 사망자 수
- 영아사망률(Infant mortality rate)=해당 연도의 0세 사망아 수/해당 연도의 연간 출생아 수×1,000
  ➡ 특정 연도의 출생아 1,000명당 출생 후 1년 이내에 사망한 영아 수
- 모성사망비(Maternal mortality ratio)=해당 연도의 모성사망자 수/해당 연도의 총 출생아 수×100,000
  ➡ 해당 연도 총 출생아 10만 명에 대해 임신·출산 중 또는 출산 후 42일 이내에 임신 관련 원인으로 사망한 여성의 수
- 모성사망률(Maternal mortality rate)=해당 연도의 모성사망자 수/해당 연도의 15~49세 가임기 여성 수×100,000
  ➡ 해당 연도 가임기 여성 10만 명에 대해 임신·출산 중 또는 출산 후 42일 이내에 임신 관련 원인으로 사망한 여성의 수의 비율

* 연앙인구: 7월 1일을 기준으로 산출한 인구
출처: 통계청.

더 알아보기 7-3

질병 이환 빈도를 나타내는 지표

인구집단의 질병 이환(morbidity) 상태를 나타내는 주요 지표로는 발생률과 유병률이 있다. 발생률은 특정 기간 동안 질병에 걸릴 위험이 있는 인구집단 중 새롭게 질병이 발생한 사람들의 비율이며, 유병률은 특정 기간 동안 특정 질병을 앓고 있는 인구의 비율을 나타낸다. 일반적으로 유병률은 질환의 발생 시기나 이환기간(duration)을 고려하지 않는다. 유병률은 인구집단에서 특정 질병이 얼마나 널리 퍼져 있는지를 보여주며, 발생률은 질병의 발생위험을 측정하는 데 활용될 수 있다. 발생률과 유병률은 아래와 같이 산출할 수 있으며, 질병의 빈도에 따라 10^n을 곱하여 표기하기도 한다. 예를 들어, 발생률을 1,000명당(×1,000)으로 나타낼 수 있으며, 빈도가 높은 질환은 백분율(%)로 표현한다. 반면, 드문 질환은 100,000명당 혹은 1,000,000명당으로 계산하여 표기하기도 한다.

- 발생률(Incidence)=특정 기간 동안 질병이 새롭게 발생한 인구 수/특정 기간 동안 질병에 걸릴 위험이 있는 총 인구 수(기존에 이미 질병을 앓고 있었던 경우는 제외)
- 유병률(Prevalence)=특정 기간 동안 질병을 가진 인구 수/특정 기간 동안 인구집단의 총 인구수

(계속)

직접 계산해보자!

2024년 7월 1일 A지역의 인구 = 500,000명

2024년 1월 1일부터 12월 31일 사이에 새롭게 등록된 위암 환자 수 = 250명

2024년 12월 31일 기준 등록된 위암 환자 수 = 500명

1) 12개월 동안 위암의 발생률은?

2024년 12월 31일 기준 위암 환자 500명 중 250명은 2024년 이전에 진단받은 것으로 유추할 수 있음

$250/(500{,}000 - 250) \times 100{,}000 =$ 약 50

∴ 10만 명당 50명

2) 2024년 12월 31일 위암의 유병률은?

$500/500{,}000 \times 100{,}000 = 100$

∴ 10만 명당 100명

(2) 일차 자료와 이차 자료

목표집단에 대한 자료는 국가나 지역사회 수준에서 수집된 기록, 보고서 등의 이차 자료secondary data를 활용하거나, 특정 집단을 위한 사업 개발에 필요한 정보를 직접 수집하는 일차 자료primary data를 사용할 수 있다. 목표집단의 건강 및 영양상태의 전반적 현황은 국민건강영양조사와 같은 이차 자료를 통해 파악하며, 이후 대상집단이 확정되면 필요한 정보를 추가적으로 직접 수집할 수 있다. 가능하다면 두 가지 유형의 정보를 모두 확인하는 것이 이상적이다. 그러나 국가 수준의 자료가 지역사회 목표집단의 영양상태를 항상 정확하게 반영하는 것은 아니다. 예를 들어, 국민건강영양조사 결과에 따르면 50세 이상 여성의 27%가 칼슘의 권장섭취량을 충족한다고 보고되었지만, 특정 지역에서 실시한 조사에서는 50세 이상 여성의 19%만이 이를 충족한다고 밝혀졌다면, 국가조사 자료가 지역사회의 실제 상황을 충분히 반영하지 못한 경우라고 할 수 있다. 따라서, 일부 지역을 대상으로 한 소규모 조사 결과가 지역사회의 영양 요구와 우선순위에 대한 정보를 제공하는 데 있어 국가조사 자료보다 유용할 수 있다.

이차 자료
기존에 다른 목적을 위해 수집된 자료를 새로운 목적에 맞게 사용하는 자료

지역사회에 대한 자료를 직접 수집할 경우, 제한된 시간 내에 완료할 수 있도록 단순하면서도 비용 효과적인 방법을 선택하는 것이 중요하다. 지역사회 영양사는 먼저 목표집단에 필

요한 정보 목록을 작성하고, 이를 수집할 수 있는 다양한 전략을 수립할 수 있다. 정량적 자료는 구조화된 설문조사, 신체계측 및 생화학적 검사 등을 통해 확보할 수 있으며, 정성적 자료는 전문가의 관찰, 면담 등의 방법을 활용하여 수집할 수 있다. 지역사회 요구 진단에 활용할 수 있는 양적 및 질적 자료의 수집 방법을 **표 7-1**에 제시하였다.

또한, 지역사회의 주요 식생활 및 결정요인 현황 파악에 활용할 수 있는 국내의 주요 이차 자료원은 **표 7-2**와 같다.

표 7-1 지역사회 요구 진단에 활용할 수 있는 자료 수집 방법

자료의 성격	수집 방법	수집 내용	특징 및 장단점
양적 자료	24시간 회상법 (24-hour recall)	영양소 및 식품 섭취량, 식사 패턴	• 조사자가 대상자와의 면담을 통해 조사 전날 24시간 동안의 식사 섭취를 회상하도록 함 • 읽고 쓰기가 불편한 대상자에게도 적용 가능함 • 대상자의 기억력에 의존함 • 숙련된 조사원이 필요함 • 하루의 조사로 일상섭취량을 조사하기 어려움
	식사기록법 (Diet record)	영양소 및 식품 섭취량, 식사 패턴	• 일정기간 동안의 식사섭취량을 대상자가 스스로 기록함 • 기억에 의존하지 않음 • 대상자의 동기부여와 협조가 필요함 • 측정과 기록 과정이 대상자의 평소 식사 패턴을 바꿀 수 있음
	식품섭취 빈도법 (Food frequency questionnaire)	주요 식품의 섭취빈도, 식품 및 영양소 섭취량*	• 장기간에 걸친 주요 상용식품들의 평소 섭취빈도를 조사함 • 평소 식사 패턴을 파악할 수 있음 • 영양상담이나 대규모 역학연구에서 유용하게 사용될 수 있음 • 대상집단의 특성에 따라 조사지 개발이 필요함 • 설문지에 대한 타당성 검증이 필요함 • 정량적인 섭취량 평가에 제한이 있음
	설문조사	식행동, 식습관, 인구학적 및 사회경제적 특성, 생활습관 등	• 구조화된 설문지를 이용해 필요한 정보를 수집함 • 면담(interview) 혹은 자가보고(self-report) 방법으로 진행됨 • 조사목적에 따라 필수적인 정보만 수집함 • 설문지 개발 시 예비조사를 통해 타당성, 신뢰성 등 검증이 필요함 • 면담자의 면담 기술을 포함한 조사 과정의 표준화가 중요함
	신체계측	신장, 체중, 가슴둘레, 머리둘레, 체질량지수, 허리둘레, 피부두겹두께, 체지방량, 제지방량(lean body mass), 골밀도 등	• 신체 크기와 조성을 측정해 여러 신체지수를 산출함 • 대상자에게 부담이 적음 • 정확한 측정기구의 사용과 표준화된 측정 방법의 준수가 중요함 • 장기간의 영양상태 평가에 유용함 • 질병, 유전 등 비영양적 요소의 영향을 받음

(계속)

자료의 성격	수집 방법	수집 내용	특징 및 장단점
양적 자료	생화학적 검사	혈액, 소변, 조직 등의 영양소 농도, 영양소의 대사산물, 효소 활성, 면역 기능 등	• 혈액, 소변, 조직 등을 채취해 영양소의 농도, 대사산물 및 영양소에 의존적인 효소의 활성이나 면역 기능 등을 분석함 • 최근의 영양상태 평가에 유용함 • 실험 방법, 시료 수집 방법, 질병 등에 영향을 받음
질적 자료	심층 인터뷰 (In-depth interview)	지역사회 영양문제의 배경 및 인지, 새로운 영양사업 계획 혹은 기존 사업의 보완과 관련된 인식, 태도, 아이디어 등	• 면담자와 대상자와의 1:1 인터뷰를 통해 특정 주제에 대한 개인의 경험, 신념, 태도, 가치관 등을 깊이 있게 탐색함 • 대상집단의 행동, 신념, 태도, 생활습관 등에 대해 잘 알고 있는 주요 정보 제공자(key informants)와의 면담이 중요함 • 면담자의 역할이 중요함 • 자료분석에 시간이 소요됨
	포커스 그룹 (Focus group)		• 5~12명의 참여자가 1~3시간 정도 관심사, 경험, 신념, 의견 또는 문제에 대해 자유롭게 의견을 나누며 상호작용을 통해 의견을 도출함 • 사회자(moderator)의 역할이 중요함 • 일부 참여자의 답변이 다른 참여자에게 영향을 미칠 수 있음 • 자료분석에 시간이 소요됨

* 식품의 섭취빈도와 1회 섭취량을 함께 조사하고, 식품별 영양소 함량에 대한 자료가 있을 경우 가능

표 7-2 지역사회의 주요 식생활 현황 및 결정요인에 관한 국내 주요 이차 자료

자료명	식생활 및 결정요인	원조사명 및 표본
국민건강 통계	• 식생활: 식품 및 영양소별 섭취량, 영양섭취부족, 식행동(아침식사 결식률, 외식률), 영양지식(예: 영양표시 활용, 영양교육 경험 등), 식이보충제 복용경험, 식품안정성 • 건강행태: 흡연, 음주, 걷기 실천, 신체활동 실천, 스트레스 인지, 우울장애, 주관적 건강 인지, 체중감소 시도 등 • 만성질환: 비만, 저체중, 고혈압, 당뇨병, 고콜레스테롤혈증, 고중성지방혈증, 빈혈 등, 구각기능 제한, 저작불편 호소 등	• 원조사명: 국민건강영양조사 • 자료출처: https://knhanes.kdca.go.kr • 모집단: 만 1세 이상 국민 • 표본 크기: 만 1세 이상 가구원 약 1만 명
지역건강 통계	• 식생활: 아침식사 실천, 영양표시 활용 • 건강행태: 흡연, 음주, 걷기 실천, 신체활동 실천, 체중조절 시도, 스트레스 인지, 우울감 경험, 주관적 건강 인지 등 • 만성질환: 비만, 고혈압, 당뇨병, 저작불편 호소 등	• 원조사명: 지역사회건강조사 • 자료출처: https://chs.kdca.go.kr • 모집단: 만 19세 이상 모든 성인 • 표본 크기: 보건소별 평균 900명

(계속)

자료명	식생활 및 결정요인	원조사명 및 표본
청소년 건강행태 조사 통계	• 식생활: 과일, 패스트푸드, 단맛, 고카페인 음료, 물 섭취, 아침식사 결식, 영양교육 경험 • 건강행태: 흡연, 음주, 신체활동 실천, 앉아서 보낸 시간, 신체이미지 왜곡, 스트레스 인지, 우울감 및 외로움 경험, 자살, 수면시간, 스마트폰 사용 등 • 만성질환: 비만, 천식, 알레르기비염, 아토피피부염	• 원조사명: 청소년건강행태조사 • 자료출처: https://www.kdca.go.kr/yhs • 모집단: 전국 중학교 1학년~고등학교 3학년 • 표본 크기: 중·고등학교 각 400개교
학생건강 검사 표본통계	• 식생활: 과일, 채소, 우유·유제품, 육류, 라면, 음료수, 패스트푸드 섭취, 아침식사 결식 • 건강행태: 신체활동 실천, 수면, 가족의 흡연 및 과음, 무기력과 우울, 다이어트 약물 경험, 신체이미지 인식 • 만성질환: 비만, 빈혈, 결핵, 비만학생 대상 혈당, 혈중 콜레스테롤, 간기능 이상	• 원조사명: 학생건강검사 • 자료출처: https://schoolhealth.kr/web/srs/selectSchoolOverview.do?sMenuId=0100002800 • 모집단: 전국 초등학교 1학년과 4학년, 중학교 1학년, 고등학교 1학년 또는 전학년(항목별 상이) • 표본 크기: 1,074개 표본 학교(2021~2023년 기준)
식품소비 행태조사 통계	• 식생활: 아침/점심/저녁 식사 현황, 가족 동반 식사, 혼밥, 외식, 배달/테이크아웃, 선호 식품, 채식생활 등, 식품 구입 및 소비 행태, 인식 및 태도(식품 구입 시 고려사항, 확인 정보, 식품표시 인지, 친환경 및 동물복지 인증제품 구입 빈도, 음식물쓰레기 배출 행태 및 저감노력, 국산/수입산 농식품, 유기농 식품 등 비용 지불 가치, 식품 위해요인별 우려 정도, 안전관리에 중요한 요인 등)	• 원조사명: 식품소비행태조사 • 자료출처: https://www.krei.re.kr/foodSurvey • 모집단: 만 19~74세 식품 주 구입자, 만 13~74세 가구원(성인, 청소년) • 표본 크기: 3,176가구(2023년 기준)
가공식품 소비자태도 조사 통계	• 식생활: 가공식품 구입 및 소비 행태, 식품 소비 라이프 스타일 및 인식(가공식품 표시 인지, 구입 시 확인사항, 식품소비 트렌드별 동조성 등)	• 원조사명: 가공식품 소비자태도조사 • 자료출처: https://www.krei.re.kr • 모집단: 전국 17개 시도 일반 가구 만 19~74세 식품 주 구입자, 일반 소비자 • 표본 크기: 2,000가구(식품 구입 영수증 조사 500가구, 일반소비자 2,000명)
건강보험 의료 이용 지표	• 건강행태: 흡연, 음주, 신체활동 실천 • 만성질환: 비만, 만성질환, 직무 관련 질환, 환경성 질환, 장기요양 등 • 보건의료자원 분포 및 의료 이용: 건강검진 수검률, 진료현황, 지역환자 구성비, 항생제, 요양기관, 병상, 의료인력 등	• 자료출처: 건강보험 빅데이터, https://nhiss.nhis.or.kr:4443 • 지역별, 사업장별, 성별, 연령별 현황
건강검진 통계	• 건강행태: 흡연, 음주, 신체활동 실천 • 만성질환: 체질량지수, 허리둘레, 혈압, 혈색소, 공복혈당, 혈중콜레스테롤 등, 대사증후군 위험요인, 질환력 • 의료 이용: 건강검진 수검인원 현황, 판정현황	• 자료출처: 국가통계포털, https://kosis.kr • 시도별, 연령별, 성별 현황

(계속)

자료명	식생활 및 결정요인	원조사명 및 표본
국가통계 포털	• 인구통계: 행정구역별 인구 수, 출생률, 사망률, 1인 가구, 다문화가구, 맞벌이 가구 비율 • 사회경제적 요인: 경제활동 인구, 실업, 고용, 주거현황 등 • 만성질환: 암종별 유병률, 사망원인별 사망률 등	• 400여 개 기관이 작성하는 모든 국가승인통계를 수록 • 자료출처: https://kosis.kr/index/index.do
공공데이터포털	• 식환경: 식료품점, 음식점, 집단급식소 등 현황	• 자료출처: https://www.data.go.kr

더 알아보기 7-4

SGIS 통계지리정보서비스

통계청은 통계정보와 지리정보를 융·복합하여 새로운 서비스를 만들 수 있는 기반인 SGIS(Statistical Geographic Information Service)를 2008년부터 제공하고 있다. 사용자는 다양한 대화형 통계지도, 통계주제도 등의 여러 서비스를 직접 이용할 수 있다. 특히, 인구와 가구, 주거와 교통, 복지와 문화, 노동과 경제, 건강과 안전, 환경과 기후의 여섯 가지 카테고리별로 지역별 통계주제도를 제공하여, 지역사회의 현황을 효과적으로 파악하고 비교할 수 있는 유용한 정보를 제공한다.

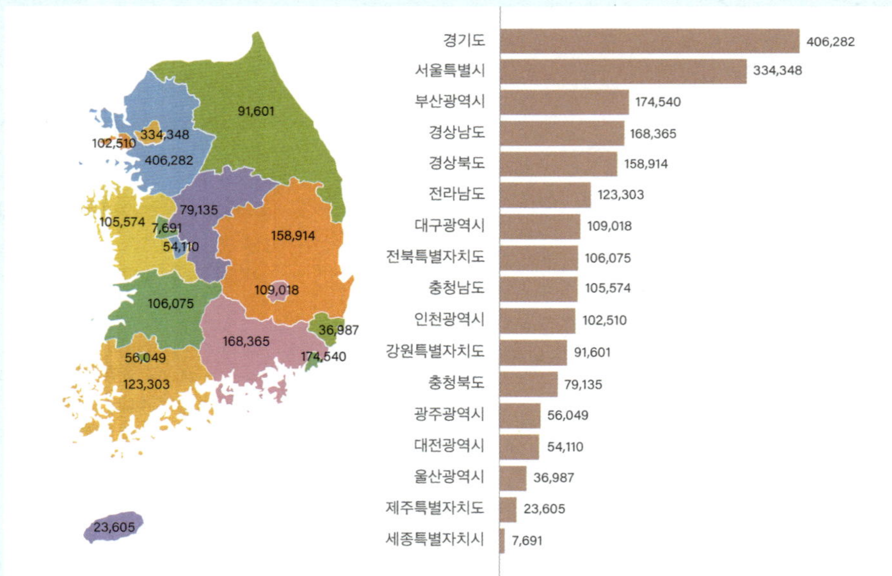

그림 7-2 2023년 지역별 65세 이상 1인 가구 수 지도 예시

출처: SGIS플러스 홈페이지.

3) 영양문제 분석

수집된 자료는 목표집단의 주요 영양문제와 그 영향을 파악하고, 영양문제를 해결하기 위한 지역사회의 정책적·사회적·환경적 지지 수준과 활용 가능한 자원이 무엇인지 파악하는 데 활용된다. 영양문제 분석 단계에서 답변되어야 할 질문들은 **표 7-3**과 같다.

표 7-3 영양문제 분석에 사용되는 질문의 사례

질문		예시
문제	• 문제가 무엇인가?	• 개선 혹은 예방이 필요한 건강 문제를 파악해야 함 예: 높은 비만율은 조기 사망률 및 질환 이환률과 관련 있음
	• 누가, 얼마나 큰 영향을 받고 있는가?	• 이 문제에 가장 큰 영향을 받는 집단과 인구집단 내에 어떻게 분포하는지 확인해야 함 예: 교육수준이 낮은 중년 성인의 비만율이 가장 높음
영향	• 문제의 원인, 사회적 비용은 무엇인가?	• 문제 예방의 가능성과 예방이 가져올 수 있는 중요한 영향을 설명해야 함 예: 비만으로 인한 건강 및 사회적 부담의 95%는 식습관과 신체활동에 기인하므로 거의 예방이 가능함
	• 아무것도 하지 않았을 때의 결과는 무엇인가?	• 현 상태를 유지하는 것보다 행동을 취해야 하는 이유를 설명해야 함. 이는 중재 제안서나 계획서의 서두에 포함되어, 개입하지 않을 경우 발생할 결과를 명확히 전달하는 역할을 함 예: 과일과 채소 섭취를 늘리고, 신체활동을 증가시키며, 고열량 식품 섭취를 줄이지 않으면 질병 부담 증가, 건강관리 비용 상승, 생산성 저하 등이 발생할 수 있음
지지	• 지역사회 구성원에게 중요한 문제인가? 지역사회의 지지가 있는가? • 문제 해결을 위해 사용할 수 있는 자원이 존재하는가?	• 문제 해결을 위한 지역사회의 참여와 지지를 구체적으로 설명해야 하며, 이미 투입된 자원에 대해서도 언급해야 함 예: 지역사회 인터뷰와 조사에서 72%의 주민이 중년 남성의 비만율 증가에 대해 우려하고 있으며, 이에 대한 조치가 취해지기를 원하고 있다는 결과가 확인되었음

출처: Hughes R, Margetts BM. Practical Public Health Nutrition. 2011.

더 알아보기 7-5

지역사회 영양사업 요구 진단 사례: 서울시 서초구 건강식당사업

서울시 서초구는 2007년부터 건강식당사업을 실시하였다. 건강식당이란 건강기준에 적합한 메뉴를 판매하고, 판매음식의 영양성분을 표시하며 열량, 지방, 나트륨 함량이 권장기준에 맞는 음식을 제공하는 식당이다. 2006년 서울시 서초구는 서울대학교 보건영양연구실과 함께 사업 준비를 위해 '외식산업 건강증진사업 요구도 및 역량평가'를 실시하였다. 이를 위해 외식식단의 영양소 함량을 분석하였고, 외식업체 경영자 대상으로 사업 요구 조사를 실시하였으며, 그 결과는 아래와 같았다.

- 문제 확인: 외식 식단의 영양소 함량은 어떠한가? → 나트륨, 지방 함량이 높음
- 지지 확인: 외식경영자의 건강식당사업 참여의지가 있는가? → 조사참여자의 50.3%가 건강식당사업에 참여의사가 있다고 응답함

출처: 서울대학교 보건대학원. 외식산업 건강증진사업 개발을 위한 실태조사 및 역량평가. 2007; 홍경의, 정효지. 서울시 외식경영자의 건강식당사업 참여의지. 2009.

4) 결정요인 분석

지역사회영양활동은 건강과 영양상태에 영향을 미치는 요인을 파악하고, 이를 변화시키며 평가하는 과정을 포함한다. 대부분의 영양문제는 여러 가지 원인과 결정요인에서 비롯된다. 결정요인 분석은 영양문제 분석의 연장선으로, 문제의 원인을 명확히 파악하고 효과적으로 개선하는 데 중요한 역할을 한다. 특정 건강 및 영양상태와 관련된 요인들을 분석하고, 요인 간의 상호작용, 요인과 건강 및 영양문제와의 인과관계를 파악하여 문제 해결을 위한 전략 수립과 우선순위 설정에 활용할 수 있다.

결정요인을 체계적으로 분석하기 위해 제6장에서 언급된 PRECEDE-PROCEED 모델과 같은 기획모형을 활용할 수 있다. PRECEDE-PROCEED 모델을 사용하여 중학생의 건강한 식습관과 대학생의 과음 및 폭음에 대해 결정요인을 분석한 사례는 **표 7-4**와 같다.

표 7-4 PRECEDE-PROCEED 모델을 활용한 결정요인 분석 사례

사례	성향요인	가능요인	강화요인
중학생의 건강하지 않은 식습관	• 건강한 식습관에 대한 영양지식 부족 • 건강하지 않은 식습관이 건강에 미치는 영향에 대한 인식 부족 • 건강한 식습관에 대한 자기효능감 부족	• 사회경제적 상태(부모의 직업, 소득, 교육수준) • 학교에서 건강한 식품의 낮은 이용 가능성 • 학교에서 패스트푸드, 가당음료에 대한 높은 접근성 • 학교 내 식수대 부재	• 사회적 지지(부모님이나 선생님이 과일/채소 또는 패스트푸드의 섭취를 장려하는가? 친구들이 과일/채소 또는 패스트푸드 섭취를 선호하는가?)
대학생의 과음/폭음	• 과음 및 폭음의 위험성에 대한 인식 부족 • 절주 방법에 대한 지식 부족 • 절주에 대한 자기효능감 부족	• 절주기술 부족 • 음주압력에 대한 저항기술 부족 • 절주교육 부재 • 음주문제 상담서비스 부재	• 가족 및 동료의 과음 • 지속적인 절주홍보 부재

출처: Arshad A, Shaheen F, Safdar W, Tariq MR, Navid MT, Qazi AS, Awan MA, Sajid MW, Garti HK. A PRECEDE-PROCEED model-based educational intervention to promote healthy eating habits in middle school girls. 2022.
유승현, 김혜경. 건강증진 기획모형의 중재기획 단계 비교: PRECEDE-PROCEED와 Intervention Mapping. 2010.

영양문제의 결정요인은 건강에 미치는 영향이 긍정적인지 부정적인지에 따라 예방요인과 위험요인으로 구분할 수 있으며, 건강과의 관련성에 따라 직접요인과 간접요인으로 나눌 수 있다. 또한, 영양문제의 결정요인은 건강에 미치는 영향의 수준에 따라 개인적 요인과 사회환경적 요인으로도 구분될 수 있다. **표 7-5**는 과일 및 채소 섭취에 영향을 미치는 결정요인을 다양한 유형으로 구분하여 제시한 사례이며, **그림 7-3**은 비만과의 관련성에 따라 결정요인 간의 관계, 결정요인과 비만의 인과관계를 도식화한 것이다. 비만의 결정요인 사례에서 직접적 결정요인은 지방, 당류, 나트륨이 많이 함유된 식품의 과잉 섭취와 과일 및 채소의 섭취 부족이라는 두 가지 영양 관련 위험요인을 포함하며, 이는 에너지 밀도가 높은 식사의 이용 가능성이나 과일과 채소의 가격이 높다고 인지하는 등의 간접요인에 의해 유발된다.

지역사회영양활동이 간접적 예방요인을 강화한다면 문제 해결에 효과적일 수 있다. 예를 들어, 에너지 밀도가 높은 음식이 건강에 미치는 부정적 영향과 과일 및 채소 섭취의 긍정적 영향에 대한 인식을 높이고, 이를 합리적 가격에 구매하고 간편하게 요리하는 방법에 대해 교육하는 것이 가능하다.

표 7-5 과일·채소 섭취의 결정요인 분석 사례

구분	유형	정의	사례
건강에 미치는 영향	예방요인	부정적인 건강 결과를 예방하거나 건강에 이로운 요인	• 학교, 직장, 식료품점에서의 높은 이용 가능성 • 학교, 직장의 건강식생활 정책 • 과일·채소에 대해 높은 가치 부여
	위험요인	건강을 위협하는 요인	• 낮은 이용 가능성 • 낮은 품질 • 비싼 가격 • 낮은 접근성, 지역적 고립
건강과의 관련성	직접요인	문제에 직접적인 영향을 미침	• 충분한 과일과 채소의 섭취는 비만, 제2형 당뇨병, 암, 심장질환 등 만성질환의 중요한 결정요인
	간접요인	결정요인에 영향을 미침	• 연령, 습관, 지식과 기술, 비용과 안전성에 대한 인식은 충분한 과일 및 채소 섭취에 영향을 미치는 요인
건강에 미치는 영향 수준	개인요인	건강결과와 관련이 있는 개인적 원인	• 과일·채소의 섭취 부족 • 고열량 식품의 과잉 섭취
	사회환경적 요인	개인 차원을 넘는 광범위한 외부적인 요인	• 이용 가능성 • 가격과 품질 • 건강증진사업

출처: Hughes R, Margetts BM. Practical Public Health Nutrition. 2011. 수정 인용.

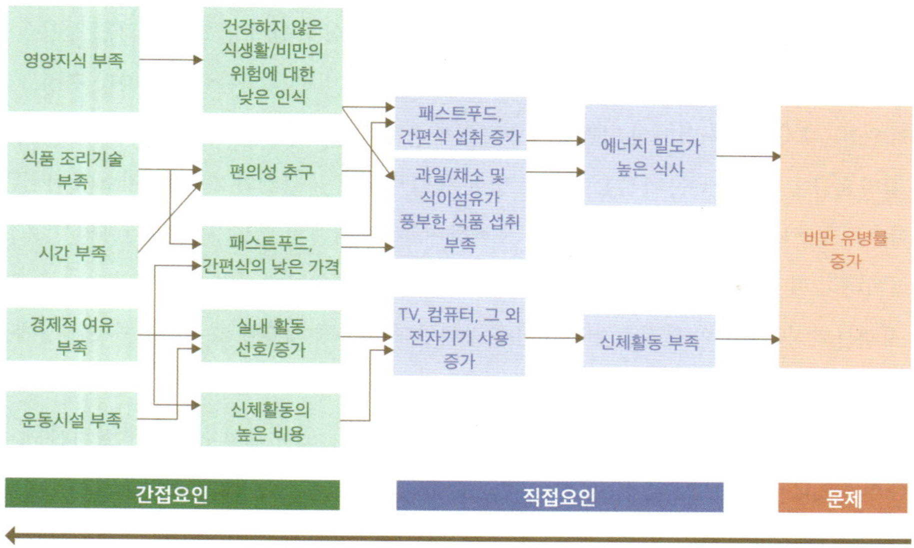

그림 7-3 비만의 간접적/직접적 결정요인 분석 사례

영양문제의 결정요인을 분석한 후 이를 도식화하는 것은 효과적인 개선전략을 수립하는 데 유용하다. **그림 7-4**는 Zenk 등(2005)의 연구에서 미국 흑인을 대상으로 식료품점의 특성과 과일 및 채소 섭취 간의 관계를 분석한 것이다. 연구에 따르면, 식료품점이 클수록 과일과 채소에 대한 접근성은 높고, 품질이 좋으며, 가격은 저렴하고, 소득수준이 높을수록 섭취량이 많았다. 식료품점의 유형과 위치는 과일과 채소 섭취에 간접적인 영향을 미치지만, 소득수준은 직접적인 영향을 미친다고 밝혔다. 이를 종합적으로 고려할 때, 효과적인 중재전략은 과일과 채소를 판매하는 식료품점이 부족한 지역에서 식료품점의 수와 접근성을 늘리는 것이다.

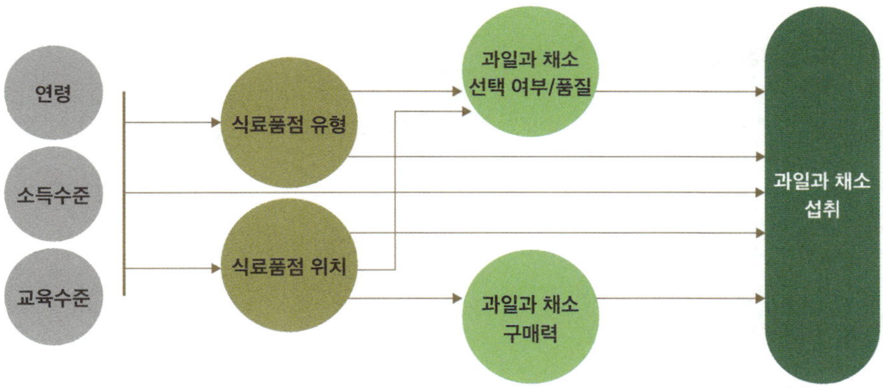

그림 7-4 식료품점의 특성이 과일과 채소 섭취에 미치는 영향

출처: Zenk SN, Schulz AJ, Hollis-Neely T, Campbell RT, Holmes N, Watkins G, Nwankwo R, Odoms-Young A. Fruit and vegetable intake in African Americans income and store characteristics. 2005.

5) 진단결과의 공유

지역사회 요구 진단의 결과는 진단 과정에 직접적으로 참여하지 않은 기관이나 조직에도 중요한 참고자료가 될 수 있다. 진단결과를 다양한 그룹 및 이해관계자들과 공유함으로써 자원의 효율적 활용과 기관 간 협력 강화를 촉진할 수 있다. 또한, 지역사회 내 영양에 대한 인식을 확산시키고, 다양한 주체들이 영양문제 해결에 적극적으로 참여할 수 있는 기반을 마련한다. 다만, 진단결과에는 민감한 정보가 포함될 수 있으므로 공개 전 주요 이해관계자들로부터 적절한 승인 절차를 거쳐야 한다.

6) 우선순위 선정

일반적으로 요구 진단 과정에서는 목표집단 내 다양한 영양문제가 확인되며, 활용할 수 있는 자원이 제한적이기 때문에 지역사회 영양사는 어떤 문제에 우선적으로 예산, 시간, 노력 등을 투입할지 결정해야 한다. 우선순위 선정은 주요 이해관계자들이 확인된 문제에 대한 모든 정보를 바탕으로 이를 해결하기 위한 전략을 함께 고려하는 협력적 의사결정 과정을 통해 이루어지는 것이 효과적이다. 이 과정은 객관적이고 표준화된 기준에 따라 평가되어야 하며 전문가, 지역사회 구성원, 시민단체 등 다양한 주체가 참여해 공정하고 편향되지 않은 의사결정이 이루어지도록 해야 한다. 다음은 우선순위 선정에 활용할 수 있는 몇 가지 방법이다.

(1) BPR(Basic Priority Rating)

Hanlon method라고도 불리는 BPR은 건강문제의 크기, 심각성, 중재의 효과 등을 기준으로 건강문제의 우선순위를 계량화하는 방법으로, 보건의료 분야에서 널리 이용되고 있다.

$$BPR = (A + 2B) \times C \times D$$

① A: 건강문제의 크기

건강문제를 지닌 인구집단의 크기(예: 유병률 또는 발생률)

② B: 건강문제의 심각성 또는 중대성

네 가지 하위 기준으로 구성되며, 객관적인 자료로 평가하기가 어려워 문헌고찰, 전문가 견해 등을 통해 주관적으로 판단되는 경우가 많음

- **시급성(Urgency)** 지역사회의 즉각적인 대응 또는 예방에 필요한 응급조치의 정도
- **위중도(Severity)** 문제가 치명적인 정도 또는 장애의 심각성 정도
- **경제적 손실(Economic loss)** 건강문제로 인해 지역사회, 가정, 개인에게 야기되는 사회적 비용
- **타인/문제에 대한 영향(Impact on others)** 감염병, 간접흡연 등이 타인에 미치는 영향, 문제가 다른 질병에 미치는 영향 등

③ C: 중재의 효과성

중재의 전반적인 효과성과 목표집단의 예상 반응 정도로 체계적 고찰 혹은 메타분석과 같은 연구결과나 사업 경험에 비추어 추정함. 과학적 근거가 부족할 경우 해당 분야 전문가의 조언을 구할 수 있음

④ D: 실현 가능성(PEARL, 0점 혹은 1점)

중재의 실현 가능성 정도를 의미하는 다섯 가지 항목으로 구성되며, 각 항목에 대해 "예"(1점) 또는 "아니오"(0점)로 점수화한 후 모두 곱하여 최종 1점 또는 0점으로 산출함. BPR의 상위 세 지표(A, B, C)와 동시에 계산하거나 추후 실행 가능성 여부를 평가하기 위해 별도의 평가가 이루어지기도 함

$$\text{PEARL} = \text{P} \times \text{E} \times \text{A} \times \text{R} \times \text{L}$$

- **적절성(Propriety)** 사업이 건강문제 개선에 적절한지
- **경제성(Economics)** 문제 해결이 경제적으로 이득이 있는지
- **수용가능성(Acceptability)** 지역사회의 구성원이 사업을 수용할 수 있는지, 요구하는지
- **자원(Resources)** 중재를 수행하기 위한 예산 및 인력, 시설 등의 자원이 충분히 확보되어 있는지
- **합법성(Legality)** 사업을 수행하기 위한 법적 근거가 있는지

표 7-6 BPR 항목별 점수 부여 예시

건강문제의 크기(A)	건강문제의 심각성(B)	중재의 효과성(C)	점수
25% 이상	매우 심각함	매우 효과적(80~100%)	9 또는 10
10.0~24.9%	상대적으로 심각함	상대적으로 효과적(60~80%)	7 또는 8
1.0~9.9%	심각함	효과적(40~60%)	5 또는 6
0.1~0.9%	다소 심각함	다소 효과적(20~40%)	3 또는 4
0.01~0.09%	상대적으로 심각하지 않음	상대적으로 비효과적(5~20%)	1 또는 2
0.01% 미만	심각하지 않음	거의 비효과적(<5%)	0

주) 위의 점수 체계는 임의로 설정된 것으로 지역 보건기관은 해당 지역사회에 적합한 척도를 자체적으로 설정해야 함

더 알아보기 7-6

식생활지침 개발이 필요한 질병의 우선순위 선정 사례

한국인을 위한 질병별 식생활지침 제정을 위한 로드맵 작성을 위해 BPR 방법을 이용해 식생활지침의 제정이 필요한 질병의 우선순위를 아래와 같은 과정으로 선정하였다.

1. A 건강문제의 크기: 해당 질병의 현재 유병률

유병률	점수
41~50%	10
31~40%	8~9
21~30%	6~7
11~20%	4~5
1~10%	2~3
1% 미만	0~1

2. B 문제의 심각성

① **시급성**: 지난 5년간의 유병률 추이

유병률 추이(2005~2010)		점수
증가 추세	>1%	4~5
안정화 추세	-1%~1%	2~3
감소 추세	<-1%	0~1

② **위중도**: 전문가의 판단(5점 척도)

(계속)

③ **경제적 손실**: 질병별 질병 비용

질병별 질병 비용(10억 원/년)	점수
5,000이상	5
4,000~4,999	4
3,000~3,999	3
2,000~2,999	2
1,000~1,999	1
0~999	0

④ **다른 문제와의 관련성**: 전문가의 판단(5점 척도)

3. C 중재의 효과성: 전문가 판단에 의한 근거자료의 수준

근거자료의 수준	점수
근거중심의 개입효과(evidence-based intervention)	9~10
효과적인 사업(effective intervention)	7~8
긍정적인 효과가 기대되는 사업(promising intervention)	5~6
신규사업(emerging intervention)	3~4
확인되지 않음(unproven intervention)	1~2

4. D 실현 가능성(PEARL): 제시된 질병의 예방 차원에서 식생활지침 개발이 적합하다고 판단

우선순위 선정 결과

질병	실현 가능성(D)					질병의 크기 (A)	심각성(2B)*	중재의 효과성 (C)	총점 (A+2B)×C×D	순위
	적절성	경제성	수용 가능성	자원	합법성					
암	1	1	1	1	1	2.5	2.5+4.8+4.3+5.0=16.6	7.2	137.5	5
당뇨병	1	1	1	1	1	4.5	2.5+4.2+4.5+0=11.2	8.9	139.7	4
고혈압	1	1	1	1	1	6.5	2.5+4.0+4.4+0=10.9	8.5	147.9	3
고지혈증	1	1	1	1	1	4.5	4.5+3.8+4.2+0=12.5	9.1	154.7	2

(계속)

질병	실현 가능성(D)					질병의 크기 (A)	심각성(2B)*	중재의 효과성 (C)	총점 (A+2B)×C×D	순위
	적절성	경제성	수용 가능성	자원	합법성					
심혈관질환	1	1	1	1	1	2.5	2.5+4.6+4.4+0=11.5	7.3	102.2	7
뇌혈관질환	1	1	1	1	1	2.5	0.5+4.6+4.4+0=9.5	6.3	75.6	8
비만	1	1	1	1	1	8.5	2.5+3.8+4.2+2.0=12.5	8.3	174.3	1
골다공증	1	1	1	1	1	6.5	4.5+3.5+3.3+0=11.3	6.3	112.1	6
간질환	1	1	1	1	1	2.5	2.5+3.9+3.5+1.0=10.9	4.3	57.6	9

* B항목이 20점 만점으로 산출되어 B항목의 총점 그대로를 2B로 간주하였음

우선순위 점수를 산출한 결과 질병의 우선순위는 비만, 고지혈증, 고혈압, 당뇨병, 암 순으로 높았다.

출처: 한국영양학회. "한국인을 위한 식생활지침 제/개정 연구 및 가이드북 개발에 관한 연구" 결과보고서. 2012. 수정 인용

(2) PATCH(Planned Approach To Community Health)

미국 질병통제예방센터CDC에서 개발한 PATCH 모형에서 제시한 방법으로 건강문제의 중요성과 변화 가능성을 중심으로 우선순위를 결정한다(**그림 7-5**). 먼저 브레인스토밍 등을 통해 지역사회의 다양한 건강문제들과 그 결정요인을 취합해 나열한 후, 중요성이 높고 변화 가능성이 큰 문제를 우선적으로 선정한다. 이 과정에서 기존에 실행 중인 건강문제 관련 정책 및 사업의 전략과 수행 환경(예: 학교, 직장 등)을 매트릭스에 기록하여, 해당 문제가 충분히 해결되고 있다고 판단되면 다른 건강문제를 우선순위로 삼을 수 있다. 반면, 효과적으로 해결되고 있지 않은 경우 기존의 정책 및 사업을 수정하거나 변경하는 방향으로 진행할 수 있다.

	중요성 높음	중요성 낮음
변화 가능성 높음	높은 우선순위	낮은 우선순위 (정치적 목적의 사업 제외)
변화 가능성 낮음	혁신적인 사업에서의 우선순위	사업 수행하지 않음

그림 7-5 중요성과 변화 가능성에 따른 우선순위

출처: Green L, Kreuter M. Health program planning: An educational and ecological appraoch. 2005.

(3) 우선순위 매트릭스(Prioritization Matrix)

우선순위 매트릭스는 건강문제를 다양한 기준에 따라 평가하거나, 기관이 단 하나의 건강문제에 집중해야 하는 상황에서 특히 유용하다(**표 7-7**). 이 방법은 다른 우선순위 결정 방법보다 다소 복잡할 수 있으나, 중요도가 서로 다른 기준을 반영할 수 있으며, 우선순위를 시각적으로 명확하게 정리할 수 있다는 장점이 있다.

표 7-7 우선순위 매트릭스 활용 사례

건강문제	기준 1(점수×가중치)	기준 2(점수×가중치)	기준 3(점수×가중치)	우선순위 점수
A	2×0.5=1	1×0.25=0.25	3×0.25=0.75	2
B	3×0.5=1.5	2×0.25=0.5	2×0.25=0.5	2.5
C	1×0.5=0.5	1×0.25=0.25	1×0.25=0.25	1

주 1) 점수 부여 예시: 4=높은 우선순위, 3=중간 정도 우선순위, 2=낮은 우선순위, 1=우선순위 없음
2) 가중치 부여 예시: 0.25=개선 필요성, 0.5=변화 가능성, 주어진 시간 내 달성 가능성, 0.75=대상자의 관심도
출처: NACCHO. Guide to Prioritization Techniques. 2020.

7) 진단 결과의 활용

우선순위 선정까지 완료되면 지역사회 영양사는 진단 결과를 활용해 다음 단계에서 취할 적절한 행동을 결정할 수 있다(**그림 7-6**). 앞서 언급한 바와 같이 평가의 주요 결과는 지역사회 리더들 및 지역사회의 건강에 관심이 있는 사람들과 공유되어야 하며, 이를 통해 목표집단의 건강 및 영양상태 개선을 위한 개입을 지원할 수 있다. 예를 들어, 임신한 10대 청소년들의 식이 변화 대한 평가 결과는 의사, 간호사 및 기타 의료 전문가와 공유되어야 한다. 이는 10대 청소년들이 임신 중에 식습관을 변화시키는 방식과 그 이유를 이해하는 데 필요하기 때문이다.

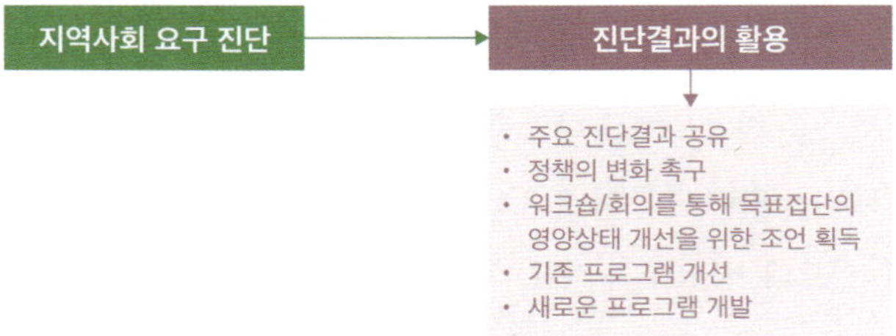

그림 7-6 지역사회 요구 진단 결과의 활용

요구 진단 결과는 지역사회의 건강 잠재력을 높이기 위한 법률이나 공공정책의 변화를 촉구하는 데 기여할 수 있다. 또한, 진단결과를 언론에 공개하는 것은 영양문제에 대한 인식을 제고하고, 문제 해결을 위한 정책 변화에 대한 지지를 구축하는 효과적인 방법이 될 수 있다.

지역사회 영양사는 팀원들과 협력하여 워크숍이나 회의를 조직하고, 추가 자료를 수집하거나 지역사회 리더 및 이해관계자들과 향후 조치에 대해 논의할 수 있다. 또한, 기존 사업을 개선하거나 새로운 교육자료를 개발하거나 캠페인을 확장하고, 사업 전달 방식을 조정할 수 있다. 나아가 지역사회의 영양요구를 충족시키기 위한 새로운 사업을 개발할 수도 있다. 또한 지역사회 구성원의 건강과 영양상태 개선을 위해 요구 진단 결과를 바탕으로 여러 가지 전략을 동시에 시행할 수 있다.

요약

1. 지역사회 요구 진단은 건강 및 영양상태를 평가하고 미충족된 요구를 파악하여 개선 방향을 설정하는 과정임. 요구 진단의 목적 설정부터 자료 수집, 문제 및 결정요인 분석, 결과 공유와 우선순위 선정까지 일련의 단계로 이루어짐

2. 지역사회 요구 진단은 식품 선택에 영향을 미치는 요인을 규명하고 개선 방안을 모색하기 위한 과정임. 이를 위해 정량적·정성적 자료를 직접 수집하거나 이차 자료를 활용해 목표집단의 영양문제와 원인을 파악함. 수집된 자료는 문제 해결을 위한 전략 수립, 우선순위 선정에 중요한 역할을 함

활동

이차 자료를 활용해 지역사회의 영양문제를 진단해보자.

① 지역사회 선정하기

내가 속한 지역사회 혹은 관심이 있는 지역사회를 선정한다(예: 대학생, 노인, 1인 가구, 특정 지역 주민 등).

② 이차 자료원 탐색하기

해당 지역사회의 영양정보를 제공하고 있는 이차 자료원을 찾아본다(예: 국민건강영양조사, 지역사회건강조사, 청소년건강행태조사 등).

③ 영양문제 파악하기

해당 지역사회에서 확인되는 주요 영양문제의 현황에 대해 알아본다(예: 영양섭취부족률, 지방과잉섭취자분율, 나트륨 과잉섭취자분율, 과일 및 채소 섭취율, 아침식사 결식률, 영양표시 활용률 등).

④ 결정요인 분석하기

지역사회의 사회적 · 경제적 · 환경적 특성에 대한 통계자료, 보고서 또는 영양문제와 관련한 영양역학 연구결과를 탐색하여 영양문제 발생에 영향을 미치는 요인들을 파악하고, 요인들 간의 관계를 도식화하여 나타내본다.

CHAPTER 08

지역사회 영양사업 목표 설정 및 설계

지역사회 요구 진단 결과, 관련 조직 및 기관의 정책의 변화나 지침, 새로운 연구 결과, 지역사회 지도자 및 단체의 요청, 신규 사업에 대한 재정적 지원 가능성 등에 따라 새로운 영양사업을 기획할 수 있다. 본 장에서는 사업의 목적 및 목표를 설정하고 이를 달성하기 위한 사업 설계의 전반적인 과정에 대해 다룬다.

학습목표

1 지역사회 영양사업의 목적과 목표를 작성할 수 있다.
2 목적 및 목표 달성을 위한 영양사업을 설계할 수 있다.

1. 목적 및 목표 설정

지역사회 영양사업은 **그림 8-1**에 따라 설계할 수 있으며, 첫 단계는 목적과 목표를 설정하는 것이다. 목적 및 목표를 명확하게 설정하는 것은 사업의 전반적인 이해를 돕고, 평가 계획 수립에 중요한 역할을 한다. 목적goal은 사업이 궁극적으로 달성하고자 하는 변화나 결과이고, 목표objective는 목적을 달성하기 위해 특정 시간 내에 구체적으로 달성해야 하는 내용을 의미한다. 구체적인 목표를 설정하는 이유는 지역사회 영양사업이 계획된 방향으로 이루어지는지를 점검하고, 기대한 결과에 미치지 못할 경우 그 원인을 분석하여 해결책을 마련하기 위해서이다.

목적과 목표는 **그림 8-2**와 같이 기존에 수행한 결정요인 분석을 바탕으로 설정할 수 있다. 간접적 결정요인을 해결하는 것은 세부 목표로 설정되었고, 직접적 결정요인의 해결은 목표로 설정되었다. 목표의 효과적 달성은 사업의 궁극적인 목적 달성으로 이어질 수 있다.

1단계	목적 및 목표 설정
2단계	중재 방법 및 내용 계획
3단계	마케팅 계획
4단계	파트너십 구축
5단계	관리체계 개발
6단계	예산 확보
7단계	평가 계획

그림 8-1 지역사회 영양사업 설계 과정

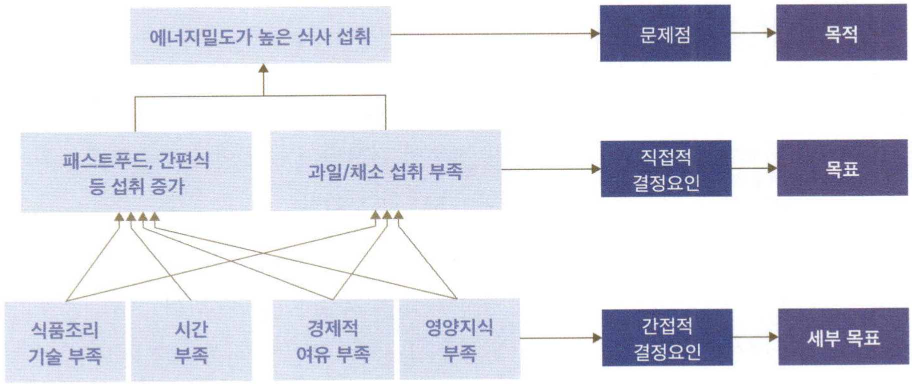

그림 8-2 결정요인 분석결과를 기반으로 한 목적과 목표 설정 사례

1) 목적의 기술

목적은 영양사업이 장기적으로 성취하고자 하는 결과에 대한 포괄적인 진술로 사업의 전반적인 방향성을 제시한다. 구체적인 기술 방법은 **더 알아보기 8-1**과 같다.

더 알아보기 8-1

목적 기술 방법

- 목적은 문제 해결 후 기대되는 긍정적 변화에 대한 진술로, 예를 들어, "고지방 식사로 인한 조기 사망자 수 감소"와 같이 미래 지향적이고 쉽게 이해할 수 있어야 한다.
- 문제의 바람직한 변화를 위한 방향성을 제시하며, 사업이 달성할 내용을 설명하지만 사업 자체에 대한 구체적인 설명은 포함되지 않는다.
- 사업 계획의 기초가 되므로 현실적이어야 하며, 건강문제에 대한 정확한 분석을 바탕으로 단기적 목적과 장기적 목적으로 구분하여 기술한다.
- 가능한 한 모든 가치들을 포함하도록 포괄적이고 다소 추상적인 형태로 작성한다.
- 이해관계자와 지역사회의 참여를 유도하고, 충분한 합의를 거쳐 설정한다.

2) 목표의 기술

목표는 지역사회 영양사업의 목적을 이루기 위해 필요한 변화를 구체적으로 명시한 것이다. 목적보다 단기적인 관점에서 설정되며, 사업이 진행되는 동안 이를 기준으로 관리하고 평가할 수 있도록 한다. **더 알아보기 8-2**와 같이 SMART 기법Specific, Measurale, Achievable, Relevant/Realistic, and Time-bound을 참고하면 보다 효과적인 목표 설정이 가능하다. 목표는 구체적으로Specific, 측정 가능하도록Measurable, 기한을 명시해서Time-bound 설정해야 한다. 또한, 달성 가능하고Achievable 관련성이 있는Relevant/Realistic 목표를 설정해야 하는데, 이 두 요소는 환경, 가용할 수 있는 자원, 과학적 근거 등을 고려해 반영해야 한다(**표 8-1**).

더 알아보기 8-2

SMART 목표 기술 방법

- 구체적으로(Specific): 누구에게, 무엇을, 언제, 어디서, 어떻게 수행할 것인지 명확하게 제시되어야 한다.
  예시) **최근 30일 동안 1잔 이상** 술을 마신 적이 있는 **A지역 12~18세 청소년**의 비율을 감소시킨다.
- 측정 가능한(Measurable): 목표의 진행 상황과 달성 여부를 객관적으로 측정할 수 있어야 한다.
  예시) 최근 30일 동안 1잔 이상 술을 마신 적이 있는 A지역 12~18세 청소년의 비율을 **3%** 감소시킨다(**2024년 청소년건강행태조사 현재 음주율: 9.7%***).
- 달성 가능한(Achievable): 주어진 환경과 자원을 고려했을 때 현실적으로 실현할 수 있어야 한다.
- 관련성이 있는(Relevant/Realistic): 건강문제와 직접적으로 관련되어 있으며, 궁극적인 목적 달성에 기여해야 한다.
- 기한이 명시된(Time-bound): 목표 달성을 위한 구체적인 기한이 설정되어 있어야 한다.
  예시) **2025년 12월 31일까지** 최근 30일 동안 1잔 이상 술을 마신 적이 있는 A지역 12~18세 청소년의 비율을 3% 감소시킨다(2024년 청소년건강행태조사 결과 현재 음주율: 9.7%).

* 질병관리청. 제20차(2024년) 청소년건강행태조사 통계. 2024.

표 8-1 SMART 목표 설정 사례

목적: B지역 중·고등학교에서 건강한 식생활을 실천할 수 있는 환경을 제공하여 건강체중을 유지하는 청소년의 비율을 늘린다.

항목	질문	결과
구체적으로 (Specific)	어떤 활동이 구체적으로 수행되는가? 목표집단은 누구인가?	• 학교 급식에서 과일과 채소 제공 횟수를 늘리고, 간편하게 섭취할 수 있는 과일 및 채소 간식을 교내 매점에서 판매하여 과일과 채소 섭취 기회를 확대 • 충분한 과일과 채소 섭취를 장려하기 위한 영양교육 및 캠페인 실시 • 목표집단: A지역 고등학생
측정 가능한 (Measurable)	목표 달성 여부를 측정/평가할 수 있는 기준은 무엇인가?	• 과일과 채소를 하루 500g 이상 섭취하는지 평가(HP2030 영양 부문 지표)
달성 가능한 (Achievable)	목표가 성취 가능한가?	• 학교 급식과 밀접하게 연계된 영양교육은 청소년의 건강한 음식 선택에 기여 • 2022년 기준, 청소년의 평균 과일 및 채소 섭취율은 9.9%, 6세 이상 평균 섭취율은 22.7%*로 평균에 근접한 수준으로 설정
관련성이 있는 (Relevant/Realistic)	목적과 관련이 있는가?	• 과일과 채소의 섭취 증가는 고열량·저영양 식품의 섭취 감소로 이어져 총 에너지 섭취량을 줄이고 건강체중을 달성하거나 유지하는데 기여
기한이 명시된 (Time-bound)	시작과 종료 기한이 명시되어 있는가?	• 2026~2027년 학기 시작과 종료

SMART 목표: 2028년 2월까지 B지역에서 과일과 채소를 하루에 500g 이상 섭취하는 중·고등학생의 비율을 10%에서 20%로 증가시킨다.

* 보건복지부. 국민건강통계. 2023.
출처: Boyle MA. Community Nutrition in Action. 2022. 수정 인용.

또한, 목표는 다음과 같이 세 가지 유형으로 구분할 수 있다.

(1) 결과목표

사업 참여의 결과로 나타나는 측정 가능한 변화를 의미한다. 예를 들어, 엽산이 풍부한 식품에 대한 지식 증가, 혈청 총 콜레스테롤 농도 감소, 혈청 페리틴 농도 증가 등이 있다. 결과목표는 "2030년까지 6~18세 아동·청소년의 75% 이상이 칼슘 권장섭취량을 충족하도록 한다" 또는 "2030년까지 저소득층 2세 이하 영유아의 철 결핍률을 5% 미만으로 줄인다"와 같이 설정할 수 있다.

(2) 과정목표

사업 수행 중 지역사회 영양사 및 다른 팀원들이 수행하는 측정 가능한 활동을 의미한다. 결과목표가 목적 달성을 위한 구체적인 방법을 명시한다면, 과정목표는 이를 위한 세부 활동을 정의한다. 예를 들어 "각 지역사회 영양사는 3개월 사업 동안 매주 1회 영양교육을 실시한다"와 같이 작성할 수 있다.

(3) 구조목표

과정목표 달성에 필요한 예산, 인력, 관리체계, 자원 활용 및 사업 내용 조직과 관련된 측정 가능한 활동을 포함한다. 예를 들어, "지역사회 영양사는 향후 12개월 동안 매월 마지막 날에 사업 관련 항목별 예산안을 제출한다"와 같이 작성할 수 있다.

2. 지역사회 영양사업 설계

지역사회 영양사는 설정된 목적과 목표를 바탕으로 중재 내용, 방법, 마케팅전략, 예상 참여자, 운영에 필요한 자원 등을 포함한 사업 계획안을 수립한다. 성공적인 사업 실행을 위해서는 대상자 선정 기준, 교육자료 개발, 평가 계획, 관련 법규 등을 철저히 검토해야 한다. 보건 및 행동 변화 중재에서 널리 사용되는 RE-AIM Reach, Effectiveness, Adoption, Implementation, and Maintenance 프레임워크는 지역사회 기반사업의 계획과 평가에 효과적으로 활용될 수 있다(**그림 8-3**). RE-AIM 프레임워크는 사업 계획 단계에서 목적과 목표 달성을 위해 중요하게 고려해야 할 다양한 질문을 **표 8-2**와 같이 제시한다.

표 8-2 RE-AIM 프레임워크의 항목별 질문 사례

항목	설명	주요 질문 예시
참여(Reach)	• 사업이 목표집단에 도달할 수 있는 범위와 영향력 • 사업에 참여하려는 대상자의 수, 비율, 대표성 및 참여 여부에 영향을 미치는 요인	• 사업의 대상은 누구이며, 어디에서 어떻게 모집할 것인가? • 참여자가 목표집단을 대표하는지 확인하는 방법은 무엇인가? • 목표집단 모집을 방해하는 요인은 무엇이며, 이를 해결할 방법은 무엇인가?
효과 (Effectiveness)	• 사업이 주요 결과에 미치는 영향: 잠재적인 부정적 영향, 삶의 질, 경제적 효과	• 목적 달성을 위해 어떤 지표(목표)를 측정해야 하는가? • 사업이 주요 성과를 달성할 가능성은 얼마나 되는가?
채택 (Adoption)	• 사업에 참여할 기관과 담당 직원의 수, 비율, 대표성	• 어떤 환경이나 조직(예: 학교, 직장, 병원, 지역사회 기관 등)을 대상으로 하는가? • 이들 중 몇 곳이 사업을 채택할 것으로 예상되는가? • 각 조직에서 몇 명의 직원이 사업을 채택할 것으로 예상되는가?
실행 (Implementation)	• 조직 차원: 사업 개발자가 제공한 계획을 얼마나 일관되게 준수하는지 • 개인 차원: 대상자가 사업에 얼마나 적극적으로 참여하는지	• 사업은 어떻게 제공될 예정인가? • 사업의 핵심 요소가 의도대로 제공될 가능성은 얼마나 되는가? • 예산, 시간, 기타 비용을 포함해 어떤 비용이 고려되어야 하는가?
유지 (Maintenance)	• 조직 차원: 사업이나 정책이 조직의 일상적인 관행과 정책으로 지속될 가능성 • 개인 차원: 사업 효과가 종료 후 6개월 이상 유지될 가능성	• 참여자에 대한 장기적인 추적 조사가 이루어질 것인가? • 참여조직이 사업을 지속할 의지가 있는가? • 사업이 참여자에게 장기적인 영향을 미칠 가능성은 얼마나 되는가?

주) RE-AIM 프레임워크의 모든 질문 목록과 체크리스트는 웹사이트에서 확인할 수 있음(www.re-aim.org)

출처: Glasgow RE, Estabrooks PE. Pragmatic Applications of RE-AIM for Health Care Initiatives in Community and Clinical Settings. 2018; Glasgow RE, Harden SM, Gaglio B, Rabin B, Smith ML, Porter GC, Ory MG, Estabrooks PA. RE-AIM Planning and Evaluation Framework: Adapting to New Science and Practice With a 20-Year Review. 2019.

그림 8-3 건강증진사업 계획 및 평가를 위한 RE-AIM 프레임워크

출처: Ory MG, Altpeter M, Belza B, Helduser J, Zhang C, Smith ML. Perceived Utility of the RE-AIM Framework for Health Promotion/Disease Prevention Initiatives for Older Adults: A Case Study from the U.S. Evidence-Based Disease Prevention Initiative. 2015.

1) 중재 방법 및 내용 계획

지역사회 영양사업의 중재 방법과 내용은 제6장에서 소개된 다양한 건강행동 이론과 모형을 바탕으로 계획할 수 있다. 중재전략intervention strategy은 개인, 지역사회, 그리고 조직/제도system를 대상으로 할 수 있으며, '조직'은 지역사회 구성원이 거주하고 근무하는 광범위한 환경을 의미한다(**표 8-3**). 조직 및 제도를 대상으로 한 중재는 주로 공공정책이나 기업, 학교 등의 정책 변화를 포함한다.

중재전략
사업의 목적과 목표를 달성하기 위한 전략

또한, 중재전략은 크게 인식 형성, 행동 변화, 지지적 환경 조성의 세 가지 수준으로 나눌 수 있다. 각각의 중재 수준은 독립적으로 실행될 수도 있고, 여러 수준이 결합되어 실행될 수도 있다. 각 수준에서의 중재는 개인을 대상으로 하거나 가정, 학교, 직장, 병원 등과 같은 소규모 그룹을 대상으로 할 수도 있다. 또한, 동일한 관심사를 가진 동호회, 종교모임 등과 같은 사회적 집단이나 시/군/구, 도/특별시/광역시, 국가 등의 대규모 지역사회까지도 대상이 될 수 있다.

1단계인 인식 형성build awareness은 건강 및 영양 관련 문제에 대한 인식을 증진시키는 데 초점을 맞춘다. 인식 형성은 태도 변화나 지식 증가에 효과적일 수 있으나, 실제 행동 변화로 이어지지 않는 경우가 많다. 우리나라 식품의약품안전처는 나트륨과 당류 섭취 저감화를 위한 범국민 캠페인을 지속적으로 실시하고 있으며, 2025년부터 매년 3월 31일을 '삼삼한 데이'로 지정하였다(**그림 8-4**). 미국 식품의약국FDA은 가임기 여성의 엽산 섭취 중요성을 알리기 위해 식품과 건강기능식품에서 엽산 함량을 표시하도록 했는데, 이는 제도적 중재의 좋은 예이다.

2단계는 생활습관 변화change lifestyles에 중점을 두며, 이는 과일과 채소 섭취 증가, 포화지방 및 나트륨 섭취 감소, 신체활동 증가, 절주/금주, 금연 등을 목표로 한다. 현재 지역사회 통합건강증진사업의 모바일 헬스케어사업은 ICT 기술을 활용한 보건소 기반의 공공형 건강관리 서비스로, 모바일 애플리케이션과 디바이스를 통해 식생활 관리, 운동 관리, 생활습관 관리 등 맞춤형 건강관리 서비스를 제공한다.

3단계는 지지적 환경 조성create a supportive environment으로, 개인의 행동 변화를 지원할 수 있는 환경을 만드는 것을 목표로 한다. 예를 들어, 직장 내 구내식당에서 식이섬유가 풍부한 음식을 제공한다면 체중 감량이나 혈중 총 콜레스테롤 농도를 낮추고자 하는 직원들이 건강한 음식을 선택하는 데 도움이 된다.

이러한 목표집단별 중재전략 사례는 **표 8-3**과 같다.

그림 8-4 식품의약품안전처 '삼삼한데이' 카드뉴스

출처: 대한민국정책브리핑. 3월 31일 삼삼한 데이. 2025.

표 8-3 목표집단별 적용 가능한 중재전략 사례

목표집단	중재 수준		
	1단계: 인식 형성	2단계: 행동 변화	3단계: 지지적 환경 조성
개인	• 캠페인/박람회 • 건강검진 • 전단지, 포스터, 브로슈어 • 인터넷 웹사이트 • 특별 행사	• 1 : 1 상담, 교육 • 소그룹 강의	• 직장 내 구내식당 프로그램 • 동료 리더십 형성 및 강화
지역사회	• 미디어(TV, SNS, 라디오 등) • 인터넷 웹사이트 • 특별 행사	• 학교 내 운동 프로그램 • 직장인을 위한 건강증진 프로그램	• 농산물 직거래 장터 지원 정책 • 식품표시 제공 및 확대 • 지역사회 내 건강음식 판매 식당 인증 • 직장 내 건강증진 프로그램을 수행하는 회사에 세제 혜택 제공
조직/제도	• 식품의 영양소 강화 표시 • 외식 메뉴 영양표시 확대 • 입법 및 제도화	• 근로자가 지역 내 운동시설 가입 및 이용 시 회사 인센티브 제공 • 지역사회 기반 건강 관련 조직 설립	• 학교 내 당류가 많은 간식과 가당음료 접근 제한 • 영양치료에 대한 의료보험 보장 확대 • 식품지원사업 참여 기회 확대 • 입법 및 제도화

2) 마케팅 계획 수립

지역사회 영양사는 영양사업의 참여자를 모집하고 지속적인 참여를 유도하기 위해 마케팅 계획을 수립해야 한다. 이를 위해 제6장에서 언급된 사회마케팅의 마케팅믹스Product, Price, Place, Promotion를 적절히 활용하여 전략을 마련할 수 있으며, 그 밖에 마케팅에 대한 자세한 내용은 제9장에서 다룬다.

3) 파트너십 구축

식료품점, 지역 농가, 소매업체, 정부기관, 비영리단체 등과의 협력은 사업 비용을 절감하고 프로그램의 도달 범위를 확대할 수 있는 효과적인 전략이다. 이를 위해 다음과 같은 다양한 기관 및 단체와의 협력 방안을 모색할 수 있다.

- 기업
- 협동조합
- 피트니스 및 레크리에이션 시설
- 식품회사
- 병의원, 보건소, 건강증진센터
- 식품 및 영양 지원 프로그램
- 비영리단체 및 시민단체
- 학부모, 종교단체 등
- 학교 및 대학교

4) 관리체계 개발

> **관리**
> 기획, 조직, 지도, 통제의 네 가지 핵심 기능을 수행하여 조직의 목적을 달성하는 과정

영양사업을 효과적으로 실행하기 위해서는 관리자가 필요하며, 관리management의 주요 기능은 기획planning, 조직organization, 지도leading, 통제controlling로 구성된다. 기획은 사업의 목적과 목표를 설정하고, 이를 효과적으로 달성하기 위한 전략을 수립하는 과정이다. 조직은 사업 수행에 필요한 인적 자원과 물적 자원을 확보하고 분배하는 것을 의미하며, 사업추진체계도(**그림 8-5**, **그림 8-6**)는 사업 수행과 관련 부서의 주요 기능, 부서 간 관계, 감독 체계, 권한 및 직위 등과 관련된 정보를 제공한다. 지도는 사업의 목적과 목표 달성을 위해 다른 사람들에게 영향을 미치는 과정으로, 사업 실행 인력에 동기를 부여하고 효과적인 의사소통이 중요한 과정이다. 통제는 조직 내 활동이 미리 설정된 기준과 목표에 부합하도록 조정하고 점검하는 것을 의미한다.

관리자는 목적 및 목표 달성을 위해 예산 및 자원, 사업 내용, 참여자 만족도 등이 적절하게 조정되도록 하는 관리체계를 개발해야 한다(**표 8-4**). 구체적으로 예산 사용 계획을 수립하고 관리해야 하며, 영양사업 참여자의 정보, 프로그램 참여율, 평가 결과 등의 자료를 체계적으로 기록하고 분석하는 방법에 대해서도 계획해야 한다.

그림 8-5 통합건강증진사업 추진체계 사례

출처: 한국건강증진개발원. 2025년 지역사회 통합건강증진사업 안내. 2025.

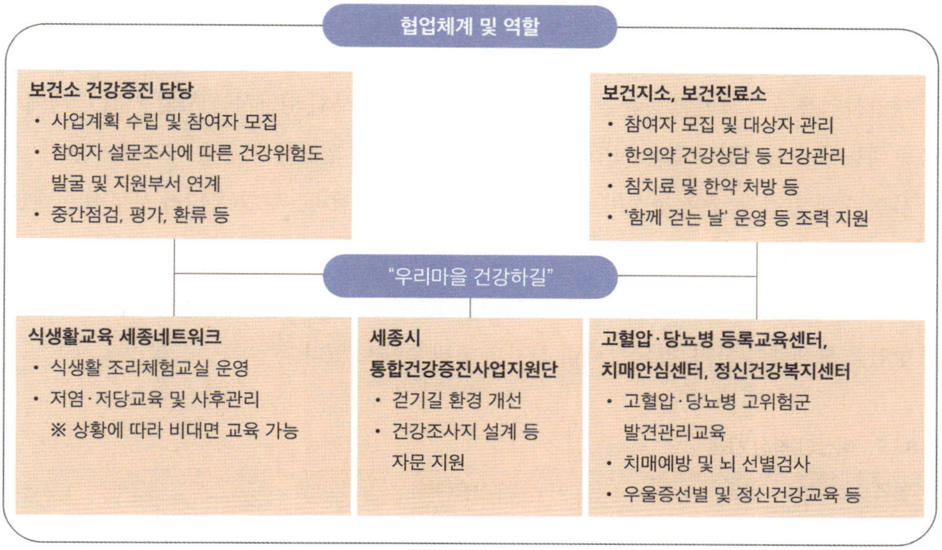

그림 8-6 세종특별자치시 "우리마을 건강하길" 사업추진체계 사례

출처: 한국건강증진개발원. 2024년 지역사회통합건강증진사업 우수사례. 2024.

표 8-4 영양사업 일정표 사례

사업내용	추진일정(월)											
	1	2	3	4	5	6	7	8	9	10	11	12
사업 계획 수립												
유관기관 간담회												
대상자 모집												
사전조사 실시												
사업 수행												
사후조사 실시												
자료 정리 및 분석												
보고서 작성 및 제출												

5) 예산 확보

영양사업을 수행하려면 충분한 예산이 필요하다. 지역사회 영양사는 사업 기획 단계에서 교육 내용이나 캠페인과 같은 사업 내용을 검토하고, 이에 필요한 비용을 산출해야 한다. 이때 사업 수행 인력의 급여, 출장비, 교육자료, 장비 등의 직접비용뿐만 아니라 사무실 임대료, 공과금 등과 같은 간접비용까지 고려해야 한다. 또한 확보된 예산을 바탕으로 집행 계획을 수립해야 한다(**표 8-5**). 만약 예산이 부족할 경우, 외부 기관의 지원을 받거나 추가적인 재원 확보 방안을 모색해야 하며, 필요에 따라 참가비를 받을 수도 있다.

표 8-5 예산안 작성 사례

항목	비목	산출내역	금액
인건비	책임자		
	팀장		
	팀원		
	합계		
사업비	강사료		
	자문비		
	교육자료 제작비		
	홍보물 제작비		
	재료 구입비		
	합계		
운영비	임차료		
	공공요금		
	사무용품비		
	인쇄비		
	출장비		
	합계		
일반관리비			
사업비 총액			

주) 예산지원기관에 따라 산정이 필요한 비목이 다를 수 있음

6) 평가 계획

지역사회 영양사업을 계획할 때에는 평가 계획도 함께 수립되어야 한다. 평가는 자원의 재배분, 사업의 내용 및 수행 방법의 조정 필요성, 사업의 지속 여부 등의 결정에 중요한 근거를 제공한다. 사업 평가의 일차적 목적은 관리자들이 프로그램 운영에 관련된 의사 결정을 지원하는 것이며, 평가 결과는 지역사회 구성원들에게 해당 사업의 성공 또는 실패에 대한 정보를 제공한다. 평가는 사업이 진행되는 과정에서도 이루어지므로, 평가의 내용과 방법은 사전에 명확히 계획되어야 한다. 사업 평가에 대한 보다 구체적인 내용은 제10장에서 다룬다.

7) 논리모형의 활용

논리모형Logic model은 지역사회 영양사업의 구성요소 간 관계를 체계적으로 정리하여 사업의 기획, 실행, 관리, 평가 과정에서 로드맵 역할을 한다(**그림 8-7**, **그림 8-8**). 이는 필요한 자원을 투입하여 계획된 활동을 수행하고, 이를 통해 의도한 산출물과 결과를 도출함으로써 사업의 궁극적인 목적을 달성하는 과정을 시각적으로 표현한 것이다.

논리모형의 주요 요소는 현황situation, 투입inputs, 활동activities, 산출outputs, 결과 및 영향outcomes, 영향요인influential factors으로 구성된다. 현황은 요구needs와 이용 가능한 자원을 포함하는 현재 상황을 의미하며, 일반적으로 요구가 자원보다 많으므로 우선순위를 선정하여 가장 시급한 요구를 식별하는 과정이 필요하다. 투입은 사업 수행을 위해 활용되는 자원으로 시간, 인적 · 물적 · 경제적 자원을 포함한다. 산출은 사업의 대상자에게 제공되는 교육, 상담, 캠페인 등의 활동과 대상자에게 도달하기 위해 개발된 정보지, TV 광고, 웹사이트 등의 결과물을 포함한다. 결과 및 영향은 사업이 대상집단이나 지역사회에 미치는 변화로, 사업의 궁극적인 목적을 반영한다.

영향요인은 가정assumptions과 외부요인external factors으로 구분한다. 가정은 사업의 목표 달성에 필요한 전제조건으로, 투입과 산출의 효과적인 연결을 전제로 한다. 예를 들어, 대상자의 학습 · 행동 변화 과정, 사업 운영 방식, 기대되는 결과, 자원 배분 양식, 유관기관과의 협력 체계 등이 이에 해당한다. 외부요인은 사업 외부에서 사업의 실행과 결과에 영향을 미칠 수 있는 환경 요소로 미디어, 경제 · 정치적 상황, 대상자의 인구사회학적 특성(문화, 종교, 직업 등) 등이 포함된다.

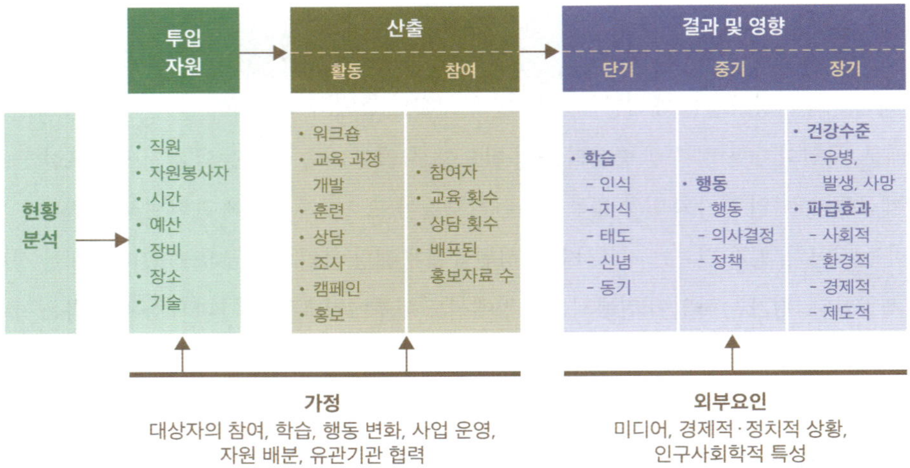

그림 8-7 논리모형

논리모형은 사업이 계획대로 진행되도록 지원하며, 목적 달성을 위한 전략적 도구로 활용될 수 있다. 따라서 논리모형을 정기적으로 업데이트하고 담당자들과 공유함으로써, 사업의 진행상황을 명확히 파악하고 모든 구성원이 자신의 역할이 목표 달성에 미치는 영향을 이해할 수 있다.

더 알아보기 8-3

논리모형의 역할

1. 기획 단계

- 영양사업의 구성요소들이 어떻게 조화를 이루는지 파악할 수 있다.
- 목적과 목표 달성에 사업전략이 어떻게 기여하는지 보여준다.
- 이해관계자 등이 영양사업을 쉽게 이해할 수 있도록 돕는 도구가 된다.

2. 실행 단계

- 사업이 계획대로 진행되고 있는지 평가하는 데 도움을 준다.

3. 평가 단계

- 사업의 세부활동을 목표와 연결하여 평가 계획 수립 시 청사진 역할을 한다.
- 실행 중인 영양사업의 평가 가능성을 분석하는 도구로 활용된다.

(계속)

• 영양사업의 성공 여부를 판단하는 지표 확인에 도움을 준다.
• 이해관계자 등이 평가 과정에 참여할 수 있는 출발점이 된다.

출처: 정효지, 김복희, 송윤주, 이정은. 보건영양학. 양서원. 2013.

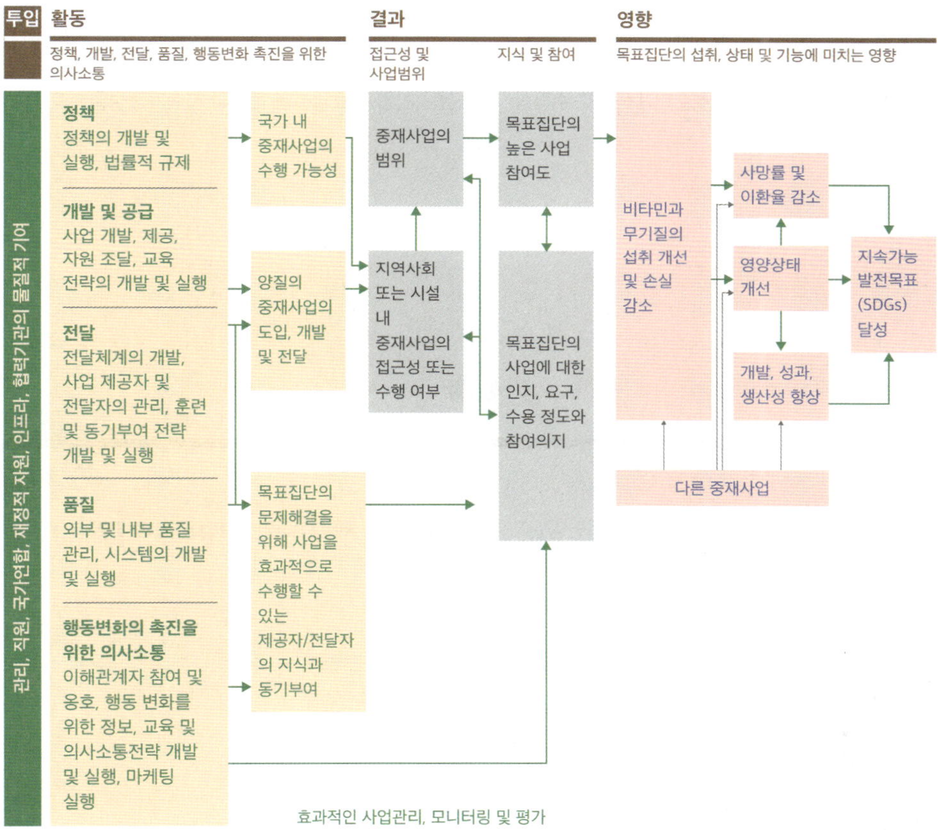

그림 8-8 WHO의 미량영양소 섭취 개선사업을 위한 논리모형

출처: World Health Organization. Logic model for micronutrient interventions in public health: Vitamin and Mineral Nutrition Information System. 2016.

요약

1. 지역사회 영양사업의 설계는 목적과 목표 설정에서 시작되며, 이는 사업의 방향성과 평가 계획 수립에 핵심적인 역할을 함. 목적은 사업의 장기적인 성과를 제시하는 포괄적인 진술이고, 목표는 이를 달성하기 위한 구체적이고 단기적인 변화를 구체적으로 명시한 것임

2. 지역사회 영양사는 목적과 목표를 토대로 중재 내용 및 방법, 마케팅전략, 파트너십 구축, 관리체계 개발, 예산 확보, 평가 계획 등을 단계적으로 수립함. 각 과정은 사업의 효과적인 운영과 지속가능성을 높이기 위한 기반이 됨

활동

제7장에서의 활동과 연계하여 지역사회의 영양문제를 개선하기 위한 지역사회 영양사업을 기획해보자.

사업 계획안 예시

지역사회	
영양문제	
결정요인	
목적	문제의 변화에 대해 작성
목표	주요 결정요인의 변화에 대해 SMART 원칙에 따라 작성
대상집단	사업에 참여할 대상자를 구체화하여 작성
중재전략	개인, 지역사회, 조직/제도 수준에서의 전략을 작성(예: 영양교육, 캠페인, 보조식품/보조금 지원 등)

CHAPTER 09

지역사회 영양사업의 실행

지역사회 영양사업의 계획이 잘 수립되었더라도, 사업이 실행되지 않거나, 계획대로 이루어지지 않으면 지역사회 구성원의 식생활에 긍정적인 영향을 미칠 수 없다. 이 장에서는 사업의 실행의 개념, 사업 실행의 촉진요인과 장애요인, 사업 실행 계획의 수립 방법에 대해 살펴본다.

학 습 목 표

1 지역사회 영양사업 실행에 대해 이해할 수 있다.
2 지역사회 영양사업 실행의 촉진요인과 장애요인을 이해하고, 대응 방안을 마련할 수 있다.
3 지역사회 영양사업 실행 계획을 수립할 수 있다.

1. 사업의 실행

1) 실행의 정의

사업 실행은 계획에 따라 사업을 대상자에게 시행하여 의도한 목표와 목적을 달성하는 과정이다. 광의의 사업 실행은 계획한 사업을 실행할 운영 조직의 편성부터, 사업 홍보, 대상자 모집, 사업 시행, 결과 정리, 평가, 결과 보고서 작성까지 전 과정을 포함한다. 협의의 사업 실행은 사업활동이 직접 전개되는 과정이다.

사업의 효과는 사업의 결과만으로 판단되는 것이 아니라 사업 실행의 질과 사업의 대상이 얼마나 사업에 참여했는지에 의해 판단할 수 있다. 실행 과정은 사업의 효과와 성공 여부를 결정짓는 핵심이다.

사업 실행은 계획된 사업을 실제 현장에 적용하는 과정으로, 특정 건강 결과를 달성하기 위해 계획한 전략, 활동 및 개입을 체계적인 방식으로 수행하는 것이다. 사업 실행은 과학적 근거와 이론을 바탕으로 사업이 어떻게 수행될지에 대한 것이 아니라, '실제 현장'에서 사업이 어떻게 수행되는지를 의미한다. 즉, 사업 실행은 사업을 기획하기 위해 활용한 과학적 근거와 이론을 실제 상황, 가용 자원, 대상자의 요구도를 반영하여 현장에 적용하는 과정을 포함한다.

2) 실행의 요소

사업 실행과 관련된 대표적인 여덟 가지 요소는 다음과 같다.

(1) 충실도(fidelity)

충실도는 계획한 대로 사업이 실행된 정도를 의미하며, 사업 실행 과정이 계획한 사업의 설계, 진행 과정, 핵심 구성요소를 얼마나 준수하는지와 관련 있다. 사업 실행의 충실도가 높을수록 사업의 필수 요소가 유지된다는 것을 의미하며, 이는 원하는 결과를 달성하는 데 중요하다.

(2) 질(quality)

사업 실행의 질은 사업 구성요소가 얼마나 잘 전달되는지에 중점을 둔다. 사업 실행 관계자의 기술, 실행 방법의 효과성, 사업 실행의 전반적인 수준을 포함한다. 양질의 실행은 사업의 효과를 높일 수 있다.

(3) 양(dosage)

사업활동의 빈도, 기간, 강도 등 사업 참여자가 받는 중재의 양을 의미한다. 사업이 의도한 결과를 나타내기 위해서는 사업 참여자가 중재 활동에 충분히 노출되도록 해야 한다.

(4) 조정(adaptation)

조정은 사업을 실제로 수행할 특정 상황, 문화 또는 대상 집단의 요구도에 적합하게 사업 계획과 세부 요소를 수정하는 것이다. 사업의 핵심 요소를 유지하는 충실도도 중요하지만, 적절한 조정은 다양한 환경에서 사업이 성공적으로 시행되고, 그 효과를 높이는 데 기여한다. 따라서 사업의 성공적인 실행을 위해서는 충실도와 조정 간의 균형을 고려해야 한다.

(5) 참여도(participant engagement)

사업의 대상이 사업에 얼마나 반응하고 참여하는지에 중점을 둔다. 사업 참여율(출석률), 적극적인 참여도, 사업에 대한 열의 등을 포함한다. 높은 수준의 참여도는 대상자의 사업 수용성을 반영한다.

(6) 도달도(reach)

사업이 의도한 대상에게 도달하는 정도이다. 사업에 참여하는 개인, 집단, 조직을 모집하려는 노력, 사업 시작 후 참여자가 지속적으로 사업활동에 참여하도록 하는 노력이 도달도에 영향을 미친다. 사업 참여자 중 목표집단의 비율을 증대시켜서 사업의 도달 범위를 확대하는 것은 사업의 효과 증진을 위해 중요하다.

(7) 사업 차별화(program differentiation)

사업 차별화는 유사한 사업이나 기존의 일반적인 활동과 구별되는 사업의 고유한 구성요소를 식별하는 것이다. 이는 사업의 효과에 기여하는 특정 요소를 이해하는 데 중요하다.

(8) 대조군 모니터링(monitoring control or comparison conditions)

사업의 비참여자인 대조군(비교군)의 환경과 상태를 추적하는 활동이다. 대조군 모니터링을 통해 사업 참여자의 변화가 사업 이외의 요인으로 인한 결과인지, 실제 사업의 효과인지 확인할 수 있다. 대조군 모니터링은 사업의 효과를 평가하기 위해 필수적이다.

사업 실행 요소에 대한 이해는 사업의 성공 또는 실패에 기여하는 요인을 파악하고, 사업 실행의 장애요인에 사전에 대응할 수 있도록 한다. 따라서 이러한 사업 실행 요소를 고려한 사업의 실행은 지역사회 영양사업의 목표를 달성할 가능성을 높일 수 있다.

3) 사업 실행의 원칙

지역사회 영양사업이 목표를 달성할 가능성을 높이고, 효과적인 중재를 지속할 수 있도록 다음의 원칙을 준수하여 사업을 실행해야 한다.

- **체계적 실행** 실행은 임시방편이나 즉흥적으로 이루어지는 것이 아니라 계획된 활동을 체계적으로 수행해야 한다.
- **근거 기반 실행** 사업 계획 시 활용한 이론적 프레임워크 또는 사업 수행 상황에 맞게 적용된 근거 기반의 전략을 바탕으로 실행해야 한다.
- **맥락에 적합한 적용** 사업의 성공적인 실행을 위해서는 사업 수행과 관련된 환경적 요인, 가용 자원, 대상 인구의 특성을 고려해야 한다. 특히 사업의 효과에 영향을 미칠 수 있는 문화·사회·경제적 요인을 고려하여 사업을 수행하는 맥락에 맞도록 실행해야 한다.
- **이해관계자 참여** 사업의 실행에는 사업 운영 관계자뿐만 아니라 사업 대상자, 지역사회 단체, 보건의료서비스 제공자, 정책 관계자 등 다양한 이해관계자가 참여할 수 있다. 사

업 실행 과정에 이해관계자가 참여함으로써 사업의 관련성, 수용성, 지속가능성을 높일 수 있다.

- **역량 강화** 사업 실행은 그에 관여하는 개인과 조직의 역량 강화에 초점을 맞춰야 한다. 사업의 장기적 성공을 위한 직원 교육, 리더십 훈련, 조직 역량 강화 등이 필요하다.
- **지속적인 모니터링 및 평가** 사업 실행 과정을 지속적으로 모니터링하고, 그 과정과 결과를 평가한다. 평가를 바탕으로 실행전략을 적절히 조정하여 사업의 충실한 실행과 효과성을 보장한다(평가에 대한 자세한 내용은 제10장 참고).
- **현지 지식과 관행의 통합** 사업을 성공적으로 실행하기 위해서는 설계 및 수행 단계에서 해당 지역 또는 대상자의 고유의 지식, 가치, 문화, 관행을 통합하는 것이 필요하다. 특히 문화적으로 다양한 배경을 지닌 참여자를 포함하거나, 고유의 전통이 있는 지역사회 구성원을 대상으로 할 경우 현지 지식과 관행을 고려하는 것이 중요하다.
- **지속가능성 계획** 사업 실행은 사업의 장기적인 지속가능성을 고려하여 이루어져야 한다. 지속가능성을 확보하기 위한 전략은 사업활동을 지속하기 위한 방안, 예산 확보 방안, 지역사회의 주인의식 개발 등을 포함해야 한다.
- **유연성** 사업의 효과적인 실행을 위해서는 변화하는 상황과 예상치 못한 문제에 대응할 수 있는 능력이 필요하다. 사업을 계획대로 수행하기 어려운 경우, 현장 상황에 적합하게 조정할 수 있도록 유연하게 설계되어야 한다.
- **형평성 및 포용성** 사업의 실행은 형평성과 포용성을 우선시해야 한다. 지역사회 영양사업이 소외된 사람들을 포함한 모든 목표집단에 도달하여 실질적인 혜택을 줄 수 있도록 해야 한다.
- **근거 기반 의사결정** 사업 실행과 관련한 의사결정은 연구 결과, 성공 사례, 현장 자료 등의 명확한 근거에 기반하여 이루어져야 한다.

2. 사업 실행의 촉진요인과 장애요인

근거에 기반하여 잘 설계된 사업일지라도 실제로 실행할 때는 여러 가지 장애요인에 의해 실행이 어려울 수 있다. 또한 사업 실행을 촉진하는 여러 요인도 존재한다. 따라서 사업의 성공적인 실행을 위해서는 사전에 사업 실행의 촉진요인과 장애요인을 파악하고, 촉진요인을 강화하며, 장애요인에 대응할 수 있도록 해야 한다.

사업 실행의 촉진요인과 장애요인은 요구도 평가 결과, 선행연구, 계획한 사업과 목적, 내용, 대상 인구집단, 대상 지역에서 수행한 유사한 사업의 실행 경험 등을 통해 파악할 수 있다. 사업 실행 계획은 장애요인이 사업 실행에 미치는 영향을 예상하고, 장애요인을 감소시킬 수 있는 전략을 포함해야 한다. 사업 실행 과정 동안 실행의 장애요인을 지속적으로 평가하여 실행전략을 수정해야 한다. 사업 실행의 촉진요인과 장애요인은 사업 계획 및 수행, 자원 활용, 사업 실행 인력, 지역사회 구성원 및 이해관계자와 관련이 있다.

1) 사업 계획 및 수행 관련 요인

사업을 표준화된 방식으로 수행하기 위해서는 사업 계획을 구체적으로 작성해야 한다. 특히 사업을 실행하는 기관이나 담당자가 복수일 경우, 구체적인 사업 계획이 더욱 중요하다. 그러나 사업 계획에 유연성이 부족하여 대상자나 사업 환경에 맞춰서 조정하기 어렵다면 오히려 실행의 장애요인이 될 수 있다. 반면 사업 계획의 유연성 및 조정 가능성은 실행의 촉진요인이 될 수 있다. 예를 들어, 다양한 생애주기의 대상에게 동일하게 오전 10시에 대면 식생활 교육을 수행하기로 계획한다면, 학생이나 직장인은 참여할 수 없을 것이다. 그러나 비대면 교육을 허용하거나, 저녁 시간에도 교육을 한다면 보다 많은 사람들이 참여할 수 있을 것이다.

사업의 효과를 높이기 위해 다양한 활동을 포함하는 경우가 있지만, 사업의 복잡성은 수행의 장애요인이다. 또한 지역사회 영양사업, 특히 복잡한 활동을 포함한 사업을 수행하기 위해서는 여러 이해관계자와의 협력이 필요하다. 이때 협력의 필요성과 중요성을 간과하여 협력 방안을 사전에 준비하지 않은 경우, 사업을 원활히 수행하기 어렵다.

실행하고자 하는 사업의 효과에 대한 근거 역시 촉진 또는 장애요인이 될 수 있다. 사업의 효과성이 높은 것으로 알려진 사업은 관계자, 조직, 참여자의 지지를 받을 수 있다. 반면, 효과성에 대한 근거가 부족한 사업은 실행을 위한 자원 확보가 어려울 수 있다. 이와 함께 사업을 시행하는 시기도 중요하다. 예를 들어, 비만에 대해 관심도가 높은 시기에 비만 예방을 위한 건강 식생활사업을 수행하면 보다 수월할 것이다. 반면, 정부 및 조직에서 식생활사업에 대한 우선순위가 낮은 시기에 새로운 식생활사업을 수행하는 것은 계획 단계부터 여러 장애요인에 직면할 수 있다.

시행하고자 하는 새로운 사업이 조직의 목적과 기능에 적합하거나 기존의 활동에 통합할 수 있는 경우 사업의 수용성이 높아진다. 예를 들어, 영양교사가 정기적으로 영양교육을 수행하는 초등학교에 가당음료 섭취 감소 교육을 추가하는 것은 어렵지 않을 것이다.

사업 계획 단계에서 참여자 모집 및 지속적인 참여를 위한 전략을 수립하지 않은 경우, 참여자 모집에 어려움을 겪고, 중도탈락이 많아 사업을 계획한대로 실행하기 어렵다. 이 외에도 사업을 실행하는 장소에 대한 지리적 접근성 역시 사업 실행의 촉진 또는 장애요인으로 작용할 수 있다.

2) 자원 및 인력 관련 요인

사업을 실행하기 위해서는 인력, 시설, 예산, 장비 등 여러 자원이 필요하다. 기존에 해당 자원을 보유하고 있다면 사업을 원활히 실행할 수 있지만, 자원 가용성이 부족할 경우 사업 실행이 어려울 것이다. 또한 비용과 시간 측면에서 효율적으로 이용할 수 있는 자원을 보유한 경우 사업 실행을 촉진할 수 있다.

사업을 실행하는 인력의 기술, 역량, 관심, 헌신은 사업 실행에 영향을 미친다. 사업 실행을 담당하는 사람들이 실행을 위해 필요한 기술과 지식을 지니고, 맡은 역할을 명확히 이해하고, 사업 수행에 전념할 때, 사업 실행을 촉진할 수 있다. 반대로 사업 담당자의 과도한 업무부담과 여러 업무 수행은 사업의 원활한 수행을 어렵게 한다. 특히 사업의 구성요소가 다양하고 복합적인 경우, 사업 담당자의 부족한 기술이나 지식은 더욱 큰 장애요인으로 작용한다. 그 외에도 사업 담당자가 업무에서 보람을 느끼고 대상 인구집단 및 참여자와 긍정적인 관계를 형성한다면 이는 사업 시행의 촉진요인이 된다.

3) 지역사회 구성원, 이해관계자 관련 요인

조직의 리더와 의사결정에 중요한 역할을 하는 사람들의 지지와 관심, 적극적인 참여는 사업 실행을 촉진할 수 있다. 반면 사업 실행이 조직 내에서 우선순위가 낮거나, 사업 도입에 대한 관심이 적은 경우, 사업의 목표가 해당 지역사회나 조직에서 중요한 가치로 인식되지 않으므로 사업 실행의 장애요인이 된다. 또한 사업 수행팀, 협력 파트너, 이해관계자 간의 효율적인 의사소통은 사업 실행의 촉진요인이며, 비효율적인 의사소통은 장애요인이다.

사업의 대상 인구집단과 이해관계자의 사업 계획, 실행, 평가 과정 참여는 사업의 성공적인 실행에 영향을 미친다. 사업 계획 과정에 대상 인구집단이 참여함으로써 사업에 대한 관심과 지지를 증진시킬 수 있으며, 이는 사업 실행 촉진으로 이어질 수 있다. 그러나 대상 인구집단과 이해관계자의 낮은 참여도는 사업에 대한 이해, 관심, 지지 부족으로 이어질 수 있어 사업 실행의 장애요인이 될 수 있다. 이와 함께 사업 참여로부터 느낄 수 있는 보람 역시 사업 실행을 촉진할 수 있다(**표 9-1**).

표 9-1 지역사회 영양사업 실행의 촉진요인과 장애요인

구분	촉진요인	장애요인
사업 계획 및 수행 관련 요인	• 실행 계획의 유연성 • 원활한 협력 • 사업의 효과가 알려진 사업(근거 기반) • 정책적 관심 • 잘 설계된 사업 계획	• 실행 계획의 유연성 부족 • 사업의 복잡성 • 협력 계획 미비 • 사업 효과성 근거 부족 • 정책 우선순위가 낮음 • 사업 계획 미비 • 사업 장소의 접근성 부족
자원 및 인력 관련 요인	• 충분한 인력, 시설, 예산, 장비 확보 • 담당 인력의 충분한 기술과 지식 수준 • 담당 인력과 사업 참여자 간 긍정적 관계 형성	• 자원 가용성 부족 • 예산 부족 또는 확보 실패 • 담당자의 전문성 부족 • 담당자의 업무 부담
지역사회 구성원, 이해관계자 관련 요인	• 조직/지역사회 의사결정자의 관심과 지지 • 효율적 의사소통 • 사업 대상 인구집단의 사업 전 과정 참여	• 주요 의사결정자의 무관심 • 비효율적 의사소통 • 사업 대상 인구집단과 이해관계자의 낮은 참여도

지역사회 영양사업 실행의 촉진요인을 강화하고, 장애요인을 줄이기 위해서는 지역사회와 협력이 중요하다. 지역사회에서 기존에 제공되고 있는 유사한 사업과 자원을 파악하여, 사업의 중복을 예방하고 기존 자원을 활용할 수 있도록 해야 한다. 또한 지역사회 차원의 지지는 구성원의 사업 참여를 독려할 수 있다. 사업 개발 및 실행 측면에서는 근거 기반의 사업 전략을 개발·수행하여 사업의 효과를 보장할 수 있도록 해야 한다. 또한 사업전략의 표준화

를 통해 실행의 질을 보장함과 동시에 유연하게 변경이 가능하도록 하고, 수행이 어려운 복잡성을 지양하며, 평가 결과를 지속적으로 환류하여 실행의 장애요인을 개선하려는 노력이 필요하다.

3. 사업 실행 계획의 수립

사업의 성공적인 실행을 위해서는 구체적인 실행 계획을 수립하는 것이 필수적이다. 실행 계획에는 누가Who, 언제When, 어디에서Where, 무엇을What, 왜Why, 어떻게How 사업을 실행할지에 대한 5W1H가 포함되어야 한다. 또한 사업 실행을 위한 자원 확보 방안, 실행 단계별 구체적인 목표와 일정, 실행의 잠재적인 장애요인과 촉진요인에 대한 평가와 대응 방안, 사업에 관여하는 모든 이해관계자의 역할과 책임 범위 등이 실행 계획에 포함되어야 한다.

1) 실행 계획 수립 시 고려사항

(1) 누가 사업을 실행하는가

사업을 주최하고 주관한 조직 및 개인, 사업 실행을 준비하는 사람, 사업을 실질적으로 수행할 담당자, 자원봉사자, 외부 전문가 등을 나열하고 역할을 분배한다.

(2) 언제 사업을 실행하는가

사업의 시작 시점, 실행 기간 및 대상자 모집, 홍보, 평가 일정 등을 설정한다. 사업 실행 시기는 사업 참여자 모집과 수행에 영향을 미칠 수 있다. 예를 들어, 농산물 재배와 수확을 체험하는 사업은 겨울에 수행하기 어렵다. 또한 학교에서 학생을 대상으로 하는 사업을 방학 중에 실시한다면, 학생 참여도가 낮을 수 있다.

(3) 어디에서 사업을 실행하는가

사업의 활동을 고려하여 사업 수행을 위해 가장 적합한 장소와 해당 장소를 활용하지 못할 경우 차선으로 활용할 수 있는 장소를 설정한다. 각 장소의 특징, 가용자원, 장소 활용을 위해 필요한 비용 등의 정보를 고려하여 사업 실행 장소를 정한다.

(4) 무엇을 실행하는가

사업의 활동별 실행 내용을 설정한다. 예를 들어, 12주 동안 수행하는 영양교육이라면 각 주차별 교육 주제와 핵심 내용, 수행활동 등을 정한다.

(5) 왜 사업을 실행하는가

수행하고자 하는 지역사회 영양사업의 목적과 목표가 실행 계획에 반영되어 있는지 점검한다.

(6) 어떻게 사업을 실행하는가

사업의 구조와 수행 절차, 사업 수행을 위해 활용할 자원(예: 예산, 인력, 기타 물적 자원 등)을 정한다. 또한 사업 홍보와 참여자 모집 방안, 각 활동을 수행하기 위한 방법을 구체화한다.

2) 참여자 모집 및 유지전략

지역사회 영양사업의 참여자가 없거나, 너무 적거나, 중도탈락자가 많다면 사업의 목표를 달성할 수 없다. 그러므로 사업 실행 계획에 참여자를 모집하고 유지하는 전략을 포함해야 한다.

(1) 참여자 모집전략

참여자 모집은 지역사회 영양사업의 대상 인구집단 중 실제로 사업에 참여할 사람을 찾는 과정이다. 지역사회 내 다양한 집단 중 목표집단의 사업 참여를 유도하기 위하여, 대상 집단의 특성을 고려한 모집전략이 필요하다.

- **목표집단 특성 파악** 목표집단의 인구사회학적 특성, 문화, 가치관, 지리적 분포, 요구도 등에 대해 명확히 기술하고, 사업이 대상 집단과 관련성이 있는지 확인한다. 대상 집단의 사업 참여 장애요인을 파악하고 대응전략을 마련한다. 장애요인은 교통 문제, 학업, 육아 등으로 인한 시간 제약, 부정적인 경험, 사업의 혜택(예: 건강한 식생활)에 대한 인식 부족 등을 포함한다.
- **적절한 모집 매체 활용** 전단지, 뉴스레터, 신문기사, 라디오나 TV 광고, 전화 통화, 이메일, 온라인 커뮤니티, 소셜 미디어 등의 다양한 매체 중 대상 인구집단의 이용도가 높고, 문화적·언어적으로 적합한 매체를 모집 홍보 수단으로 활용한다.
- **전략적인 마케팅** 사업 홍보 시 사업 참여의 장점을 강조한다. 대상 인구집단과 관련 있는 다양한 커뮤니티(조직, 주요 인물 등)와 긍정적 관계를 형성하고, 이들을 통해 사업이 홍보될 수 있도록 한다. 예를 들어, 주민자치회 임원, 학생 동아리 회장, 인플루언서 등을 통해 사업을 여러 사람에게 홍보할 수 있다. 또한 여러 조직과 협력체계를 구축하여 적절한 대상자에게 사업을 추천하고, 연계할 수 있도록 한다.
- **참여 독려 방안** 참여자 모집을 위한 자료와 메시지가 눈에 잘 띌 수 있도록 개발한다. 사업 참여에 대한 인센티브를 제공하여 참여 동기를 부여할 수도 있다. 또한 대상 집단의 관심사를 반영한 사업 내용과 방법을 강조한다.
- **유연한 전략 수정** 대상자 모집전략의 효과를 평가하고 필요한 경우 수정한다.

(2) 참여자 유지전략

유지retention는 사업 참여자가 사업 종료 시점까지 지속적으로 참여하는 것을 의미한다. 모집 과정을 통해 사업에 참여한 사람들은 여러 가지 이유로 사업 종료까지 참여하지 못하고 중도에 탈락할 수 있다. 일회성이 아닌 반복적인 참여가 요구되는 지역사회 영양사업은 참여자가 여러 활동에 참여해야 그 효과가 나타날 수 있다. 따라서 참여자가 사업의 많은 활동에 참여하고, 사업 종료 전에 탈락하지 않도록 하기 위한 유지전략이 필요하다.

- **참여자의 흥미와 동기 유발** 참여자가 흥미를 가질 수 있는 활동을 포함하고, 사업 참여에 대한 인센티브를 제공한다. 이때 금전적 보상뿐만 아니라 다른 사업의 참여 기회 제공,

역량 개발, 내적 성취감 향상 등도 인센티브로 작용할 수 있다. 또한 사업활동을 통해 참여자 간, 참여자-사업 관계자 간 사회적 지지를 제공할 수 있도록 하여 지속적인 참여를 독려할 수 있다.

- **지속 참여의 장애요인 제거** 사업 참여의 장애요인에 대응하여 지속적인 참여를 유도할 수 있다. 예를 들어, 접근성 좋은 위치에서 사업을 수행하거나, 사업 참여를 위한 교통수단 제공, 아이돌봄 서비스 제공, 사업 운영 시간 조정 등으로 사업 참여 장애요인을 줄일 수 있다.
- **사업 실행 담당자 교육** 사업을 실행하는 담당자의 지식, 기술과 사업과 참여자에 대한 태도는 참여자 유지에 영향을 미칠 수 있다. 사업 실행 담당자의 비효율적인 사업 진행은 대상자의 만족도 감소로 이어질 수 있으며, 대상자의 중도탈락률이 증가하게 된다. 또한 담당자가 사업 참여자에 대한 부정적인 인식이나 편견이 있는 경우 사업 실행 과정뿐만 아니라 참여자와의 상호작용에서 부정적인 결과가 나타날 수 있다. 그러므로 사업 실행 담당자가 사업을 적절히 수행하고, 참여자와 긍정적인 상호작용을 할 수 있도록 역량을 개발할 수 있는 교육·훈련을 제공해야 한다.
- **지속적인 평가** 사업 참여자가 사업 참여를 결정하고, 지속적으로 참여하고, 사업에서 이탈하는 원인을 파악하기 위한 지속적인 평가가 필요하다. 예를 들어, 사업 시행 단계별 만족도 조사, 사업 이탈자 대상 면담, 실행 담당자와 참여자 대상 정기적인 소통을 통해 사업에 대한 의견을 수렴할 수 있다. 이러한 참여자 피드백을 반영하여 사업활동, 실행 전략 등을 수정하고, 사업활동의 유연성과 다양성을 보장해야 한다.

더 알아보기 9-1

완전 실행과 허용 수준의 실행

자원 부족, 현장의 변동성, 예상치 못한 문제 발생 등 다양한 이유로 인해 사업의 모든 요소를 계획대로 수행하는 것은 쉽지 않다. 만약 사업의 모든 요소를 계획대로 실행했을 때만 사업이 실행되었다고 평가한다면 대부분의 사업은 성공적으로 실행하지 못한 것으로 평가될 것이다.

사업 계획 단계에서 완전 실행(complete implementation)과 허용 수준의 실행(acceptable implementation)을 정의하고, 사업 실행 과정의 모니터링과 평가에 활용할 수 있다.

완전 실행은 사업의 구성요소와 내용, 활동, 실행 방법 등을 수정하거나 누락하지 않고 원래 계획에 따라 정확히 실행하는 것이다. 사업이 근거에 기반하고, 대상자의 요구도와 필요도를 고려하여 기획되었다면,

(계속)

완전 실행은 사업의 목적과 목표 달성을 촉진할 수 있다.

허용 수준의 실행은 사업 참여자, 실행 담당자, 예산 지원기관 등 이해관계자의 요구도를 충족시키고, 실제 현장에 적합하도록 기존의 사업 계획을 조정하는 것이다. 허용 수준의 실행은 사업 계획 당시 활용한 이론이나 개념적 틀을 반영하면서 사업의 목적과 목표를 달성하는 데 적절한 실행의 정도를 기준으로 정할 수 있다. 예를 들어, 직장 내 건강한 식생활 환경 조성을 위한 사업에서 계획한 대상자 모집 목표는 100명이지만, 80명만 참여해도 사업 목표를 달성할 수 있다면 80명 이상 참여하는 것을 허용 수준의 실행으로 간주할 수 있다. 참여자의 수뿐만 아니라 참여자의 출석률, 중도탈락률, 사업 시행 횟수, 기간, 활용 자원 등에 대해 허용 수준의 기준을 설정할 수 있다.

일반적으로 사업의 다양한 활동을 필수활동과 선택활동으로 나누어 완전 실행 여부를 결정한다. 사업의 필수활동을 계획에 따라 모두 수행한 경우 완전 실행, 사업 필수활동의 일부분만을 선택적으로 수행한 경우, 수행의 양과 질에 따라 허용 수준의 실행 또는 부적절한 실행으로 구분한다.

4. 사업 실행 관리

1) 자원 관리

(1) 인력

사업 실행을 위한 인력 자원은 사업의 전반적인 운영에 직접적으로 관여하는 관계자와 함께 실행에만 관여하는 사람(예: 영양교육 수행을 위한 외부 초빙 강사), 자원봉사자 등을 포함한다. 지역사회 영양사업은 주로 여러 명이 한 팀을 이루거나 여러 기관이 협력하여 실행하므로 각 기관 및 담당자의 전문성과 사업 내용의 친숙도를 고려하여 명확한 역할 분담이 필요하다. 내외부 인력 자원의 이름과 소속기관, 전문성, 연락처 등을 포함한 인력 목록을 작성하여 역할 분담 및 운영인력 구성 시 활용할 수 있다(**표 9-2**).

강사, 자원봉사자 등의 외부 인력은 사전에 자격 기준을 설정하여 모집해야 한다. 외부 인력의 경우 사업 계획 과정에 참여하지 않아 사업의 필요성과 목적, 목표에 친숙하지 않을 수 있다. 사업 수행을 하는 모든 인력이 공통의 목표를 가지고 일관성 있게 사업을 수행할 수 있도록 사업에 대한 충분한 설명을 제공해야 하며, 필요한 경우 교육, 훈련을 제공한다. 또한 외부 인력이 담당하는 사업의 내용도 사업 목표를 명확히 반영할 수 있도록 사전에 강의나 활동

내용의 조율이 필요하다. 사업 담당자가 외부 인력의 활동을 모니터링하고, 참여자로부터 의견을 수렴하여 외부 인력 활동을 평가할 수 있다.

표 9-2 사업추진 인력 목록 작성 예시

연번	성명	직급	자격 내용	담당 업무	전화번호	이메일
1	김영양	보건직 7급	임상영양사	사업 총괄 영양상담	02-000-0000 010-0000-0000	nutrition@oo.oo
2	최건강	시간제근로자	영양사	영양교육 영양상담	02-000-0000 010-0000-0000	health@oo.oo
3	이영희	민간위탁인력 (OOO회사)	보건교육사	자원 관리, 사업 일정 조정	010-0000-0000	eat@oo.oo
4	박철수	공중보건의	의사	질환 교육	02-000-0000 010-0000-0000	doc@oo.oo
5	홍길동	자원봉사자	-	대상자 연락, 참여 확인	010-0000-0000	hong@oo.oo

(2) 시설 및 장비

사업 실행을 위해 필요한 장소는 참여자 수, 사업활동의 종류, 접근성 등을 고려하여 마련해야 한다. 장소 내 책상, 의자, 실습대 등 가구의 배치, 냉난방시설, 시청각시설, 컴퓨터 연결 등을 사전에 준비하고, 기기가 작동하지 않을 경우를 대비해야 한다. 교재, 보조자료, 실습 물품 등은 참여자 수보다 약간 넉넉하게 준비하여 물품 분실 및 파손으로 인해 사업 수행에 지장을 주지 않도록 한다. 또한 시설과 장비 목록을 만들어 관리하는 것이 좋다.

(3) 예산

사업 계획 당시 확보한 예산은 실제로 사업을 실행하는 과정에서 계획과 다르게 사용될 가능성이 있다. 예를 들어, 예상보다 많은 인원이 사업에 참여하여 교재와 실습 도구 구매 비용이 증가할 수 있다. 예산의 효율적인 사용과 지출 관리를 위해 구체적인 사업 실행 계획에 따라 예산 집행 계획을 수립하고, 예산 배분의 우선순위를 정해야 한다. 사업 예산은 인건비, 운영비, 장비 구입비 등 항목별로 구분하여 관리하고 정기적인 모니터링을 통해 초과 집행이나 미집행을 발견하고 대응해야 한다. 모든 예산 관련 활동은 문서화하고, 내부 감사를 통해 예산 집행의 적절성을 평가하고, 피드백을 통해 예산 집행 활동을 개선해야 한다.

2) 참여자 관리

사업 참여자 관리는 대상자 모집 과정부터 시작된다. 참여자가 사업에 대해 명확히 이해하고, 자발적으로 참여할 수 있도록 모집 과정에서 사업에 대해 충분히 설명해야 한다. 사업 참여를 통해 참여자가 얻을 수 있는 혜택과 발생 가능한 부정적 결과를 이해하기 쉽도록 안내해야 한다. 사업 대상자 선정 기준이 있다면, 대상자의 자격 요건을 파악하기 위해 필요한 정보를 사전에 요청하고 검증해야 한다. 또한 사업 실행 중 참여자의 자격 요건이 변경되는지를 모니터링할 필요가 있다. 예를 들어, 1인 가구 대상 식생활교육은 모집 과정에서 참여자가 1인 가구인지 확인하고, 참여 도중 가구 상태가 바뀐다면 해당 사업 참여를 종료하거나, 적합한 다른 사업으로 연계해야 한다. 또한 사업 실행 담당자, 특히 참여자와 직접 접촉하는 담당자의 경우 참여자와 유대관계를 쌓을 수 있도록 해야 한다.

3) 지역사회 영양사업의 마케팅

마케팅marketing은 소비자, 파트너 및 사회 전반에 가치를 지닌 상품이나 서비스를 제공하는 경영활동으로, 상품 제작부터 소비자에게 전달하기까지의 전 과정을 포함한다. 지역사회 영양사업의 마케팅은 대상자의 식생활 관리에 대한 요구needs와 욕구want를 충족시키기 위해 지역사회 영양사업이라는 상품을 대상자에게 전달하는 과정이라고 할 수 있다.

> **요구**
> 전문가의 지식에 근거해서 개인/집단이 서비스가 필요하다고 판단
> **욕구**
> 심리적 욕망

보건소와 같은 공공기관, 요리교실, 문화센터 등의 민간시설, 대중매체 등 여러 조직이 지역사회 구성원의 식생활 요구와 욕구를 충족시키기 위해 다양한 서비스를 제공한다. 여러 지역사회 영양사업 중 내가 기획한 사업에 많은 사람들이 참여하도록 하기 위하여 사업을 홍보하고, 목표집단의 관심을 불러일으킬 수 있는 전략이 필요하다.

(1) STP 전략

지역사회 영양사업에 활용할 수 있는 대표적인 마케팅전략인 STP 전략은 마케팅의 핵심 전략 중 하나로, 세분화segmentation, 목표집단 선정targeting, 포지셔닝(차별성 강조)positioning의 약자이다.

① 세분화

지역사회 영양사업의 대상이 될 수 있는 다양한 잠재적 참여자의 특성을 이해하고, 효과적으로 대응하기 위한 목적으로 수행한다. 주로 대상자의 인구사회학적 특성(예: 연령, 성별, 소득, 학력, 직업 등), 거주지, 생활습관, 건강상태, 행동 특성(예: 식품 구매 패턴, 디지털 기기 활용 방법 등) 등을 이용하여 사업의 잠재적 참여자를 특성별로 나눈다. 예를 들어, 당류 섭취 감소 캠페인의 잠재적인 대상을 '패스트푸드점을 자주 가는 10대 학생', '영유아 자녀가 있는 성인 남녀', '당뇨 위험군 50대 남성' 등으로 나눌 수 있다.

② 목표집단 선정

세분화된 잠재적 사업의 대상 중 사업에서 집중할 목표집단을 선정하는 과정이다. 지역사회 영양사업을 수행하기 위한 자원은 한정되어 있으므로, 최대의 효과를 얻기 위해 특정 목표집단에 집중하여 사업을 수행하는 것이 효율적이다. 세분화된 인구집단의 크기, 사업 참여 가능성, 예상하는 효과의 크기, 유사 경쟁 사업의 상황 등을 고려하여 목표집단을 선정할 수 있다. 예를 들어, 앞서 세분화한 당류 섭취 감소 캠페인의 잠재적 대상 중 '영유아 자녀가 있는 성인 남녀'가 해당 지역사회에서 가장 인원이 많고, 당류 섭취 감소 교육을 통해 자신과 자녀의 당류 섭취에 영향을 미칠 수 있어 다른 잠재 대상보다 캠페인의 효과가 클 것으로 판단된다면 이들을 목표집단으로 선정할 수 있다.

③ 포지셔닝

포지셔닝은 선택한 사업의 목표집단에게 해당 사업이 제공하는 서비스를 차별화하는 것이다. 해당 사업과 경쟁 사업의 특성, 사업 내용, 인력, 장비 등 지역사회 영양사업의 참여자가 중요하게 인지하는 여러 요인을 비교하고, 사업의 특징이나 장점을 활용하여 사업만의 고유한 가치를 알릴 수 있다. 예를 들어, 당류 저감 캠페인에서 부모와 자녀가 함께 먹을 수 있는 저당 간식 만들기 시연을 한다면, 기존의 다른 성인 대상 또는 아동만을 대상으로 하는 식생활 캠페인과 차별화할 수 있다.

(2) 마케팅 방법

지역사회 영양사업을 지역사회 구성원에게 알리기 위해 다양한 매체를 활용할 수 있다. 전통적인 인쇄매체부터 디지털매체까지 대상 인구집단의 특성에 따라 다양한 마케팅 방법이 활용된다.

① 현수막, 홍보물

특정 장소에서 운영하는 지역사회 영양사업은 사업 장소 인근에 현수막이나 홍보물을 게시하는 경우가 많다. 유동인구가 많은 곳에 설치한 현수막이나 광고 게시물은 여러 사람들의 관심을 끌 수 있으나 목표집단에게 도달도가 낮을 수 있다. 현수막이나 광고 게시물은 시선을 끌 수 있는 디자인을 사용하고, 빠르게 중요한 정보를 파악할 수 있도록 핵심 정보를 함축적으로 포함해야 한다.

② 우편

우편은 지역사회 영양사업이 목표로 하는 인구집단에게만 발송할 수도 있고, 홍보물처럼 지역사회 내 모든 가구에 발송할 수도 있다. 대상 목표집단이 명확하고, 주소 등의 사전 정보가 있는 경우 대상 목표 집단에게 사업 정보를 제공할 수 있는 저렴한 마케팅 방법이다.

③ 인쇄매체, 방송매체

신문, 잡지 등의 인쇄매체와 TV, 라디오 등의 방송매체를 이용하여 지역사회 영양사업을 홍보할 수 있다. 대상 목표집단이 주로 이용하는 인쇄매체와 방송매체를 사전에 파악한다면 효과적인 마케팅 방법이 될 수 있다. 방송매체에 비해 인쇄매체는 마케팅 비용이 상대적으로 저렴하다. 그러나 인쇄매체와 방송매체 모두 이용률이 감소하는 추세이며, 특히 방송매체의 경우 젊은 층의 이용률이 큰 폭으로 감소하고 있다. 따라서 지역사회 영양사업의 대상 인구집단이 이용하는 매체의 특성을 고려하여 홍보 매체를 선정해야 한다.

④ 온라인매체

인터넷의 발달로 마케팅의 범위가 크게 확대되었다. 대상 인구집단이 자주 이용하는 웹사이트, 소셜미디어SNS, 모바일 애플리케이션 등을 활용하여 지역사회 영양사업을 적절히 홍보할 수 있다. 그러나 노인을 포함한 디지털 접근성이 낮은 일부 인구집단은 온라인매체 활용에 제한이 있을 수 있다.

더 알아보기 9-2

사업 채택과 지속가능성

기획한 모든 지역사회 영양사업이 실제로 채택되어 시행되지 않으며, 실행한 사업이 모두 지속되지 않는다. 지역사회 조직 및 구성원이 지역사회 영양사업을 채택하고(adopt), 실행하고(implement), 효과적인 사업이 지속적으로(sustainable) 시행될 수 있도록, 체계적인 계획과 전략이 필요하다.

1. 사업의 채택

사업의 계획과 실행 사이에 채택 단계가 있다. 채택은 혁신(새로운 사업)에 대한 지식, 미충족 요구도에 대한 인식, 특정 혁신이 요구도를 충족시킬 수 있다는 판단에 따라 사업에 참여하기로 결정하고 시험하는 것이다. 혁신은 개인이나 조직이 새롭다고 인식하는 아이디어, 활동, 상품 등이다. 건강한 식생활 실천 활동 자체가 혁신이 될 수 있으며, 새로운 사업, 기존과 다른 교육 방식이 혁신으로 인식될 수도 있다.

개인 수준의 사업 채택은 지역사회 영양사업이 자신의 건강 또는 식생활 요구도를 충족시킬 수 있는지를 판단하여 사업에 참여할지 결정하는 과정이다. 조직 수준의 채택은 주로 사업을 계획한 주체(조직, 담당자 등)와 시행 주체가 다를 때 발생하는 과정이다. 예를 들어, 특정 조직에서 계획한 지역사회 영양사업을 여러 기관에 보급하고, 시행하도록 하는 경우가 있다. 이 경우 개별 기관은 해당 사업을 채택해서 수행할 것인지 결정한다.

2. 사업 지속가능성

사업의 마지막 단계는 사업이 조직 내에서 제도화되는 것이다. 즉, 사업을 조직의 정규활동으로 포함하여, 일회성 예산이 종료되거나, 사업을 주도적으로 채택한 담당자가 바뀌더라도 사업이 지속되는 것이다. 사업이 건강 목표를 어느 정도 달성하면 사업의 목표는 사업의 효과를 지속하는 것이 된다. 일부 사업은 효과를 지속하기 위해 동일한 사업을 지속적으로 수행하는 것이 필요하고, 사업의 일부 요소를 수정해서 다음 단계로 나아가야 사업의 효과를 지속할 수 있는 경우도 있다.

사업을 지속하는 방법 중 하나는 다른 조직으로 사업을 전파하는 것이다. 이 경우, 다른 조직에서 사업을 채택하고, 잘 시행할 수 있도록 훈련 및 기술 지원을 제공해야 한다.

요약

1. 지역사회 영양사업의 실행은 사업을 계획에 따라 대상자에게 시행하여 목표와 목적을 달성하는 과정으로, 사업의 효과를 결정하는 핵심적인 과정임

2. 지역사회 영양사업의 계획, 자원, 인력, 지역사회 구성원과 이해관계자와 관련된 다양한 요인은 사업 수행의 촉진 또는 장애요인으로 작용할 수 있으므로, 사전에 장애요인을 파악하고 대응 방안을 마련해야 함

3. 지역사회 영양사업을 성공적으로 수행하기 위해 구체적인 실행 계획을 수립해야 함

활동

1. 제7, 8장에서 기획한 지역사회 영양사업을 실행할 때 예상되는 실행 촉진요인과 장애요인이 무엇인지 나열하고, 장애요인 대응 방안을 생각해보자.

2. 제7, 8장에서 기획한 지역사회 영양사업의 실행 계획을 5W1H를 이용하여 수립해보자.

CHAPTER 10

사업의 평가

지역사회 영양사업은 계획하고 실행하는 것으로 끝나지 않는다. 사업이 계획대로 수행되었는지, 예상한 결과가 나타났는지, 사업의 목적과 목표를 달성했는지, 사업의 단기적·중기적·장기적 효과는 어떠했는지 평가해야 한다. 또한 사업에 투입한 인력과 예산을 고려했을 때 사업이 효율적이었는지도 평가해야 한다. 이 장에서는 지역사회 영양사업의 다양한 평가 방법을 살펴보고자 한다.

학 습 목 표

1 지역사회 영양사업 평가의 목적을 이해할 수 있다.
2 지역사회 영양사업 평가의 종류와 수행 방법을 이해할 수 있다.
3 지역사회 영양사업 평가 계획을 수립할 수 있다.

1. 사업 평가의 목적

1) 평가의 개념

사업을 평가evaluation한다는 것이 무엇인가? 미국평가협회American Evaluation Association는 평가를 장점, 가치 또는 중요성을 결정하기 위한 체계적인 과정이라고 설명한다. 사업의 평가는 사업의 목적을 어느 정도 달성했는지, 어떻게 개선할 수 있는지, 사업을 지속해야 하는지, 투입 비용을 고려할 때 사업 결과에 가치가 있는지에 대한 답을 찾기 위해 이루어진다. 미국 질병예방통제센터Centers for Disease Control and Prevention는 평가를 필수적인 보건 서비스 중의 하나로 포함하고, 평가를 통해 정책, 계획, 사업 등이 건강증진에 기여하고, 건강 위해가 없도록 해야 한다고 강조한다. 또한 평가는 사업의 계획, 실행, 효과성을 체계적으로 평가하고 개선하기 위해 평가의 접근법, 기술 및 지식을 적용하는 것으로 정의되기도 한다. 평가에 대한 다양한 정의는 공통적으로 평가가 사업의 효과성과 효율성을 판단하고, 향후 개선 방향을 모색하기 위한 필수적인 과정임을 강조한다.

더 알아보기 10 – 1

Evaluation과 assessment

제7장에서 요구도 진단(assessment)에 대해 설명했다. 요구도 진단은 요구도 평가 또는 요구도 사정이라고 부르기도 하는데, 이 장에서 다루는 평가와 진단은 동일한 개념이 아니다.

요구도 진단을 요구도 평가로 해석하기도 하는 이유는 진단의 영어단어 assessment를 평가로 해석할 수 있기 때문이다. 두 단어의 의미를 비교하자면, assessment는 대상자의 현재 상태나 상황을 파악하기 위해 체계적으로 자료를 수집하고 분석하는 과정이다. 이 장에서 다루는 평가, evaluation은 특정 기준이나 목표에 따라 상태와 상황을 파악하고 종합적인 결론을 내리는 것이다. 즉, assessment는 상황을 파악하기 위한 상대적 협의의 개념이고, evaluation은 진단을 위해 수집한 자료를 바탕으로 해당 상태가 긍정적인지, 부정적인지 등의 가치를 판단하고 의사결정을 내리는 것이다.

2) 평가의 목적

사업 평가의 일차적인 목적은 수행한 사업의 목적 및 목표의 달성 정도를 파악하는 것이다. 사업 평가의 이차적인 목적은 사업에 대한 의사결정을 하는 것이다. 이러한 의사결정에는 사업의 지속적 시행, 사업 수정(대상자 확대 또는 축소, 사업 요소 수정 등), 더 많은 지역사회로의 확산 또는 사업 중단 등이 포함된다.

(1) 사업의 목적과 목표 달성 정도 파악

평가를 통해 지역사회 영양사업을 기획할 때 설정한 목적과 목표가 달성되었는지 파악할 수 있다. 이러한 목표 달성 여부는 사업의 효과성을 판단하는 근거가 된다.

(2) 사업 실행 과정 개선

사업의 실행 과정을 평가하여 사업이 계획대로 또는 계획과 다르게 시행된 원인과 의도하지 않은 결과가 발생한 이유를 파악할 수 있다. 평가 결과를 활용하여 계획대로 시행하기 어려운 사업 요소를 파악하고, 효율적인 실행을 위한 개선 방안을 마련해야 한다. 또한 의도하지 않은 결과나 부정적인 결과를 초래하는 사업의 요소를 변경하거나, 새로운 실행전략을 마련하는 데 평가 결과를 활용할 수 있다. 즉, 평가를 통해 사업의 장단점을 파악하고, 사업의 실행 과정을 개선할 수 있다.

(3) 책임감 부여

사업 평가는 사업 담당자, 관리자, 수행 기관에게 효과적인 사업을 운영하도록 책임감을 부여하는 역할을 한다. 사업의 각 단계를 점검함으로써 사업 담당자가 역할을 충실히 수행하는지 검토하여 사업 실행의 질을 관리하고, 담당자에게 책임감을 부여할 수 있다.

(4) 지역사회 참여와 지지 증가

사업 평가 결과를 지역사회에 공유함으로써 지역사회 주민들의 사업 참여율 증진과 사업 운영에 대한 지지를 확보할 수 있다. 특히 사업이 지역사회 구성원의 식생활 개선에 긍정적인 결과를 가져온다는 평가 결과는 사업을 홍보하는 효과가 있어서, 더 많은 주민의 참여를 유도할 수 있다. 또한 효과적인 사업의 지속적인 운영을 위한 이해관계자의 지지를 얻는 데도 도움이 된다.

(5) 과학적 근거 마련

지역사회 영양사업의 평가가 과학 연구를 수행하기 위한 목적은 아니다. 그러나 평가 결과를 통해 사업이 식생활 개선에 효과가 있는지, 또는 효과가 없는지에 대한 과학적 근거를 제공할 수 있다.

(6) 정책 결정을 위한 정보 제공

사업 평가는 영양정책 수립을 위한 정보를 제공하는 역할을 할 수 있다. 사업의 효과성이 검증되었다면, 예산 확보의 근거를 제공할 수 있으며, 전국적인 사업으로 확대하거나 정책적으로 우선순위를 부여할 수 있다. 반대로 사업의 효과성이 없는 것으로 평가되었다면, 정책의 대상, 방법, 방향성 등을 수정할 수 있다. 즉, 평가를 통해 지역사회 영양사업에 사용할 수 있는 한정된 자원을 효율적으로 배분할 수 있다.

3) 평가의 내용

사람, 사업, 아이디어, 정책, 제품, 사물, 성과 등 사업에 포함된 모든 요소가 평가 대상이 될 수 있다. 또한 사업의 실행, 효과, 성과, 기여 요인, 효율성도 평가할 수 있다. 사업 평가는 다음과 같은 질문에 대한 응답을 중심으로 이루어진다.

- 사업이 계획한 대로 수행되었는가? (실행)
- 사업이 의도한 결과(목적, 목표)가 나타났는가? (효과)
- 건강 결과가 사업으로 인해 나타났는가? (성과)
- 어떠한 요인이 사업의 성과에 기여했는가? (기여 요인)

- 사업이 자원을 적절히 이용하여 실행되었는가? (효율성)

평가 목적에 따라 평가를 위해 수집해야 하는 정보, 즉 평가의 내용이 달라질 수 있다.

2. 평가의 종류

사업 평가는 평가의 목적, 시기, 방법 등에 따라 다양하게 분류할 수 있다.

1) 평가 목적에 따른 분류

(1) 형성평가

형성평가formative evaluation는 사업이 진행되는 동안 지속적으로 수행하는 평가로, 사업활동의 실현 가능성, 적절성, 수용성을 바탕으로, 사업이 목표 달성에 적합한지 판단하는 것을 목적으로 한다. 사업의 자원과 인력 등이 기한 내에 여러 활동을 수행하는 데 적합한지, 사업의 목표와 목적을 달성하는 데 필요한 활동이 모두 포함되었는지, 또는 불필요한 활동이 있는지, 사업 참여자가 해당 활동을 이해하고 수용하는지 등을 평가한다. 형성평가는 사업의 결과가 아닌 과정에 평가의 중점을 둔다. 형성평가를 통해 사업 수행 과정의 장애요인과 촉진요인을 판단하고, 사업 개선에 활용한다.

형성평가는 사업 계획 단계부터 종료 시점까지 지속적으로 수행된다. 사업 계획을 위한 요구도 진단 역시 형성평가이다. 즉, 사업 평가는 사업 계획, 실행과 동시에 이루어지는 과정이다. 시범사업이나 새로운 사업을 시행할 때, 기존의 사업을 수정한 후 실행할 때, 기존 사업을 다른 인구집단에 적용할 때 형성평가가 필요하다. 형성평가 결과를 바탕으로 사업의 문제점을 도출하고, 평가 결과를 환류하여 사업 개선에 활용한다. 형성평가를 위한 자료 수집은 설문조사, 관찰, 참여자 및 이해관계자 인터뷰 등 다양한 양적 · 질적 방법을 활용한다.

(2) 총괄평가

총괄평가summative evaluation는 사업이 완료된 후 수행하는 평가로, 사업의 전반적인 효과성과 목표 달성 여부를 판단하는 것을 목적으로 한다. 이를 통해 사업의 성공 여부와 지속가능성을 평가하고, 사업의 지속 또는 확대 여부를 결정한다. 또한 향후 유사한 사업 개발에 필요한 정보를 제공하는 역할도 한다.

총괄평가는 주로 설문조사나 측정을 통해 파악한 사업 수행 전후의 자료를 비교하거나, 사전에 선정한 성과 지표 분석을 이용한다. 총괄평가는 주로 통계분석을 이용하여 사업의 효과성을 정량적으로 나타낸다.

표 10-1 형성평가와 총괄평가의 비교

구분	형성평가	총괄평가
목적	사업의 개선점 도출 및 질 향상	사업 성과 평가 및 목표 달성 여부 파악
평가 질문	사업의 활동이 목표 달성에 적합한가	사업의 활동을 통해 목표를 달성했는가
시기	사업 계획부터 종료 시점까지 지속적으로 수행	사업 종료 후 실시
특징	과정에 중점	결과, 영향에 중점
방법	설문조사, 관찰, 인터뷰 등 다양한 양적·질적 방법 활용	사전, 사후 설문조사, 측정, 성과지표 분석 등 주로 양적 방법 활용

2) 평가 내용에 따른 분류

(1) 과정평가

과정평가process evaluation는 사업 시행 과정 중에 수행하며, 사업이 계획대로 실행되는지 평가한다. 과정평가의 내용은 사업의 운영 절차, 활동, 자원, 일정, 대상 등을 포함한다. 예를 들어, 영양교육을 3회 실시하기로 계획했는데, 실제로 3회를 수행했는지, 교육 과정에 과일, 채소 섭취의 장점을 포함해야 하는데 해당 내용을 교육했는지, 30명을 모집하는 것이 목표인데 실제 참여자가 몇 명이었는지 등을 평가한다.

과정평가는 사업의 결과를 이해하기 위해 필수적이다. 과정평가를 통해 사업 수행 중 발생한 문제를 발견하여 긍정적 또는 부정적 결과가 나타난 이유를 파악할 수 있다. 특히 과정평가는 사업의 실패program failure와 이론 실패theory failure를 구분할 수 있게 한다. 사업의 수행 과정에 대한 평가 없이 결과만을 평가했는데 사업의 효과가 없다고 나타났다면 사업 수행 과정이 원인인지 사업 계획 시 적용한 이론이 사업의 대상이나 맥락에 적합하지 않아서인지 알 수 없다. 사업이 계획대로 수행되지 않았다면, 사업의 실패이므로 부정적인 결과가 나타날 수 있다. 반대로 사업이 이론에 근거하여 계획대로 수행되었으나 긍정적인 결과가 나타나지 않았다면 사업에 적용한 이론이나 개념적 틀로 인한 이론 실패라고 할 수 있다. 사업이 어떠한 상황에서 작동하는지 또는 작동하지 않는지를 이해하기 위해 각 사업 요소의 수행에 대한 평가가 필요하다.

과정평가는 형성평가, 총괄평가에 모두 활용될 수 있다. 과정평가는 형성평가와 유사하지만 동일한 개념은 아니다. 형성평가는 평가 결과를 바탕으로 사업을 개선하는 데 중점을 둔 반면, 과정평가의 결과가 항상 사업 시행의 개선에 활용되지는 않는다. 과정평가 결과를 사업의 개선에 활용하는 경우는 과정평가를 형성평가의 형태로 사용하는 것이다. 과정평가 결과를 사업의 효과가 나타나거나 나타나지 않은 원인을 파악하기 위해 활용하는 경우는 과정평가를 총괄평가의 형태로 사용하는 것이다.

과정평가는 양적 방법과 질적 방법을 모두 활용해서 수행한다. 과정평가의 대표적인 방법은 모니터링이며, 활동기록지, 출석기록, 체크리스트 등 사업 수행과 관련된 다양한 문서를 확인하거나 관찰을 통해 사업 수행 과정을 모니터링하고 사업 계획과 실제 수행 과정을 비교한다. 또한 사업 참여자와 관계자를 대상으로 설문조사나 인터뷰를 수행하기도 한다. 과정평가는 사업 실행 요소를 측정하고 평가한다(제9장 참고).

(2) 효과평가: 결과평가 · 영향평가

결과평가outcome evaluation와 영향평가impact evaluation는 사업이 의도한 목적, 목표, 결과를 달성했는지, 즉 사업의 효과를 평가하는 방법이다. 결과평가는 사업 수행 후 나타난 즉각적이고 구체적인 변화에 중점을 둔다. 예를 들어, 사업 종료 직후 측정한 지식, 기술, 행동의 변화를 파악하여, 사업의 단기적인 효과를 평가한다. 영향평가는 결과평가보다 넓은 범위에서 사업의 효과를 평가한다. 영향평가는 사업으로 인해 나타난 건강수준, 질병 발생, 삶의 질 변화와 같은 장기적이고 광범위한 효과를 측정한다. 결과평가가 사업의 목표 달성 정도를 평가한다면, 영향평가는 사업의 궁극적인 목적의 달성 정도를 평가한다. 특히 영향평가는 사업에 영향을 줄 수 있는 여러 요인을 통제하고 사업의 효과를 평가하여 사업활동과 대상자에게 나타난 변화의 인과관계를 파악하는 것을 목적으로 한다. 영향평가는 사업 종료 시점 또는 종료 이후 일정 기간이 지난 후 수행하며, 평가의 목적에 따라 장기적인 추적관찰을 하기도 한다. 결과평가와 영향평가 결과 모두 사업의 지속 수행 및 개선, 정책화 등을 위한 의사결정에 활용할 수 있다.

(3) 경제성 평가

경제성 평가economic evaluation는 사업 수행을 위해 투입한 자원(비용) 대비 사업 효과에 대한 평가이다. 다양한 지역사회 영양사업을 추진하는 데 필요한 자원은 한정되어 있다. 이러한 자원의 유한성과 희소성을 고려하여, 여러 사업에 자원을 배분하는 기준이 필요하다. 특정 사업에 자원을 100% 투입한다면, 다른 사업을 운영하지 못해서 발생하는 손해, 즉 기회비용이 있을 것이다. 경제성 평가는 여러 사업의 투입 요소와 결과를 양적으로 환산하고, 비교하여 경제적 효율성에 근거한 자원 배분의 기준과 대안을 제시한다.

경제성 평가의 평가 요소는 투입한 자원인 비용과 산출물로 나눌 수 있다. 비용은 다시 직접비용과 간접비용으로 분류된다. 직접비용은 사업에 직접적으로 투입된 비용으로 인력, 행정, 장비, 시설, 운영 등에 소요되는 비용이다. 간접비용은 사업 수행을 위해 간접적으로 소요된 비용으로 사업 수행으로 불가피하게 감소되는 가치를 포함한다. 예를 들어, 사업 참여자의 교통비, 참여로 인한 시간 손실의 기회비용 등이 포함된다. 사업의 산출물은 지역사회 영양사업으로 인한 건강증진의 결과로, 산출물에는 효과effectiveness, 효용utility, 편익benefit이 있다.

- **효과** 건강 관련 지표의 변화(예: 연장된 수명, 감량한 체중 등)로 측정된 건강증진 효과
- **효용** 수명 연장의 양과 질로 측정된 건강증진 효과(예: 질 보정 수명Quality Adjusted Life Year, QALY)
- **편익** 화폐 가치로 환산된 건강증진 효과. 직·간접효과와 무형의 효과를 모두 화폐 가치로 환산함

경제성 평가는 다양한 방법으로 수행할 수 있다(**표 10-2**).

표 10-2 경제성 평가의 종류

경제성 평가 방법	내용
비용-최소화 분석 (cost-minimization analysis)	• 복수의 지역사회 영양사업의 결과가 동일할 때, 각 사업에 소요된 비용을 분석해서 같은 성과를 산출할 수 있는 최소의 비용을 탐색하는 방법
비용-효과 분석 (cost-effectiveness analysis)	• 복수의 사업에 소요되는 비용과 효과를 산출 • 단위 비용당 최대의 효과 또는 단위 효과당 최소의 비용이 드는 사업을 선택
비용-효용 분석 (cost-utility analysis)	• 지역사회 영양사업의 결과로 나타난 양적(예: 연장된 수명 연수), 질적(예: 주관적 웰빙 수준) 건강 결과를 효용으로 간주하고, 단위 비용당 효용이 가장 높은 사업을 탐색 • 비용-효과 분석과 유사한 평가 방법 • 복수의 사업을 비교할 때, 각 사업에서 산출되는 효용의 종류가 다른 경우 공통의 지표(주로 질 보정 수명 활용)로 결과를 환산해서 비교
비용-편익 분석 (cost-benefit analysis)	• 사업의 비용과 결과를 같은 단위(주로 화폐가치)로 표기하여 사업의 효율성 평가

경제성 평가는 사업 시행 초기, 시행 중, 종료 이후 등 평가의 목적에 따라 다양한 시기에 수행한다. 경제성 평가 결과는 사업의 지속 여부, 사업 관련 자원(인력, 비용 등) 지원의 지속이나 중단, 사업 예산의 증액과 감액을 결정하는 데 중요한 근거를 제공한다.

더 알아보기 10-2

베트남 농촌 지역의 조기아동발달 사업의 경제성 평가

아동의 건강과 성장을 위해 중요한 조기아동발달(early child development)은 인지 능력 발달로 이어지며, 성인기 임금과도 관련 있는 것으로 알려져 있다. 조기아동발달 증진을 위해 베트남 북부의 농촌 지역에서 2018~2020년 동안 수행한 'Learning Clubs' 사업은 임신 20주 미만의 임신부를 대상으로 임신 기간부터 출산 후 1년 동안 시행되었다. 참여자들은 임신 중 8회, 출산 후 첫 해에 11회의 그룹 세션과 출산 후 가정 방문 1회에 참여했다. 사업 내용은 모성영양 및 정신건강, 양육 능력, 영아 건강 및 발달 등을 포함한다.

'Learning Clubs' 사업의 경제성을 평가하기 위해 사업 참여 아동과 일반적인 모성관리만을 받은 아동(대조군)이 평생 받을 임금(생애 임금)을 추정하여 사업 투입 비용 대비 효과를 평가했다. 아동 1명당 평균 사업 비용은 284달러였다. 사업에 참여한 아동의 생애 임금은 84,899달러, 비참여 아동은 86,465달러로, 사업 비용을 제외하면 1,283달러의 순이익이 발생했다. 사업을 베트남 전역으로 확대하고, 시간 경과에

(계속)

따른 화폐 가치 하락을 고려하여 비용 대비 효과를 산출한 결과, 사업에 1달러를 투자할 경우 생애 임금은 5.52달러가 증가할 것으로 예상되어 투자 대비 5배 이상의 효과가 있는 것으로 나타났다.

출처: Baek, Y., Fisher, J., Tran, T., Owen, A., Nguyen, T., Luchters, S., & Ademi, Z. Economic returns on investing in early childhood development in Vietnam: a cost-benefit analysis. BMC Health Services Research.;25:384.

3. 평가 방법

1) 과정평가

(1) 과정평가의 요소

- **충실도(fidelity)** 충실도는 사업 계획 당시 활용한 이론적 구성요소가 사업에 얼마나 포함되었는지, 사업 수행의 질이 어떠한지를 실행 과정의 모니터링을 통해 양적, 질적으로 측정한다.
- **사업 수행의 양(dose delivered)/완결성(completeness)** 사업의 요소가 계획한 대로 전달된 정도로, 주로 구성요소 수행의 양적 측면dose delivered을 의미한다. 사업의 활동 횟수, 활동 내용, 제공 자료의 양, 활용한 활동전략 등이 계획대로 수행되었는지 평가한다.
- **사업 수용도(dose received)** 사업 대상자가 사업의 활동에 얼마나 참여했는지, 즉 사업 활동을 얼마나 받아들였는지를 측정한다. 사업 수용도는 노출exposure과 만족도satisfaction를 포함한다. 노출은 사업활동이나 구성요소에 대상자가 얼마나 참여하고, 상호작용하며, 반응했는지를 평가한다. 예를 들어, 과일 섭취의 중요성에 대한 카드뉴스를 배포한다면, 카드뉴스 조회 수를 이용하여 노출도를 평가할 수 있다. 만족도는 사업활동에 대한 참여자의 주관적 인식이다. 즉, 수용도는 사업 참여의 질적 측면을 평가한다.
- **도달도(reach)** 주로 참여율로 평가하며, 계획한 참여자 수 대비 실제 참여자의 비율, 전체 참여자 중 주요 목표집단의 비율 등을 평가한다. 또한 비참여자와 중도탈락자의 특성을 파악하여 사업 참여의 장애요인도 함께 평가할 수 있다.
- **모집(recruitment)** 사업에 참여하는 개인, 집단, 조직을 모집하려는 노력이 계획대로 이루어졌는지 평가한다. 또한 사업 시작 후, 참여자가 지속적으로 사업활동에 참여하

도록 하는 노력이 계획대로 수행되었는지도 평가한다. 대상자 모집의 장애요인도 함께 평가할 수 있다.

- **맥락(context)** 사업의 시행과 결과에 영향을 미쳤을 가능성이 있는 맥락을 파악한다. 예를 들어, 사업 시행 기간 중 발생한 식생활 환경의 변화, 지역 또는 국가 수준의 사업과 관련된 정책의 시행, 사업 대조군이 사업의 활동 요소에 노출되었을 가능성 등을 평가한다.

표 10-3 과정평가 질문 목록 예시

실행 과정 관련 요소	질문
충실도 (fidelity)	• 사업을 기본이론과 개념적 틀에 따라 어느 정도로 일관되게 실행했는가? • (기본이론과 개념적 틀에 적합한) 사업의 활동을 어느 정도 제공했는가?
사업 수행의 양 (dose delivered)	• 계획한 사업의 활동 및 구성요소를 참여자에게 어느 정도 제공했는가? • 사업에 사용하기로 계획한 모든 자료(인쇄물, 시청각 자료 등)를 어느 정도 사용했는가? • 사업에서 다루고자 계획한 내용이 어느 정도 다루어졌는가? • 사업에서 사용하기로 계획한 모든 방법, 전략, 활동이 어느 정도 사용되었는가?
사업 수용도 (dose received)	• 사업의 참여자들이 여러 활동에 어느 정도 참여했는가? • 참여자들이 사업의 특정 측면에 어떻게 반응했는가? • 참여자가 사업에서 권장하는 후속 행동에 얼마나 참여했는가?
도달도 (reach)	• 사업의 각 활동에 참여한 목표집단(사업의 우선 대상)의 비율은 어느 정도인가? • 사업에서 제공하는 모든 활동의 1/2 이상* 참여한 사람은 몇 명인가? *허용 수준의 실행을 어떻게 정의하느냐에 따라 수치는 달라질 수 있음
모집 (recruitment)	• 사업에 개인, 단체, 기관을 모집하기 위해 어떤 계획을 세웠고, 실제 모집 절차는 어떠했는가? • 개인, 단체, 기관 모집의 장애요인은 무엇이었는가? • 개인, 단체, 기관의 지속적인 참여를 장려하기 위해 어떤 계획을 세웠고, 실제로 어떻게 장려했는가? • 개인, 단체, 기관의 지속적인 참여의 장애요인은 무엇이었는가?
맥락(context)	• 사업의 실행이나 결과에 잠재적으로 영향을 미칠 수 있는 기관, 지역사회, 사회적·정치적 맥락 또는 기타 상황적 문제는 무엇인가?

(2) 과정평가 계획

- **[1단계] 사업 기술** 사업의 장소, 환경(맥락), 대상자와 사업의 목적과 목표, 예상하는 결과와 영향, 사업 구성요소, 사업 시행 일정을 기술한다.

- **[2단계] 사업 실행 기준 기술** 사업 실행의 수준을 평가하기 위한 기준을 기술한다.
- **[3단계] 과정평가 질문 목록 준비** 과정평가를 위해 진단해야 할 항목을 준비한다(표 10-3).
- **[4단계] 과정 평가 방법 결정** 사업 실행 과정의 모니터링과 과정평가를 위해 필요한 정보를 수집할 방법을 결정한다. 실행 과정 모니터링은 직접 관찰 또는 사업활동 기록지, 담당자의 자가평가, 보고서, 참여자 출석기록 등을 검토하여 수행할 수 있다. 필요한 경우 참여자와 담당자 대상 인터뷰와 설문조사 등을 통해 과정평가의 다양한 요소를 측정할 수 있다. 자료 수집이 필요한 경우 언제, 누구를 대상으로 수행할지 결정한다.
- **[5단계] 과정평가를 위한 자원, 사업 수행 환경 고려** 과정평가 수행을 위해 예산, 인력 등의 자원이 필요하다. 또한 사업 수행 환경의 특성에 따라 평가를 위해 협력해야 하는 이해관계자가 많거나(예: 다기관 수행 사업), 일정 조율이 어려운(예: 학교 기반사업) 경우가 있다. 과정평가를 위한 자원과 환경을 고려하여 과정평가 질문 목록과 평가 방법의 조정이 필요하다. 즉, 과정평가의 3~5단계는 서로 영향을 미치며 반복적인 수정이 필요한 과정이다.
- **[6단계] 과정평가 최종계획 결정** 최종적인 과정평가 계획을 결정하고, 시행한다.

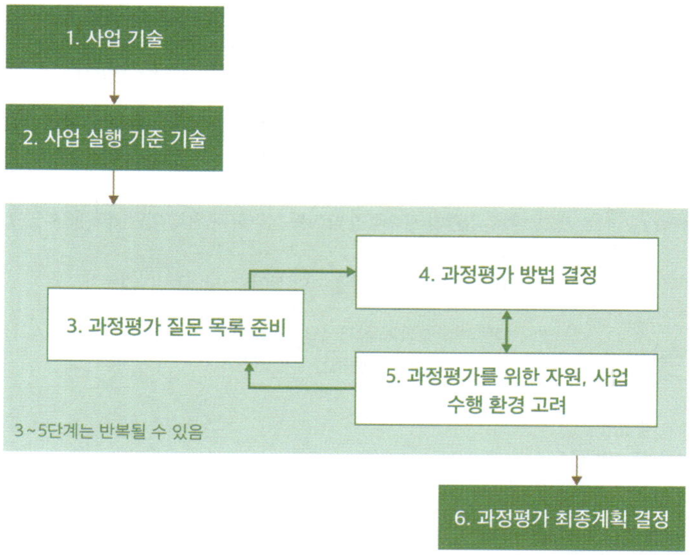

그림 10-1 과정평가 계획 과정

2) 효과평가

사업의 효과는 사업 수행 후 나타난 단기적인 결과와 중장기적 영향을 포함한다. 사업의 효과평가를 통해 사업이 의도한 목적과 목표를 달성했는지 판단할 수 있다. 사업의 평가는 계획 수립 → 자료 수집 → 자료 분석 → 보고 → 적용의 단계로 이루어진다. 구체적인 절차는 다음과 같다.

(1) 평가 계획 수립

사업 기획 단계에서 평가에 대한 계획을 포함하는 것이 이상적이다. 평가 계획은 사업 기획 시 수립한 각 목표를 어떻게 평가할 것인지에 대한 계획이다. 평가 계획 수립을 위해서는 먼저 평가의 목적을 명확히 정의하고, 사업 기획에 활용한 이론이나 로직모델을 활용하여 평가의 개념적 틀conceptual framework을 선정해야 한다. 예를 들어, 가당음료 섭취 감소를 목적으로 건강신념모형을 적용하여 영양교육 사업을 기획했다면, 건강신념모형을 평가의 틀로 선정한다.

평가의 목적과 개념적 틀에 따라 평가를 위한 질문, 평가 기준, 평가 설계 방식을 선정한다.

① 평가를 위한 질문 설정

사업 목표와 목적의 달성 정도를 파악하기 위한 질문이나 가설을 제시한다. 예를 들어, 비만 예방 사업의 목표가 참여자의 체중 감량이었다면 다음과 같은 질문과 가설을 제시할 수 있다.

- 비만 예방 사업 참여자는 사업 참여 전과 비교하여 참여 후 체중이 변화했는가?
- 비만 예방 사업 참여자는 사업 비참여자와 비교했을 때 사업 전보다 참여 후 체중 감량 정도가 더 클 것이다.

② 평가 기준 설정

사업의 목표 달성을 결정하는 평가의 기준을 설정한다. 결과평가와 영향평가의 목적은 사업의 목표 달성 여부를 판단하는 것이므로, 어떠한 지표를 기반으로 목표 달성 여부를 측정할 것인지와 목표 달성으로 간주할 수치(목표치)를 정해야 한다. 평가 기준은 주로 측정 가능한 사업 목표치 또는 통계적 유의성을 고려하여 설정한다. 참여자의 평균 체중을 10% 감소시키는 것이 목표인 비만 예방 사업의 예를 들어보자. 사업 종료 후 참여자의 평균 체중이 9.8% 감소했다면 성공한 사업이라고 할 수 있는가? 10% 이상 감소 시에만 사업 성공으로 간주할 수도 있고, 사업 참여 전보다 참여 후의 체중이 통계적으로 유의한 수준으로 감소했을 때 성공이라고 간주할 수도 있다.

③ 평가에 활용할 변수와 측정도구 선정

평가에 활용할 독립변수(사업 참여 여부), 종속변수(사업 결과)와 그 외 사업의 결과에 영향을 미칠 수 있어서 고려해야 하는 다른 변수를 선정한다. 이러한 변수를 측정할 측정도구도 함께 선정해야 하는데, 타당도와 신뢰도가 검증된 도구를 사용하는 것이 바람직하다. 평가에 활용할 변수는 평가지표로 활용된다. 예를 들어, 나트륨 섭취 감소 사업은 나트륨 섭취량의 변화가 사업의 결과이므로, 나트륨 섭취량이 평가지표가 된다.

④ 평가 설계

평가 설계는 사업 참여자(실험군)와 비교할 대조군(비참여자)이 존재하는지 여부, 실험군, 대조군 배정 방법, 평가 지표의 측정 시기에 따라 다양한 방식이 있다.

- **실험설계(experimental design)** 실험설계는 실험(사업)에 영향을 미칠 수 있는 모든 변인과 사업의 수행 환경(외생변수)을 완벽하게 통제하여, 사업과 그 후에 나타난 결과의 인과관계를 밝히는 것을 목적으로 한다. 사업에 영향을 미칠 수 있는 요인을 통제하기 위해 사업 대상자를 실험군(참여)과 대조군(비참여)으로 무작위로 배정한다. 실험설계는 평가 결과의 재현 가능성이 높고, 사업 효과의 인과관계를 밝힐 수 있는 장점이 있다. 그러나 사업 참여 의사를 밝힌 대상자 중 일부를 대조군으로 배정하게 되어, 원하는 대상의 사업 참여 기회를 박탈하는 윤리적 문제가 발생할 수 있다. 이러한 윤리적 문제를 최소화하기 위해 실험설계의 평가 방법을 이용하는 지역사회 영양사업의 대부분은 대조군을 사업 제공이 불가능한 다른 지역사회 구성원으로 설정하거나, 대조군에게 추후 사업을 제공하는 형식으로 이루어진다. 실험설계는 평가지표 측정 시기에 따라 다시 나눌 수 있다.

- 대조군 사후 측정 설계: 실험군과 대조군을 무작위로 배정하며, 사업 종료 후 결과를 1회 측정한다. 주로 사전 측정이 어렵거나, 사전 측정이 사업 결과에 영향을 미칠 수 있는 경우 사후 측정만을 포함한다. 사전 측정을 하지 않아 사업 참여 전후의 변화 정도를 파악할 수 없으며, 실험군과 대조군이 동질한 집단인지 파악할 수 없다.

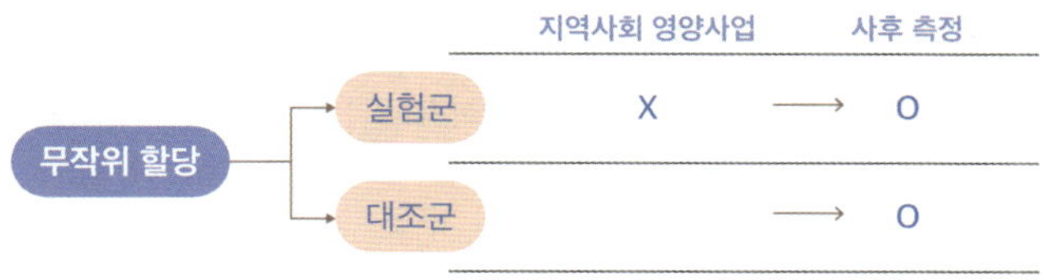

주) X: 지역사회 영양사업 참여, O: 측정

그림 10-2 대조군 사후 측정 설계

- 대조군 사전 · 사후 측정 설계: 사업 참여군과 대조군은 무작위로 배정하며, 사업 시작 전과 종료 후 결과 변수를 측정한다. 사업의 효과는 실험군의 사업 전후 변화와 대조군의 사업 전후 변화를 비교하여 평가한다. 사전 측정을 통해 실험군과 대조군의 동질성 여부를 확인할 수 있는 장점이 있으나 대조군이 사업 내용에 노출될 가능성이 있다. 또한 대조군을 장기간 관리하는 데 어려움이 있을 수 있다.

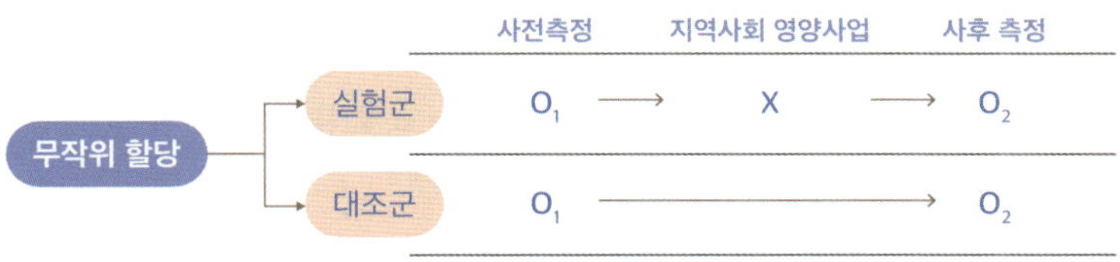

주) X: 지역사회 영양사업 참여, O: 측정, O_n: N번째 측정

그림 10-3 대조군 사전 · 사후 측정 설계

- **준실험설계(quasi-experimental design)** 지역사회 영양사업을 수행할 때 사업에 참여하지 않을 대조군을 모집하는 것은 쉽지 않다. 특히 사업 참여 여부를 무작위 배정하여 대조군과 실험군으로 나누는 것은 현실적으로 어렵다. 대부분의 지역사회 영양사업은

실험군과 참여군을 무작위 배정하지 못한 준실험설계로 수행된다. 사업의 효과를 평가할 때, 아래와 같은 다양한 방법을 이용하여 준실험설계의 한계를 보완할 수 있다.

- 대조군이 없는 준실험설계

  실험군 사후 측정만 존재: 사후 측정을 반복하여 평가의 질을 향상시킬 수 있다.

X	O_1

  실험군 사전, 사후 측정: 사전 측정을 반복하거나 사업의 영향을 받지 않을 것으로 예상되는 비동질적 종속변수(nonequivalent dependent variable)를 이용하여 평가의 질을 향상시킬 수 있다. 사업 후 종속변수는 변화했지만 비동질적 종속변수의 변화가 없다면 종속변수의 변화는 사업의 결과로 판단할 수 있다.

O_1	X	O_2

  중재 제거: 중재(사업) 전후에 뚜렷한 변화가 나타났지만, 중재를 제거한 두 번째, 세 번째 측정 사이에 큰 변화가 없다면, 사업 기간 동안의 변화는 사업의 영향일 가능성이 높다고 추정할 수 있다.

O_1	X	O_2	O_3

  중재 반복: 중재(사업)를 반복했을 때, 사업 전후 변화 양상이 유사하다면 변화는 사업의 영향일 가능성이 높다고 추정할 수 있다.

O_1	X	O_2	X	O_3

- 사전 측정이 없는 준실험설계

  비동질 집단과 사후 측정: 사전 측정이 없더라도 사업에 참여하지 않은 대조군과 사후 측정한 결과가 다르다면, 사업의 효과로 인해 다른 결과를 보였을 것이라고 추정할 수 있다. 그 외에 사전 측정을 대체할 수 있는 자료를 활용하거나, 짝짓기(matching)와 층화(stratifying) 방법을 이용하여 사업 참여자와 특성이 유사한 대조군을 찾아서 비교할 수 있다. 또는 복수의 대조군과 결과를 비교하여 사업 참여자만 다른 결과가 나타나는지 파악할 수 있다.

NR	X	O_1
NR		O_2

  주) NR: non-randomization, 비무작위할당

- 대조군, 사전 측정이 있는 준실험설계

  사전·사후 측정, 대조군 존재: 사업 참여자의 사업 참여 전후 변화와 동일한 시기 대조군의 변화를 비교하여 사업의 효과를 판단할 수 있다.

NR	O_1	X	O_2
NR	O_1		O_2

복수의 사전 측정, 사후 측정, 대조군 존재: 사전 측정을 여러 번 하여 사업 참여자와 대조군의 특성이 유사한지 평가한다면, 사업의 결과가 사업 참여자의 특성으로 인한 것인지, 사업으로 인한 것인지 판단할 수 있다.

NR	O_1	O_2	X	O_3
NR	O_1	O_2		O_3

지연된 사업 제공: 참여자에게 먼저 사업에 참여하게 한 이후에 대조군(지연 사업 참여자)에게 동일한 사업에 참여하게 한다면, 두 집단의 사업 참여 전후 변화를 파악할 수 있으며, 사업의 효과가 특정 대상자에게만 나타나는지, 여러 대상자에게 나타나는지 판단할 수 있다.

NR	O_1	X	O_2		O_3
NR	O_1		O_2	X	O_3

(2) 자료 수집

사업의 목표를 측정하기 위한 지표, 평가의 개념적 틀에 포함된 요소 등의 평가를 위한 다양한 자료data를 수집할 계획을 수립해야 한다. 자료 수집 계획에는 누가, 언제, 어디에서 자료를 모을 것인가에 대한 구체적인 내용이 포함되어야 한다. 자료 조사원이 여러 명이라면 모두 동일한 방법으로 자료를 수집할 수 있도록 교육과 훈련을 수행하여 자료 수집의 질을 관리해야 한다. 또한 자료 수집에 필요한 장비와 적합한 장소를 사전에 확보해야 한다.

(3) 자료 분석 및 결과 해석

수집한 자료를 이용하여 사업의 효과성을 파악하기 위해 분석을 수행한다. 분석 방법은 평가 질문(가설), 평가 설계, 수집한 자료의 특성에 따라 다양한 방법을 이용할 수 있다. 예를 들어, 나트륨 섭취 감소를 목적으로 한 사업이라면 대상자의 사업 참여 전후 나트륨 섭취량의 변화를 비교하거나(평균 비교), 만성질환 위험 감소 섭취량 이상 섭취자의 비율이 변화했는지 비교할 수 있다(분포 비교). 대조군이 있다면 사업 참여자와 비참여자의 변화를 비교할 수 있다(**그림 10-4**).

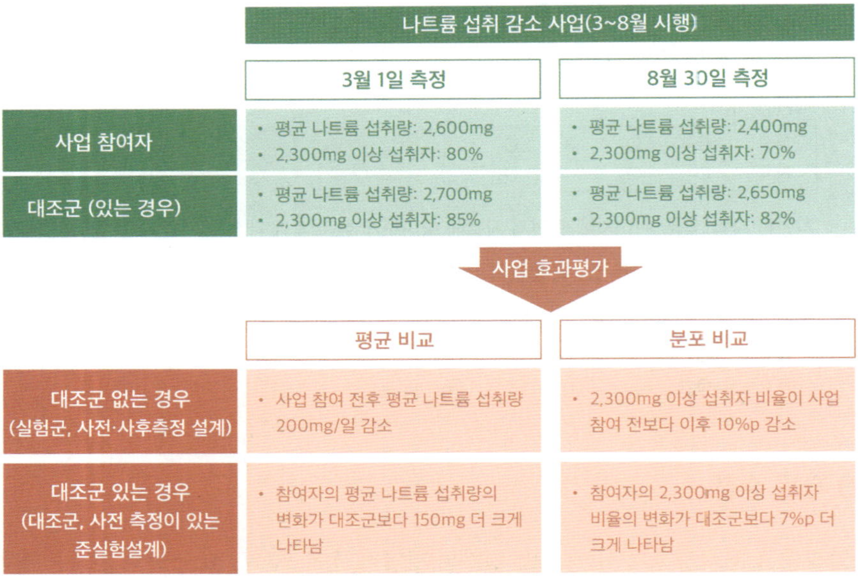

그림 10-4 나트륨 섭취 감소 사업의 효과평가 분석 예시

또한 누구를 분석 대상으로 할 것인지에 따라 분석 방법이 달라진다. 사업 참여도가 낮은 경우 사업이 의도한 효과를 나타내기 어렵기 때문에 대부분의 사업 평가는 특정 횟수 이상 참여한 대상만을 효과평가의 분석 대상으로 포함한다. 예를 들어, 10회 영양교육 사업에 대한 효과평가를 하는 경우 8회 이상 출석한 참여자만을 대상으로 효과를 평가할 수 있다.

ITT Intention-To-Treat 분석은 사업 참여 정도나 중도 탈락 여부와 관계없이 참여자가 원래 배정된 상태로 분석하는 방법이다. 사업의 중도탈락자끼리 공통의 특성을 가지는 경우가 있다. 예를 들어, 먼 지역에 사는 사람들이 중도에 탈락하는 비율이 높을 수 있을 것이다. 중도탈락자를 분석에서 제외할 경우, 사업 효과 해석 과정에 편향이 발생할 수 있는데 ITT 분석은 처음에 무작위 배정한 집단을 유지함으로써 분석 과정에서 편향을 통제한다.

사업 평가를 위한 분석 결과는 평가 질문(가설)에 근거하여 해석한다. 분석 결과표를 작성하고, 결과를 해석하여 주요 이해관계자와 공유하고 논의한다.

(4) 결과 보고

사업 평가 결과의 공유 및 확산을 위해 결과 보고서 작성이 필요하다. 결과 보고서 작성 전 먼저 보고 대상을 결정하고, 그에게 적합한 방식으로 결과를 보고한다. 예를 들어, 사업의 예산을 지원한 기관은 구두 보고나 서면 보고서를 선호할 수 있다. 반면 다양한 이해관계자는 각자의 특성에 따라 서면 보고서나 온라인매체, 언론 기사 등을 통해 결과를 접하는 방식을 선호할 수 있다. 또한 사업 평가 결과를 전문학회에 보고하고자 하는 경우 구두 보고나 포스터의 형식으로 만들어서 결과를 알릴 수 있으며, 학술지 논문의 형태로 사업의 결과를 보고할 수도 있다.

(5) 적용

지역사회 영양사업의 효과평가 결과를 다음 사업의 실행에 적용할 수 있다. 효과가 미흡한 사업이었다면 평가 결과 문제점으로 진단된 항목을 보완하여 사업을 개선하거나 사업을 중단할 수 있다. 사업이 효과적이었다면 사업을 지속하거나 확대할 수 있으며, 타 조직이나 지역에 사업을 전파할 수 있다.

3) 사업 평가 시 고려사항

지역사회 영양사업의 평가는 과학적으로 이루어져야 하며, 사업 관계자와 참여자 모두에게 효율적으로 수행되어야 한다. 지역사회 영양사업을 평가할 때, 평가요소별로 고려해야 할 사항은 **표 10-4**와 같다.

표 10-4 지역사회 영양사업 평가 시 고려사항

평가 요소	과학적 고려사항	사업 측면의 고려사항
무엇을	이론에 근거해서 사업 효과의 강도를 반영할 수 있는 결과/영향과 관련한 변수	가장 중요도가 높은 목표 달성 정도를 보여줄 수 있는 변수, 예산 지원 기관이 가장 관심 있는 변수
누구를	비참여자와 비교할 수 있고 대표성 있는 집단, 윤리적 문제가 없는 대상	쉽게 접근 가능한 사업 참여자/비참여자
언제	효과의 시작 시점과 지속 기간	사업 참여자의 편의
왜	과학적 지식/근거 생산 및 기여	사업 홍보, 사업 개선, 예산 지원 기관이 제시한 의무사항
어떻게	타당하고 신뢰성 있는 근거 생산을 위한 측정도구, 설계, 분석법 이용	사업 실행에 방해 최소화

4. 평가 타당도

타당도validity는 주로 조사 도구를 설명할 때 등장하는 개념으로, 해당 조사 도구가 측정하고자 하는 변수를 참값에 가깝게 측정한 정도를 의미한다. 지역사회 영양사업을 평가할 때도 평가의 타당도가 중요하다.

평가의 타당도는 독립변수(사업)가 종속변수(사업 결과)를 설명하는 정도를 의미한다. 즉, 지역사회 영양사업의 평가 타당도는 해당 사업이 참여자의 건강이나 식생활 변화를 얼마나 잘 설명하는지를 나타내는 것이다. 평가 타당도가 낮은 경우 지역사회 영양사업 이외의 다른 요인에 의해 건강 결과가 나타났을 가능성이 있으므로 평가 타당도를 확보하는 것이 중요하다. 평가 타당도에는 통계적 결론 타당도statistical conclusion validity, 내적 타당도internal validity, 외적 타당도external validity, 구성 타당도construct validity 등이 있다.

표 10-5 평가 타당도의 위협요인과 대응 방안

구분	정의 및 활용	타당도 확보 방안
통계적 결론 타당도	• 사업과 사업으로 인해 나타난 결과의 관계를 정확하게 추론할 수 있는 정도 • 통계적 결론 타당도가 낮으면 평가를 통해 도출한 결론을 신뢰할 수 없음 • 통계적 결론 타당도는 평가를 위한 분석 시 적합한 통계적 방법을 이용했는지, 통계적 검정력, 측정도구의 신뢰성과 관련 있음	• 대조군이 있는 경우, 실험군과 대조군의 유사성을 확보하여 두 집단 간의 특성 차이로 인한 영향 통제 • 사업 수행이 여러 장소, 여러 담당자에 의해 이루어지는 경우 실행 과정 모니터링과 질 관리로 동일한 실행 보장 • 대상자 수를 충분히 확보하여 통계적 검정력 증가 • 적절한 통계분석 방법 활용
내적 타당도	• 사업의 결과가 실제로 사업 수행으로 인한 결과인지 여부에 대한 판단 • 평가가 사업과 결과의 인과관계를 얼마나 잘 추론하는지를 반영	• 사업 참여 조건이 까다로운 경우 대상자의 특성이 사업 결과에 영향을 미침. 참여 조건이 까다롭지 않도록 유의 • 사업 참여 중 중도탈락자가 많은 경우, 남아 있는 참여자의 특성이 사업 결과에 영향을 미침. 중도탈락 최소화 방안 고려와 함께 중도탈락자와 사업 종결자의 특성이 유사한지 검토 • 사업과 동시에 일어나는 다른 사건(예: 식품 가격 인상, 새로운 정책 시행 등)이 사업에 미치는 영향 고려 • 사업 전후 측정
외적 타당도	• 사업을 대상자, 실행 환경 등이 다른 조건에 적용했을 때 사업의 결과(인과관계)가 얼마나 유사하게 나타나는가, 즉 사업 결과를 일반화할 수 있는지 여부	• 다양한 특성의 사람들이 사업에 참여할 수 있도록 함 • 대조군이 있는 경우 실험군과 대조군을 무작위 배정하여 특정 조건의 사람들만 사업에 참여하지 않도록 함
구조 타당도	• 사업의 구조, 개념, 활동이 사업을 만들 때 활용한 이론적 구조나 개념을 반영하는 정도	• 사업에 관여하는 여러 담당자가 사업의 구조, 개념, 활동 방법에 대해 동일하게 이해하고, 동일한 방식으로 사업을 실행하도록 함

더 알아보기 10-3

나트륨 섭취 감소사업 평가지표 선정 예시

지역사회 영양사업의 평가를 위해서는 평가지표가 필요하다. 평가지표는 평가 계획 수립 시 함께 선정해야 하며, 어떤 변수를 평가지표로 활용할지와 함께 해당 변수 수집 방안도 계획해야 한다. 아래와 같이 평가지표 선정 시 평가지표의 활용 목적과 수집 방안을 제시하면 체계적인 평가 계획을 세우는 데 도움이 된다.

표 10-6 나트륨 섭취 감소사업의 평가지표

평가지표	평가목적	평가시기	평가지표 수집 방안
사업 등록 인원	과정평가	사업 시작일 1회	등록 관리대장
영양교육 출석률	과정평가	매월 15일	출석부
개인 영양상담 참여율	과정평가	매월 15일	상담 현황 기록지
나트륨 관련 지식 변화	효과평가	사업 시작, 종료 시점 각 1회	나트륨 지식 설문조사
나트륨 섭취량 변화	효과평가	사업 시작, 3개월차, 종료시점 각 1회	식사일기

요약

1. 지역사회 영양사업이 계획한 목적과 목표를 달성했는지를 파악하고, 사업의 효과성과 효율성을 판단하며, 개선 방향을 모색하기 위해 사업 평가를 수행함

2. 지역사회 영양사업의 평가는 평가 시기와 목적에 따라 형성평가, 과정평가, 효과평가, 경제성 평가 등으로 나눌 수 있으며, 양적·질적 방법을 활용하여 평가할 수 있음

3. 지역사회 영양사업의 평가는 계획 수립 → 자료 수집 → 자료 분석 → 보고 → 적용의 단계로 수행됨

활동

1. 제7, 8장에서 기획한 지역사회 영양사업의 과정평가와 효과평가를 계획해보자.

2. 과정평가와 효과평가를 위한 평가지표를 작성해보자.

평가지표	평가목적	평가시기	평가지표 수집 방안

지역사회영양활동은 지역사회에서의 건강 관련 영양 및 식생활 문제를 확인하고, 이를 개선하기 위한 활동을 개발 및 실행함으로써 건강 유지 및 건강증진을 도모하는 모든 활동을 의미한다. 이러한 지역사회영양활동은 크게 영양정책과 영양사업으로 나눌 수 있다. 이 파트에서는 지역사회영양활동인 영양정책 및 관련된 제도와 영양사업 등에 대해 알아보고자 한다.

PART 04

지역사회 영양정책과 영양사업

CHAPTER 11

영양정책

영양정책은 국민의 건강 유지 및 증진을 위해 영양상태를 최적화하기 위한 활동으로, 정부나 지역사회가 영양불량에 영향을 미치는 요인들을 개선하기 위해 마련하는 법률적, 제도적, 행정적 체계를 의미한다. 이 장에서는 영양정책 수립 시 고려해야 할 요인, 영양정책 수립 과정, 그리고 우리나라의 영양정책 현황을 소개하고자 한다.

학습목표

1 영양정책 수립 시 고려할 요인과 수립 과정을 설명할 수 있다.
2 우리나라에서 실행되고 있는 영양정책을 사례를 들어 설명할 수 있다.
3 영양정책과 관련된 행정기관과 법령을 소개할 수 있다.

1. 영양정책

영양정책nutrition policy은 영양전략nutrition strategy, 영양계획nutrition planning, 식품영양정책food and nutrition policy 등으로 불리기도 한다. 1972년 국제연합식량농업기구FAO는 영양정책을 '식품 수요와 공급의 균형을 달성하기 위한 교육적 · 경제적 · 기술적 · 입법적 수단들을 총괄하는 종합적인 노력'으로 정의하였다. 또한 1976년 세계보건기구WHO 영양분과장 벵고아Bengoa는 식품영양정책을 '모든 인구집단의 영양상태를 최적화하되, 특히 영양부족 위험이 높은 집단의 보호에 중점을 두어 정책을 조정하는 체계'로 정의하였다.

1) 영양정책 수립 시 고려사항

영양정책은 개인이나 지역사회, 국가 차원에서의 영양상태에 영향을 주는 요인들에 의해 결정되기 때문에 나이, 성별, 교육 수준, 소득, 영양관리 능력 등 인구 · 사회학적 특성뿐만 아니라 사회 · 경제학적 측면, 그리고 문화적 측면 등을 종합적으로 고려해야 한다. 예를 들어, 아동의 비만을 예방하기 위한 영양정책을 수립하기 위해서 고려해야 할 점을 생태학적 모델의 다양한 수준에서 나열한다면 **그림 11-1**과 같다.

영양정책은 영양nutrition, 식품안전food safety, 지속가능한 식품 공급sustainable food supply에 관한 세 가지 영역으로 구성되어 있으며, 이들은 서로 연결되어 밀접한 협력이 필요하다(**그림 11-2**). 영양 영역은 주로 저소득층, 영유아, 아동, 임신 · 수유부, 노년층 등 영양취약집단에서 발생할 수 있는 영양부족 문제와 영양소 과잉 또는 불균형으로 인한 만성질환 문제를 다룬다. 식품안전 분야는 식품의 생산부터 유통 · 소비에 이르는 전 과정에서 생물학적, 화학적, 물리적 오염을 예방하는 것을 목표로 한다. 주요 오염원으로는 곰팡이나 바이러스 등의 미생물, 자연발생독소, 환경오염물질, 중금속, 농약 잔류물, 조리 · 가공 · 저장 과정에서 첨가되거나 생성되는 유해물질 등이 포함된다. 식품안정성은 우리 몸에 필요한 영양소를 공급할 수 있는 식품을 안정적으로 확보하는 것을 목표로, 식품 생산 및 재고 수준과 같은 물리적 이용 가능성, 소득 및 지출과 시장가격 등의 경제적 접근성, 소비된 식품의 생물학적 활용성, 그리고 기후, 경제적 · 정치적 안정성 등과 관련된 정책을 포함한다.

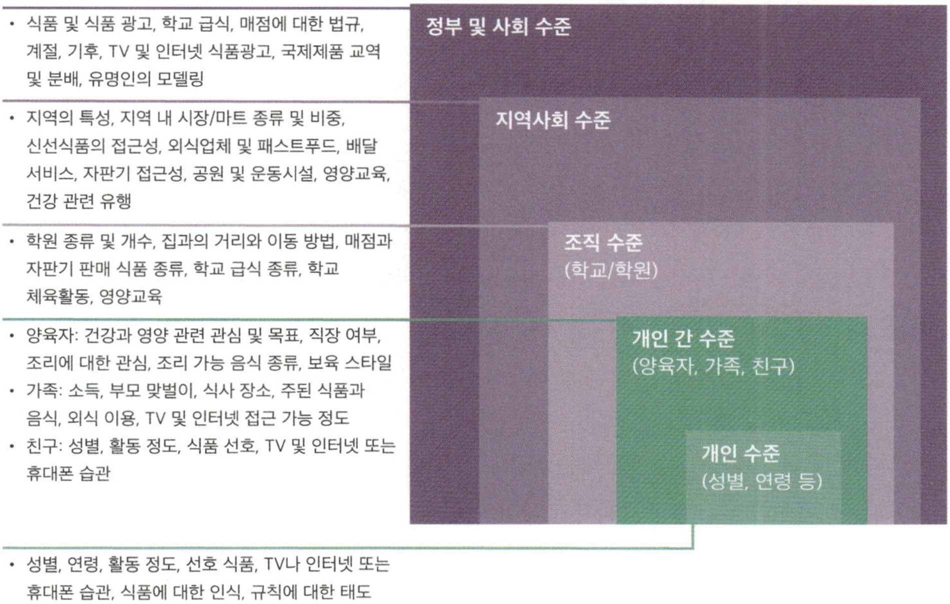

그림 11-1 생태학적 모델의 관점에서 본 아동 비만 결정요인

출처: Genesee County Health Department. A model process for enhancing the health of community. 2009. 수정 인용.

그림 11-2 영양정책의 세 가지 영역

출처: WHO. The Fist Action Plan for Food and Nutrition Policy. 2001.

2) 영양정책 수립 과정

영양정책 수립은 인구집단의 영양문제를 확인하고 이를 개선할 수 있는 정책을 입안하여 수행 · 평가하는 과정을 말한다. 근거 기반evidence-based으로 이루어져야 하며, 그 순서는 다음과 같다(**그림 11-3**).

① 영양문제 확인 영양문제를 과학적 근거에 기반하여 정확히 확인한다. 이는 영양 관련 문제를 개인 차원이 아닌 사회적 수준으로 공론화하고, 문제의 원인을 조사 및 분석하여 영양 중재nutrition intervention를 통한 문제 해결 가능성을 확인하고 정책의제를 설정하는 과정이다.

② 목적 및 목표 설정 영양문제를 해결하기 위한 목적 및 목표를 설정한다. 이 과정에서는 정책의 효과뿐만 아니라 예상되는 문제점까지 고려하여 구체적으로 목표를 수립한다.

③ 정책 개발 및 입안 정책 개발 및 입안을 통해 영양문제 해결을 위한 정책안을 작성하고, 토론과 심의 등을 거쳐 최종안을 선정한다. 정책안은 국가 또는 지방자치단체 차원에서 결정되며, 필요시 법률 개정 · 제정을 위해 국회 입법 과정을 거친다.

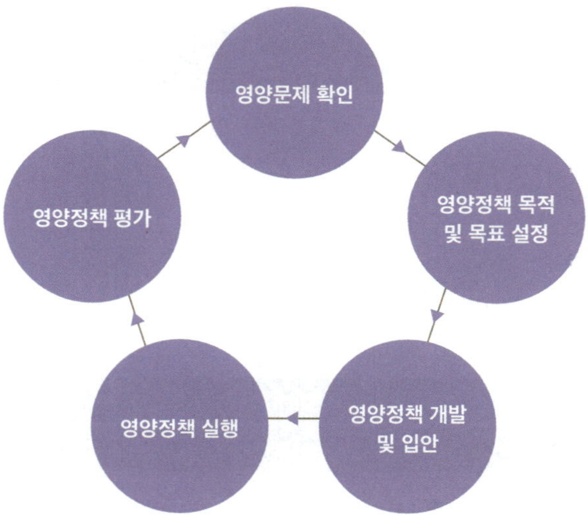

그림 11-3 영양정책 흐름

출처: Margetts. An overview of public health nutrition. 2004. 수정 인용.

④ **정책 실행** 선정된 영양정책을 실행하며, 실행 과정 중 모니터링과 평가를 통해 필요한 부분을 수정 및 보완한다.

⑤ **정책 평가** 마지막으로 정책을 평가한다. 영양문제 확인 단계부터 과학적 조사 및 분석을 바탕으로 모니터링을 지속하며 목표 달성 여부를 평가하고, 이를 바탕으로 정책의 수정, 보완, 종결 또는 폐기 여부를 결정한다.

더 알아보기 11-1

근거 기반의 보건영양활동 사례: 미국 엽산 강화정책

신경관 결손증(Neural Tube Defects, NTDs)은 임신 첫 달, 즉 척추나 뇌에서 신경관이 형성되는 초기 단계에 발생하며, 신경관이 제대로 형성되지 않으면 척추갈림증이나 무뇌증과 같은 심각한 결손을 초래할 수 있다. 1965년 엽산 결핍이 신경관 결손증 발생과 관련이 있다는 가설이 제시되었고, 이후 여러 연구를 통해 엽산이 신경관 결손증 위험을 감소시킬 수 있음이 제안되었다. 1991년 미국질병통제예방센터(CDC)는 신경관 결손증 이력이 있는 여성에게, 그리고 1992년 미국 공공보건국(USPHS)은 모든 가임기 여성에게 강화식품과 보충제, 식사를 통해 매일 0.4mg의 엽산을 섭취할 것을 권고하였다. 미국 식품의약청(FDA)은 보충제의 가격이 저소득층에게 부담이 될 수 있으며, 임신 사실을 모르는 여성들에게 효과적인 예방책이 필요하다는 점을 고려하여 식품에 엽산을 강화하는 것에 대한 이점을 검토했다. 그 결과 1996년 5월, FDA는 곡물 제품에 100g당 140μg의 엽산을 강화하도록 하는 규정을 발표했다. 미국 질병통제예방센터는 '질병과 사망 주간보고서(MMWR)'에서 FDA가 신경관 결손증을 예방하기 위해 모든 곡물에 의무적으로 엽산을 강화한 지 16년 만에 그 발생률이 35%(연간 1,300명가량) 감소했다고 발표하였다.

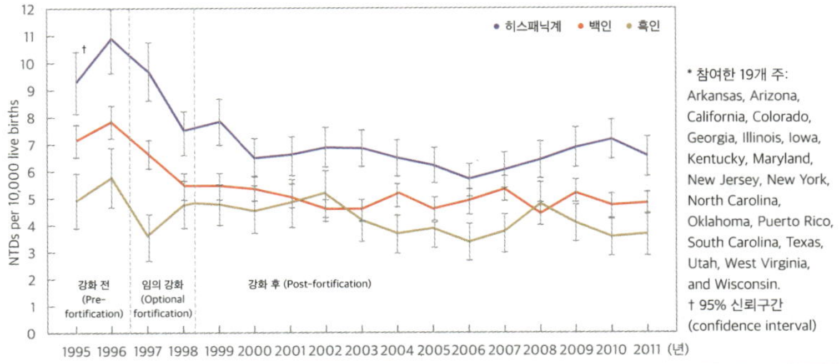

그림 11-4 모성 인종별 의무적인 엽산 강화 전후의 신경관 결손(무뇌증 및 척추이분증) 유병률-미국 19개 주 인구 기반 선천적 결손 감시 프로그램, 1995~2011.

출처: CDC. Updated Estimates of Neural Tube Defects Prevented by Mandatory Folic Acid Fortification—United States, 1995-2011. Morbidity and Mortality Weekly Report. 2015;64(1):1-5.

2. 우리나라 영양정책

우리나라의 영양정책은 과거에는 영양취약계층의 영양 부족 문제에 초점을 맞추고 있었으나, 점차 만성질환 관리 및 전반적인 건강증진까지 포함하는 정책으로 변화하고 있다(표 11-1).

표 11-1 우리나라의 주요 영양정책

정책	발표 시기	담당 정부기관
국민건강증진종합계획	2002.	보건복지부
국민영양관리기본계획	2012. 07.	
건강투자전략	2007. 01.	
국가 비만관리 종합대책(안)	2005. 11.	
위해요소중점관리기준 제도	1996. 12.	식품의약품안전처
나트륨 저감화 정책	2005.	
트랜스지방 저감화 정책	2005.	
아크릴아마이드 저감화 정책	2007.	
식품안전종합대책	2008. 07.	
어린이 먹거리 안전종합대책	2007. 02.	
영양표시제도	2007. 10.	
불량식품 통합 신고센터 제도	2013.	
우수위생관리기준 제도	2013.	
학교 급식 개선 종합대책	2006. 12.	교육부
학생건강증진대책	2007. 09.	
식생활교육 기본계획	2010. 04.	농림축산식품부

1) 국민건강증진종합계획

「국민건강증진법」 제4조 '국민건강증진 종합계획의 수립'에 따라 보건복지부에서는 5년마다 질병의 사전 예방 및 건강증진을 위한 중장기 정책 방향을 제시하는 〈국민건강증진종합계획〉을 수립하고 있다. 2002년부터는 10년 단위로 계획을 수립하고 5년마다 보완계획을 마련하고 있다. 〈제4차 국민건강증진종합계획Health Plan 2020: HP2020〉 평가 결과에 따르면, 건강수명은 개선되고 있으나 기대수명과 건강수명 간의 격차는 증가하였고 성별에 따라 차이가 있었으며, 고위험음주율, 비만 유병률, 고혈압 유병률도 소득과 지역에 따라 격차가 모두 증가하였다. 따라서 〈제5차 국민건강증진종합계획Health Plan 2030: HP2030, '21~'30〉에서는 성별, 소득, 지역 간 건강 형평성을 확보하고 출생부터 노년까지 모든 생애주기에 건강권을 보장하기 위한 대책이 포함되었다. 〈HP2030〉에서는 '건강수명 연장'과 '건강 형평성 제고'를 통해 "모든 사람이 평생 건강을 누리는 사회"를 목적으로 하고 있으며, 이를 위해 총 6개 분과에 걸쳐 28개 중점과제를 설정하고, 모든 사람이 모든 생애 과정과 생활터에서 건강을 누릴 수 있도록 건강 수준을 향상시키고자 한다(**그림 11-5**).

모든 사람이 평생 건강을 누리는 사회

건강수명 연장, 건강 형평성 제고

기본원칙

1. 국가와 지역사회의 모든 정책 수립에 건강을 우선적으로 반영
2. 보편적인 건강수준의 향상과 건강 형평성 제고를 함께 추진
3. 모든 생애 과정과 생활처에 적용
4. 건강친화적인 환경 구축
5. 누구나 참여하고 만들고 누릴 수 있도록
6. 관련된 모든 부문이 연계하고 협력

건강생활 실천	정신건강 관리	비감염성 질환 예방관리
금연 절주 영양 신체활동 구강건강	자살예방 치매 중독 지역사회 정신건강	암 심뇌혈관질환 비만 손상

감염 및 기후변화성 질환 예방관리	인구집단별 건강관리	건강친화적 환경 구축
감염병 예방 및 관리 감염병 위기 대비·대응 기후변화성 질환	영유아 아동·청소년 여성 노인 장애인 근로자 군인	건강친화적 법제도 개선 건강정보 이해력 제고 핵심 정보기술의 적용 재원 마련 및 운용 지역사회 자원 확충 및 거버넌스 구축

그림 11-5 제5차 국민건강증진종합계획(HP2030)

출처: 보건복지부, 한국건강증진개발원. 제5차 국민건강증진종합계획 2020.

〈HP2030〉의 영양부문은 3개 분야의 20개 성과지표로 구성되어 있으며, 소득수준에 따른 격차를 모니터링할 수 있도록 각 성과지표마다 형평성 지표를 선정하였다. 구체적인 내용은 **표 11-2**와 같다.

표 11-2 제5차 국민건강증진종합계획 2030 영양부문 성과지표

성과 지표	기준치 (2018)	목표치 (2030)
1. 식품안정성을 유지한다.		
식품 안정성 확보 가구분율(대표지표)	96.9%	97.0%
소득 1-5분위 식품 안정성 확보 가구분율 격차(형평성 대표지표)	11.4%p	7.0%p
2. 건강 식생활 실천율을 증가시킨다.		
포화지방산을 적정 수준으로 섭취하는 인구 비율(만 3세 이상)	49.7%	74.0%
소득 1-5분위 포화지방산을 적정 수준으로 섭취하는 인구 비율 격차(만 3세 이상)	5.9%p	0.0%p
나트륨을 적정 수준으로 섭취하는 인구 비율(만 1세 이상)	32.4%	42.0%
소득 1-5분위 나트륨을 적정 수준으로 섭취하는 인구 비율 격차 (만 1세 이상)	9.7%p	0.2%p
과일/채소를 1일 500g 이상 섭취하는 인구 비율(만 6세 이상)	26.2%	41.0%
소득 1-5분위 과일/채소를 1일 500g 이상 섭취하는 인구 비율 격차(만 6세 이상)	11.5%p	6.0%p
가공식품의 영양표시 이용률(초등학생 이상)	28.5%	31.7%
소득 1-5분위 가공식품의 영양표시 이용률 격차(초등학생 이상)	4.7%p	4.0%p
건강 식생활 실천율(만 6세 이상)	42.0%	50.6%
소득 1-5분위 건강 식생활 실천율 격차(만 6세 이상)	5.2%p	4.4%p
칼슘을 적정 수준 섭취하는 인구 비율(만 1세 이상)	16.8%	21.0%
소득 1-5분위 칼슘 적정 수준 섭취하는 인구 비율 격차(만 1세 이상)	4.6%p	2.0%p
비타민 A를 적정 수준 섭취하는 인구 비율(만 1세 이상)	11.8%	24.0%
소득 1-5분위 비타민 A를 적정 수준 섭취하는 인구 비율 격차(만 1세 이상)	0.4%p	0.0%p
3. 영양서비스 접근성을 강화한다.		
영양섭취 부족 노인 인구 비율(75세 이상)	18.5%	12.0%
소득 1-5분위 영양섭취 부족 노인 인구 비율 격차(75세 이상)	5.4%p	0.0%p
가임기 여성의 빈혈 유병률	13.1%	11.0%
소득 1-5분위 가임기 여성의 빈혈 유병률 격차	2.8%p	0.0%p

출처: 보건복지부, 한국건강증진개발원. 제5차 국민건강증진종합계획 2020.

〈HP2030〉에서는 건강한 식생활 실천 및 최적의 영양상태를 유지를 위한 기반 강화를 목표로, **표 11-3**과 같이 세 개의 세부과제도 선정하였다.

표 11-3 제5차 국민건강증진종합계획 2030(HP2030) 영양부문 과제

영양 과제		정부 부처	과제번호
1. 인구집단별 맞춤형 영양관리 서비스 확대 및 접근성 강화	• 임산부·다문화가정 선정기준 완화 등 영양플러스사업 확대 및 운영지원 강화 • 아동·청소년·젊은 성인의 아침결식 예방, 과일과 채소 섭취 등 홍보·캠페인 • 당류·포화지방·나트륨 섭취에 대한 관리 • 노인 유형별 영양관리 프로그램 도입 • 노인복지시설 등 급식 위생 및 영양관리 지원	보건복지부, 식품의약품 안전처	1-3-①
2. 만성질환의 예방 및 관리를 위한 영양정책 추진	• 만성질환별, 생애주기별 세분화된 영양소 섭취기준 및 식생활지침 마련(5년 주기) • 효과적인 교육·홍보 자료 개발 및 보급, 영양사업 및 정책 제안 등 연계	보건복지부	1-3-②
3. 올바른 식생활·영양 정보 제공체계 구축	• 건강식생활 실천 캠페인 추진 • 국가공인 영양성분 DB 제공, 가공·간편식에 대한 영양표시 의무화 확대	보건복지부, 식품의약품 안전처	1-3-③

출처: 보건복지부, 한국건강증진개발원. 제5차 국민건강증진종합계획 2020.

더 알아보기 11-2

미국의 Healthy People 2030

미국 보건복지부(Department of Health and Human Serviece, HHS)는 1980년대부터 10년 단위로 국가 건강 목표인 〈Healthy People(HP)〉를 발표하고 있다. 현재 2021~2030년까지 달성해야 할 목표를 담은 다섯 번째 계획인 HP2030을 추진하고 있으며, 주기적으로 이행상황을 발표하고 있다(https://odphp.health.gov/healthypeople). 〈HP2030〉의 비전은 '모든 사람이 전 생애주기에 걸쳐 건강과 웰빙의 가능성을 최대한으로 확보할 수 있는 사회'이며, 특히 '건강 형평성(Healthy Equity) 달성', '건강정보 이해력(Healthy Literacy) 제고', '건강의 사회적 결정요인(Social Determinants of Health) 관리'의 세 가지 우선순위 영역을 설정하여 강조하고 있다.

〈HP2030〉의 주제 영역은 총 62개로, 각 주제 영역 아래 제시된 목표는 핵심 목표 358개, 개발 목표 114개, 연구 목표 40개로, 총 509개다. 주제 영역 중 '영양과 건강한 식생활(Nutrition and Healthy Eating)' 아래 포함된 13개의 핵심 목표와 1개의 개발 목표는 다음과 같다.

(계속)

1. 1~2세 어린이의 철 결핍 감소
2. 덜 건강한 식품 및 음료를 판매하지 않는 학교의 비율 증가(개발 목표)
3. 2세 이상 인구의 나트륨 섭취 감소
4. 2세 이상 인구의 비타민 D 섭취 증가
5. 2세 이상 인구의 과일 섭취 증가
6. 2세 이상 인구의 채소 섭취 증가
7. 2세 이상 인구의 짙은 녹색 채소, 적색과 주황색 채소, 두류 섭취 증가
8. 2세 이상 인구의 첨가당 섭취 감소
9. 가구 식품불안정과 기아 감소
10. 어린이 중 심각한 식품불안정(very low food security) 퇴치
11. 2세 이상 인구의 통곡류 섭취 증가
12. 2세 이상 인구의 포화지방 섭취 감소
13. 2세 이상 인구의 칼슘 섭취 증가
14. 2세 이상 인구의 칼륨 섭취 증가

또한, 다른 주제 영역 아래에도 영양과 밀접하게 관련된 목표들이 있다. 예를 들어, 주제 영역 중 '여성' 아래 '가임기 여성 중 엽산을 충분하게 섭취하는 비율 증가'와 '12~49세 여성 중 철 결핍 비율 감소'가 있다. 그리고 주제 영역 '직장' 아래 '직원 영양 프로그램을 제공하는 직장의 비율 증가'가 있으며, 주제 영역 '청소년' 아래에도 '학교 아침 제공 프로그램에 참여하는 학생의 비율 증가' 등이 있다.

2) 국민영양관리기본계획

보건복지부는 「국민영양관리법」 제7조에 따라 5년마다 우리나라 국민의 영양관리 목표와 정책 방향을 설정하고 정부 정책과제를 제시하는 〈국민영양관리기본계획〉을 체계적으로 수립하여 시행하고 있다. 최근 〈제2차 국민영양관리기본계획('17~'21년)〉이 종료됨에 따라 성과를 평가하였고, 1인 가구 증가, 인구 고령화, 영양 불균형 및 비만 증가, 만성질환 증가, 코로나19 등 국내외 환경 및 여건을 고려하여 〈제3차 국민영양관리기본계획('22~'26년)〉을 수립하였다(**그림 11-6**).

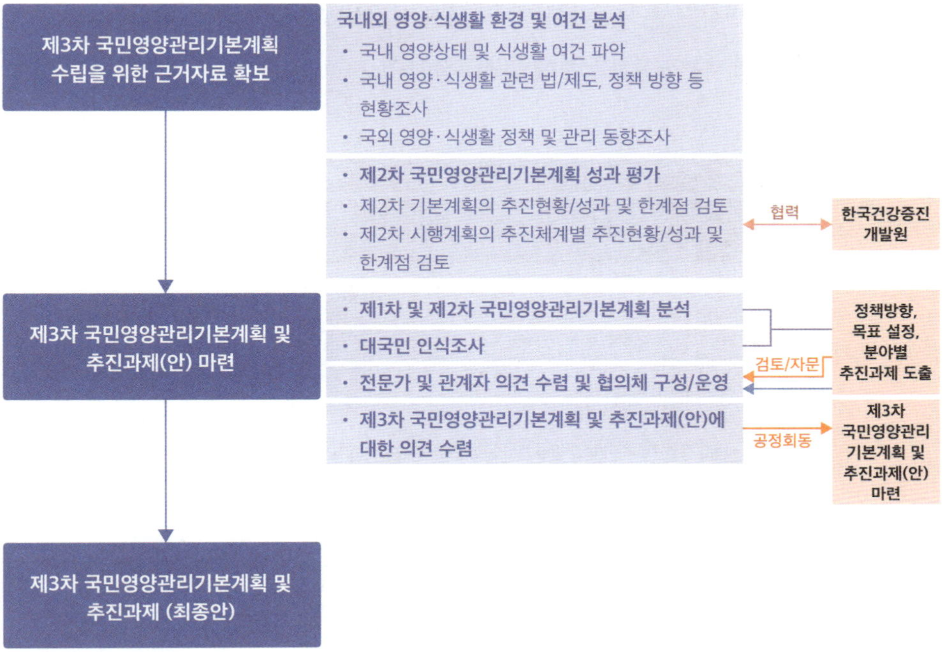

그림 11-6 제3차 국민영양관리기본계획 수립 과정

출처: 보건복지부. 제3차 국민영양관리기본계획(2022~2026년). 2022.

〈제2차 국민영양관리기본계획〉의 성과에는 나트륨 · 당류 줄이기와 저염 · 저당 조리실습 등 체험형 식생활 교육프로그램 운영, 가공식품 영양표시 의무화 확대 및 나트륨 저감 지원 등을 통한 건강식생활 실천환경 조성과 모바일 헬스케어사업 참여 보건소 확대, 학교 영양관리 프로그램 개발 보급, 영양취약계층 맞춤형 영양관리 추진 등을 통한 맞춤형 영양관리 서비스 지원 강화, 과학적 · 체계적 국민영양관리정책 기반 확대 등이 있었다. 그러나 여전히 해결해야 할 과제로 영양에 관한 대국민 인식 강화와 영양정보 제공 확대, 국가 영양관리 체계 개선, 영양 전문인력 역량 강화 및 인프라 확대 등이 있다.

이를 반영하여 〈제3차 국민영양관리기본계획〉은 '모든 국민의 건강한 식생활 실천이 가능한 사회'를 만드는 것을 비전으로 수립되었다. 인구의 고령화 및 만성질환 증가, 사회 · 경제적 격차에 따른 영양불균형 개선 지연, 지속적인 영양섭취 및 식습관 문제, 전체 가구의 식료품비 중 가공식품 지출 증가 및 코로나19로 인한 혼자 하는 식사나 간편식 및 배달음식 증가 등 영양 · 식생활 환경 변화 등을 고려하여 성과지표를 선정하였다. 이에 따른 4대 추진 전략 및 15개 추진 과제, 29개 세부과제를 구성하였다(**그림 11-7**).

비전 모든 국민의 건강한 식생활 실천이 가능한 사회

목표 건강식생활 실천 인구 증가
누구나, 언제나, 어디서나 스마트 영양관리

- ○ 포화지방산 적정 수준으로 섭취하는 인구비율 증가
- ○ 나트륨 적정 수준으로 섭취하는 인구비율 증가
- ○ 과일/채소 1일 500g 이상 섭취하는 인구비율 증가
- ○ 가공식품 선택 시 영양표시 이용 인구비율 증가
- ○ 당 적정 수준으로 섭취하는 인구비율 증가
- ○ 아침식사 결식률 유지

※ 식품안정성 확보 가구분율 증가 ('20년 96.3% → '26년 96.7%)
※ 소득 1~5분위 간 격차 감소 ('20년 13.2%p → '26년 9.5%p)

↑

추진전략 및 실천과제

1. 국민의 식생활 변화인식 제고 추진
2. 건강한 식생활 실천을 위한 환경 조성
3. 생활밀착형 영양관리 지원체계 구축
4. 영양관리 기반 내실화를 위한 근거 강화 및 인프라 확충

↑

추진체계

1. 건강한 식생활 실천환경 조성 및 기반 강화
2. 중앙행정기관 및 지방자치단체와의 연도별 시행계획 수립/시행
3. 민관협력 거버넌스 구축

그림 11-7 제3차 국민영양관리기본계획(2022~2026년)의 비전과 전략
출처: 보건복지부, 제3차 국민영양관리기본계획(2022~2026년), 2022.

〈제3차 국민영양관리기본계획〉에는 맞춤형 영양관리를 강화하고 내실화를 위해 "스마트 영양관리"를 도입하였다. 이는 1인 가구 및 청 · 장년층 등을 포함하여 '누구나', 코로나19와 같은 재난 상황에서도 영양관리체계 유지할 수 있도록 '언제나', 그리고 ICT 기술 활용으로 공간적 제약을 완화하여 '어디서나' 영양관리를 가능하게 하는 것을 목표로 한다(**그림 11-8**).

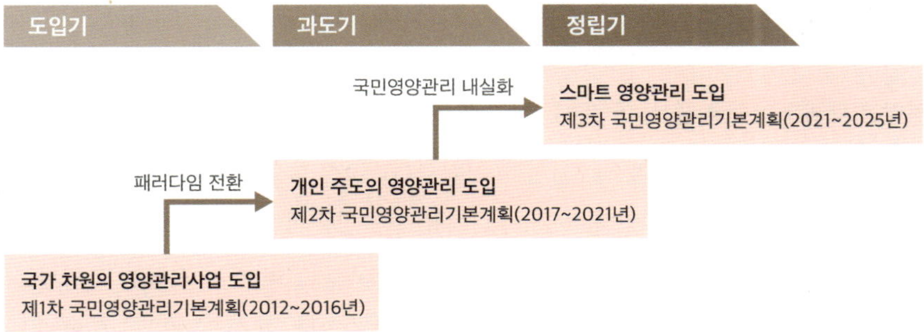

그림 11-8 영양관리의 발전방향

출처: 보건복지부. 제3차 국민영양관리기본계획(2022~2026년). 2022.

또한 영양관리의 과학적 근거를 마련하기 위해 '한국인 영양소 섭취기준 개정 및 활용 방안 연구', '식생활지침 개정 연구', '재난 시 긴급 영양관리 지원체계 구축을 위한 연구', 그리고 '건강인 기준의 도시락 영양기준 마련 및 인증 표시에 따른 효과성 연구'가 계획되었다(**표 11-4**).

표 11-4 영양관리 근거 마련을 위한 연구과제

연구과제	추진전략	추진과제	비고
한국인 영양소 섭취기준 개정 및 활용 방안 연구	영양관리 기반 내실화를 위한 근거강화 및 인프라 확충	영양관리 근거 마련 연구 기획 및 수행	「국민영양관리법」에 근거한 연구
식생활지침 개정 연구			
재난 시 긴급 영양관리 지원체계 구축을 위한 연구	생활 밀착형 맞춤 영양관리서비스 강화	긴급 영양관리 지원체계 구축	추진과제 수행에 선행되어야 하는 연구
건강인 기준의 도시락 영양기준 마련 및 인증 표시에 따른 효과성 연구	건강한 식생활 선택을 위한 환경 조성	건강한 식품 생산 유도	

3) 영양표시제도

〈영양표시제도〉는「식품 등의 표시 · 광고에 관한 법률」에 근거하여 식품의약품안전처에서 시행하고 있다. 1994년에 보건복지부 고시인 '식품 등의 표시기준'이 제정되면서 처음 도입하여 1995년부터 시행하고 있다. 〈영양표시제도〉는 식품의 영양정보를 소비자에게 정확하게 제공하여 합리적인 식품 선택을 돕는 제도로, 이를 통해 소비자는 건강한 식생활을 실천할 수 있다. 식품업체는 소비자의 영양필요량을 충족할 수 있는 제품을 개발하기 위해 노력함으로써 건강한 식생활 환경을 조성하고 국민 건강증진에 기여하는 데 중요한 역할을 한다.

〈영양표시제도〉는 식품에 포함된 영양소의 종류와 양을 소비자가 한눈에 볼 수 있도록 식품포장에 표시하는 것으로, 일정한 형식으로 영양성분 함량을 표시하는 영양성분 표시와 제품의 영양적 특성을 강조하여 표시하는 영양성분 강조표시가 있다(**그림 11-9**). 의무적으로 영양표시를 해야 하는 식품의 목록은 **표 11-5**와 같으며, 이는 지속적으로 확대되고 있다. 열량, 나트륨, 탄수화물, 당류, 지방, 트랜스지방, 포화지방, 콜레스테롤, 단백질의 9개 영양성분을 반드시 표시해야 하며, '무지방', '칼슘 강화' 등과 같은 영양강조표시를 하는 식품도 반드시 영양성분을 함께 표시해야 한다. 영양강조표시는 무, 저, 고(또는 풍부)로 영양소 함량 강조를 표시하거나 덜, 더, 강화, 첨가 등으로 영양소 비교강조를 표시한다.

그림 11-9 영양성분 표시 및 영양성분 강조표시(예)

출처: 식품의약품안전처. 식품안전나라 가공식품 영양표시. 2020.

표 11-5 영양표시 의무대상 식품

「식품 등의 표시 · 광고에 관한 법률」 시행규칙 제6조 제1항 영양표시 대상 식품(2024. 12. 30. 기준)
레토르트 식품(축산물 제외)
과자, 캔디류, 빵류 또는 떡류
아이스크림류 및 빙과류
코코아 가공품류 또는 초콜릿류
당류
잼류
두부류 또는 묵류
식용유지류(모조치즈 및 기타 식용유지가공품 제외)
면류
음료류(침출차·고형차와 볶은 커피·인스턴트커피 제외)
특수영양식품
특수의료용도식품
장류(한식메주를 이용한 한식간장 제외)
조미식품(식초, 소스류, 카레 및 향신료가공품)
김치류(배추김치만 해당)
절임류(절임배추 제외)
농산가공식품류(전분류, 밀가루류, 땅콩 또는 견과류가공품류, 시리얼류 및 기타 농산가공품류)
식육가공품(햄류, 소시지류, 베이컨류, 건조저장육류, 양념육류, 식육추출가공품 및 식육함유가공품)
알가공품류(알 내용물 100% 제품 제외)
유가공품(우유류, 가공유류, 산양유, 발효유류, 치즈류 및 분유류)
수산가공식품류(어육가공품류, 젓갈류, 건포류, 조미김 및 기타 수산물가공품/수산물 100% 제품 제외)
즉석식품류(즉석섭취·편의식품류 및 만두류)
건강기능식품

영양정보는 표시 단위당 열량, 제품에 표시된 영양성분의 명칭과 함량, 1일 영양성분 기준치(1일 열량 섭취량 2,000kcal 기준)에 대한 비율(%)을 포함한다(**그림 11-10**). 영양성분 기준치는 식품에 표시하는 영양소의 1일 평균 섭취기준량으로, 성별이나 연령에 관계없이 영양소별로 단일 값인 영양성분 기준치를 기준으로 함량을 표시한 것이다.

〈영양표시제도〉는 지속적으로 제 · 개정되며 의무표시 대상품목과 영양성분이 확대되고 있다. 「어린이 식생활안전관리 특별법」에 의거하여 패스트푸드와 외식메뉴에 영양성분 표시를 의무화하고 있고, 어린이 비만 예방을 위해 제과 및 제빵류, 아이스크림, 햄버거, 피자 등 어린이 기호식품에 열량, 포화지방, 당, 나트륨, 단백질에 대한 함량 기준을 정해 판매 및 광고 제한이 이루어지고 있다. 최근 「어린이 식생활안전관리 특별법」 제8조 및 시행령 제7조에 의거하여 어린이 식품안전보호구역 내 학교와 우수판매업소에서 어린이 기호식품 중 고열량 ·

저영양 식품 및 고카페인 함유 식품을 판매하는 것을 금지하고 있다. 고열량·저영양 식품은 식품의약품안전처가 정한 기준보다 열량이 높고 영양가가 낮은 식품을 말하며(**그림 11-11**), 고카페인 함유 식품은 1mL당 카페인 함량이 0.15mg 이상 액상음료로, '고카페인 함유', '총 카페인 함량', '주의사항'을 표시해야 한다.

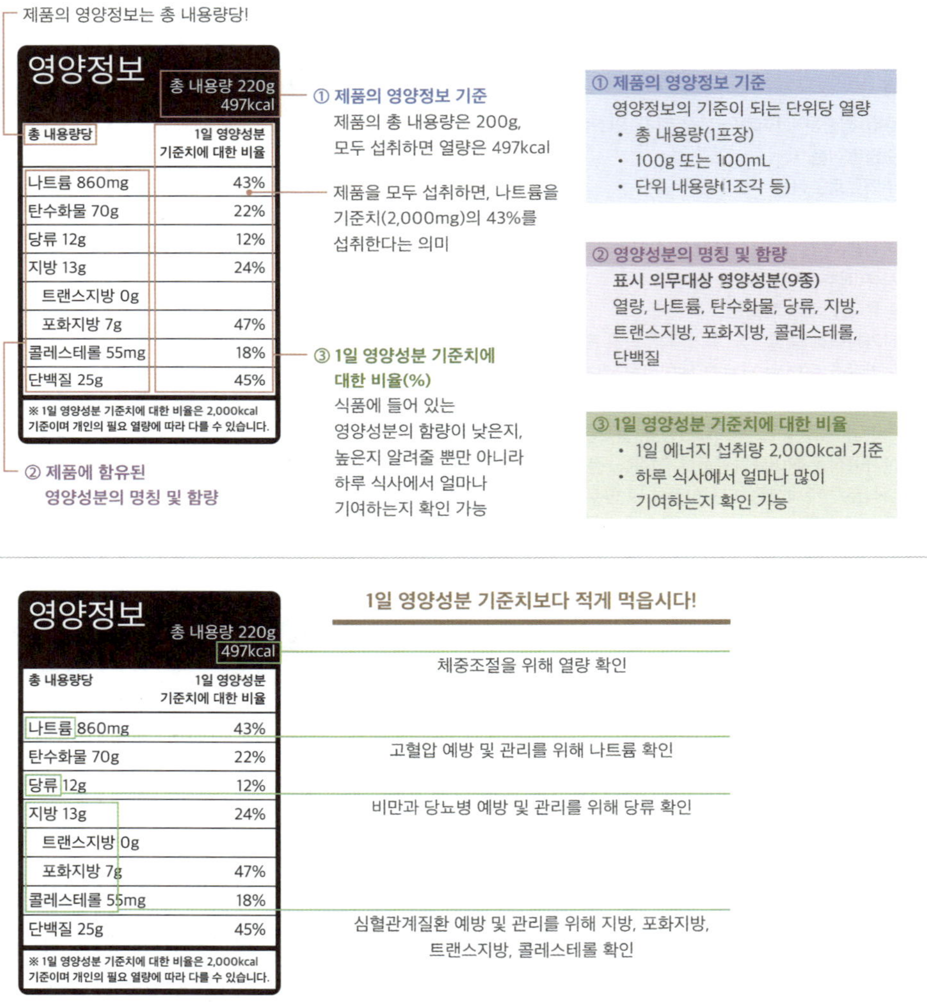

그림 11-10 영양표시 교육자료

출처: 식품의약품안전처. 한눈에 보는 영양표시 가이드라인_민원안내서. 2023.

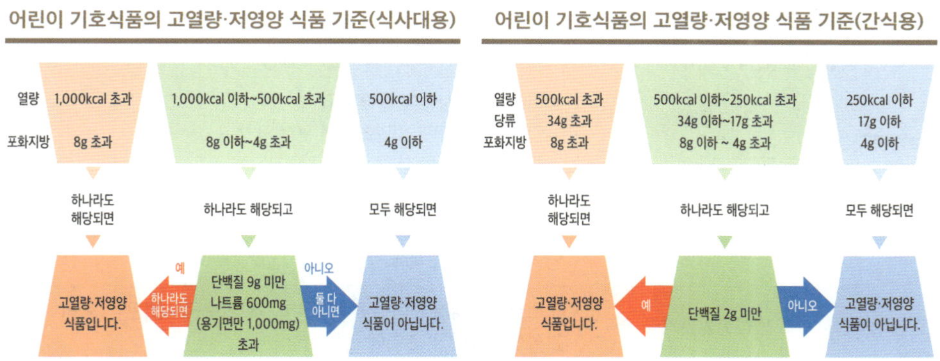

그림 11-11 고열량 · 저영양 식품 기준(식사대용 / 간식용)

출처: 식품의약품안전처.

3. 우리나라 영양 관련 행정기관과 법령

1) 영양 관련 행정기관

우리나라에서 영양정책을 수립하고 수행하는 주요 행정기관으로는 보건복지부, 질병관리청, 식품의약품안전처, 농림축산식품부 등이 있다(**표 11-6**). 보건복지부는 가장 핵심적 역할을 하는 영양 행정의 중앙기관으로, 국민영양사업 기획 및 정책을 총괄한다. 질병관리청은 감염병 및 만성질환 관리 등을 수행하며 2005년부터 〈국민건강영양조사〉를 실시하고 있다. 식품의약품안전처는 2013년 보건복지부 산하기관인 식품의약품안전청에서 승격되었으며, 식품(농수산물 및 그 가공품, 축산물 및 주류 포함), 건강기능식품, 의약품, 마약류, 화장품, 의약외품, 의료기기 등의 안전에 관한 업무와 안전한 먹을거리 소비문화 확산 등에 관한 업무를 담당하고 있다. 농림축산식품부는 과거에는 식량 수급 계획, 주곡 소비에 대한 식생활 개선, 혼식이나 분식 등에 관한 식생활 업무를 담당했으나, 현재는 농산, 축산, 식량, 농지, 수리, 식품산업 진흥, 농촌개발 및 농산물 유통 등에 관한 업무를 담당하고 있다. 농림축산식품부의 외청인 농촌진흥청은 1967년부터 농촌 영양수준의 향상을 위한 응용사업을 하고 있으며, 〈국가표준식품성분표〉를 발간하여 배포하고 있다(https://koreanfood.rda.go.kr).

표 11-6 영양 관련 행정기관 및 담당 부서

행정기관 및 담당부서		업무 내용
보건복지부	건강정책국	• 국민건강증진사업에 관한 총괄 • 국민 식생활·영양·비만관리에 관한 사항
	인구·사회서비스정책실	• 아동, 여성, 노인 건강정책 및 지원사업
한국보건산업진흥원		• 식품 및 영양정책 등에 관한 사항 • 영양 및 식생활조사에 관한 사항
질병관리청	만성질환관리국	• 국민건강 및 영양분야에 관한 조사 기획 및 수행, 자료관리, 활용 촉진 • 만성질환 예방 및 관리에 관한 사항
식품의약품안전처		• 식품 및 건강기능식품에 관한 정책 • 농·축산물 안전관리 등에 관한 정책
한국보건사회연구원		• 식품 안전, 건강증진 및 영양정책
한국식품연구원		• 식품 저장·유통·안정성 및 식품 분석·표준화
농림축산식품부	식량정책관	• 식량의 안정적 공급
	유통소비정책관	• 농산물 유통, 식생활소비정책 • 농·수산물 품질관리, 농식품 수급관리
	축산정책관	• 축산물 수급, 위생관리
	농촌진흥청	• 식량의 안정적 확보, 농업과학 기술
해양수산부	수산정책관	• 수산자원 관리, 수산업 진흥
교육부	학생건강정책국	• 학교 급식 업무
	지역 교육청	• 급식시설 안전 점검, 학교 급식 운영관리
행정안전부	시도 보건환경 연구원	• 식품안전, 수질관리, 위생관리
	기초 광역자치단체	• 물관리, 식품위생, 식생활 개선, 무료급식

주) 2025. 3. 31. 기준

2) 영양 관련 법령

영양정책과 관련된 법령으로는 「국민영양관리법」, 「식품위생법」, 「학교급식법」, 「국민건강증진법」, 「건강기능식품에 관한 법률」, 「어린이 식생활안전관리 특별법」 등이 있다(표 11-7). 자세한 내용은 법제처에서 관리하는 국가법령정보센터 홈페이지(https://www.law.go.kr)에서 확인할 수 있다.

표 11-7 영양 관련 법령 및 기관

영양 관련 법령	제정일	소관 기관
「의료법」(구 「국민의료법」)	1962. 3. 20.(1951. 9. 25.)	보건복지부
「지역보건법(구 「보건소법」)	2015. 5. 18.(1956. 12. 13.)	보건복지부
「아동복지법(구 「아동복리법」)	2011. 8. 4.(1961. 12. 30.)	보건복지부
「식품위생법」	1962. 1. 20.	식품의약품안전처
「모자보건법」	1973. 2. 8.	보건복지부
「학교급식법」	1981. 1. 29.	교육부
「노인복지법」	1981. 6. 5.	보건복지부
「영유아보육법」	1991. 1. 14.	보건복지부
「국민건강증진법」	1995. 1. 5.	보건복지부
「건강기능식품에 관한 법률」	2002. 8. 26.	식품의약품안전처
「어린이 식생활안전관리 특별법」 (고열량·저영양 식품 영양성분 기준)	2008. 3. 21. (2023. 9. 18.)	식품의약품안전처
「식생활교육지원법」	2009. 5. 27.	농림축산식품부
「국민영양관리법」	2010. 3. 26.	보건복지부

① 「국민영양관리법」

국민의 식생활에 대한 과학적인 조사 및 연구를 바탕으로 체계적인 국가영양정책을 수립·시행함으로써 국민의 영양 및 건강증진, 삶의 질 향상을 도모하기 위한 법이다. 주요 내용으로는 국민영양관리기본계획, 국민영양관리시행계획, 국민영양정책 심의, 영양·식생활 교육사업, 영양취약계층 등의 영양관리사업, 영양 및 식생활조사, 영양소 섭취기준 및 식생활지침의 제정 및 보급, 영양사의 면허 및 교육, 임상영양사의 자격 등이 있다.

②「식품위생법」

식품으로 인해 발생할 수 있는 위생상의 위해(危害)를 방지하고 식품영양의 질적 향상을 도모하며, 식품에 관한 올바른 정보를 제공함으로써 국민 건강의 보호 · 증진에 이바지함을 목적으로 한다. 주요 내용으로는 식품 및 첨가물, 기구와 용기 · 포장, 표시, 식품 등의 공전, 식품 검사, 영업, 영양사, 조리사, 식품위생심의 위원회, 식품위생단체, 건강 위해가능 영양성분 관리, 시정명령과 허가취소 등 행정 제재 등이 있다.

③「학교급식법」

학교 급식 등에 관한 사항을 규정함으로써 학교 급식의 질을 높여 학생의 건전한 심신의 발달과 국민 식생활 개선에 기여함을 목적으로 하며, 주요 내용으로 학교 급식시설 · 설비 기준, 학교 급식 관리 · 운영 등이 있다.

④「국민건강증진법」

국민의 건강에 대한 가치와 책임 의식을 높이고 건강에 관한 바른 지식을 전달하여 국민 스스로 건강한 생활을 실천함으로써 국민건강을 증진하고자 하는 것으로, 주요 내용으로는 국민건강증진종합계획의 수립, 광고의 금지, 금연 및 절주 등 국민건강의 관리, 영양개선, 국민건강영양조사, 국민건강증진기금 등이 있다.

⑤「건강기능식품에 관한 법률」

건강기능식품의 안전성 확보 및 품질 향상과 건전한 유통 · 판매를 도모함으로써 국민 건강증진과 소비자를 보호하는 데 목적이 있다. 주요 내용으로는 영업, 유전자변형건강기능식품의 표시 등의 기준 및 규격, 검사, 우수건강기능식품제조기준, 건강기능식품심의위원회 및 단체 설립, 시정명령 · 허가취소 등 행정제재 등이 있다.

⑥「어린이 식생활안전관리 특별법」

어린이들이 올바른 식습관을 가질 수 있도록 안전하고 영양을 고루 갖춘 식품을 제공하는 데 필요한 사항을 규정함으로써 어린이 건강증진에 기여하고자 하는 것이다. 주요 내용으로는 어린이 식품안전보호구역 지정 및 관리, 어린이 기호식품 관리, 올바른 식생활 정보 제공, 어린이급식관리지원센터 설치 및 운영 등에 관련 사항, 식생활 안전관리체계 구축 등이 있다.

더 알아보기 11 - 3

우리나라의 영양정책 수립 사례: 트랜스지방 저감화 정책

식품의약품안전처의 트랜스지방 저감화 정책 시행 과정은 대표적인 과학적 근거 기반(evidence based) 정책 개발 사례이다. 정책 수행 과정은 다음과 같다.

첫 번째 단계에서는 트랜스지방 과다섭취로 인한 건강문제를 인식하였다. 트랜스지방은 유지 및 유지가공식품에 함유되어 있으며, 혈청 내 LDL-콜레스테롤 수준을 증가시킨 반면 HDL-콜레스테롤 수준을 감소시킴으로써 트랜스지방을 많이 섭취할 경우 심장질환을 유발할 수 있다고 보고되었다.

두 번째로, 국내 가공식품에 들어 있는 트랜스지방 함량을 조사했고 섭취량을 파악했다. 트랜스지방은 쇼트닝, 마가린, 과자류, 케이크, 도넛, 전자레인지용 팝콘, 튀김용 냉동 감자 등에 많이 함유된 것으로 확인되었다. 식품의약품안전처에서 2006년 전국 3,000명을 대상으로 트랜스지방 섭취량을 조사한 결과, 하루 평균 섭취량은 0.365g이었으며, 에너지 섭취 기여율은 0.113%로 나타났다. 이는 WHO가 성인 하루 트랜스지방 섭취 제한량을 총 에너지 섭취량의 1% 이내로 제한하고 있는 것에 비해 낮은 수준이었다. 그러나 트랜스지방의 주요 급원식품이 주로 어린이들이 좋아하는 간식이므로, 트랜스지방의 안전관리를 위한 제도를 마련하게 되었다.

세 번째로, 미국, 유럽 등 선진국의 트랜스지방 관리 제도를 조사하였다. 미국은 2006년 1월부터, 캐나다는 2005년 12월부터 트랜스지방 함량을 식품영양성분표시에 포함할 것을 의무화했고, 덴마크는 트랜스지방 함량이 2% 이상인 가공식품 유통을 2004년 1월부터 금지했다.

네 번째 단계에서는 정부관계자, 전문가, 관련 협회 등이 참여하는 전문가위원회를 구성하였고 제품 생산업체 담당자가 참여하는 산업체간담회를 구성하여 트랜스지방 저감화 방안을 모색했다.

다섯 번째, 모니터링을 통해 트랜스지방 저감화 정책 효과를 검증하였다. 트랜스지방 저감화는 2004년부터 준비하여 2006년 9월 식품 등의 표시기준에서 가공식품에 트랜스지방 함량을 표시하도록 개정하였고, 2007년 12월부터는 의무화했다. 표시기준은 1회 제공량 중 트랜스지방 0.5g 이상인 경우 그 값으로, 0.5g 미만인 경우 '0.5g 미만' 또는 그 값으로, 0.2g 미만일 경우 '0g' 표시가 가능하다.

2009년 식품의약품안전처 발표 자료에 따르면, 판매 중인 과자류 134건 중 94%가 트랜스 지방 함량이 0.2g 미만으로 확인되었으며, 트랜스지방 제로화 제품 비율도 2005년 36%에서 2009년 94%로 증가한 것으로 나타났다(그림 11-12).

(계속)

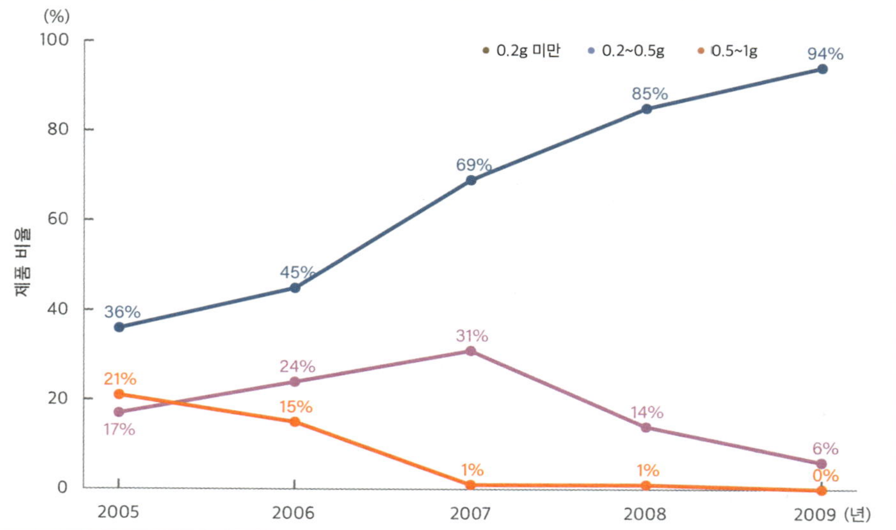

그림 11-12 트랜스지방 수준 변화 추이

출처: 식품의약품안전처. 식품 중 위해가능 영양성분 저감화 연구-트랜스지방, 당, 나트륨 중심으로. 2010.

요약

1. 영양정책은 영양문제를 확인하고 이를 해결하기 위한 목적 및 목표를 설정한 다음, 정책 개발 및 입안 과정을 통해 선정된 영양정책을 실행하고 평가하는 흐름으로 수립됨

2. 우리나라 영양정책에는 〈국민건강증진종합계획〉, 〈국민영양관리기본계획〉, 〈영양표시제도〉 등이 있음

3. 우리나라 영양정책은 보건복지부와 식품의약품안전처가 중심이 되어 수행하고 있으며, 영양정책 수행 보장을 위한 관련 법령이 마련되어 있음

활동

1. 목적

제7장에서의 활동과 연계하여 지역사회의 영양문제를 해결하기 위한 영양정책을 제안해본다.

2. 활동내용

① 제7장에서의 활동과 연계하여 지역사회의 영양문제를 과학적 근거에 기반하여 확인하기

② 지역사회의 영양문제를 해결하기 위한 목적 및 목표를 구체적으로 설정하기

③ 지역사회 영양문제 해결을 위한 영양정책(안)을 작성하기

CHAPTER 12

지역사회 영양사업

영양사업은 지역사회 영양문제를 해결하기 위해 수립한 영양정책을 실현하는 활동이다. 이 장에서는 우리나라의 영양 관련 사업 중 지역사회 통합건강증진사업에 포함된 영양플러스사업 및 모바일 헬스케어사업과 일차의료 만성질환관리사업 등을 소개하고자 한다.

학습목표

1 영양플러스사업에 대해 설명할 수 있다.
2 모바일 헬스케어사업에 대해 설명할 수 있다.
3 일차의료 만성질환관리사업에 대해 설명할 수 있다.

1. 지역사회 통합건강증진사업

1995년에 「국민건강증진법」이 제정되고 건강증진기금이 조성되면서 건강증진사업을 할 수 있는 제도적인 장치가 마련되었다. 국민건강증진사업의 명칭은 여러 번 변경되어 2013년부터 지역사회 통합건강증진사업이 되었으며, 지역자치단체가 기획 및 추진하는 건강증진사업을 통해 지역 주민의 건강수준을 향상시키고, 건강 형평성을 제고하는 것을 비전으로 한다. 보건소를 중심으로 사업을 개발하고 수행하며, 사업의 목표와 내용은 국민건강증진종합계획에 부합하되 지역사회의 특성과 주민의 요구를 반영하도록 한다.

표 12-1 지역사회 통합건강증진사업(영양)

<table>
<tr><th colspan="2">사업영역</th><th>사업 목적</th><th>세부 사업</th></tr>
<tr><td colspan="2">국민의 식생활 변화 인식 제고</td><td>올바른 정보 제공과 홍보를 통해 건강한 식생활을 실천함으로써 만성질환 예방 및 효과적인 영양·식생활을 관리하기 위함</td><td>• 나트륨 또는 당류 섭취 줄이기 캠페인
• 한국인을 위한 식생활지침 홍보 및 실천 캠페인</td></tr>
<tr><td rowspan="5">생활 밀착형 영양 관리 맞춤 서비스</td><td>임산부 영·유아</td><td rowspan="5">생애주기에 맞게 영양교육 및 상담, 영양관리프로그램 등을 통해 개인별 영양문제를 해소하고, 스스로 올바른 식생활을 함으로써 건강증진을 도모하고자 함</td><td>• 영양플러스사업
• 어린이집·유치원 기반 영양관리사업
• 다문화가족 대상 영양관리사업</td></tr>
<tr><td>어린이 청소년</td><td>• 지역아동센터, 다함께돌봄센터, 초등 돌봄교실 기반 어린이 영양관리사업
• 학교 기반 영양관리사업
• 어린이급식관리지원센터 설치·운영 협력</td></tr>
<tr><td>성인</td><td>• 건강위험요인 개선을 위한 맞춤 영양관리사업</td></tr>
<tr><td>노인</td><td>• 어르신 영양관리사업
• 실버건강식생활사업(취약계층 어르신 대상)</td></tr>
<tr><td>기타</td><td>• 다문화가족 영양관리사업</td></tr>
<tr><td colspan="3">건강한 식생활 선택을 위한 환경 조성</td><td>• 영양표시제도 시행·모니터링
• 학교 주변 그린푸드 존 시행·모니터링
• 건강음식점 시행·도니터링</td></tr>
</table>

출처: 보건복지부, 한국건강증진개발원. 2025년 지역사회 통합건강증진사업 안내 (영양). 2025.

2025년의 사업 영역은 총 12개(구강보건, 금연, 비만예방관리, 신체활동, 심뇌혈관질환예방관리, 아토피·천식 예방관리, 영양, 음주폐해 예방, 한의약건강증진, 여성·어린이 특화, 모바일 헬스케어, 방문건강관리)로 구성된다. 영양 영역은 지방자치단체에서 계획한 국민영양관리시행계획에 포함하여 실시하도록 하며, 적절한 영양관리 및 식생활 개선을 통한 건강수명 증가를 목적으로 한다(**표 12-1**). 이 중 영양플러스사업, 건강위험요인 개선을 위한 맞춤영양관리사업, 모바일 헬스케어사업에 대해 자세히 소개하고자 한다.

1) 영양플러스사업

영양플러스사업은 국민건강증진종합계획 및 국민영양관리기본계획에서 우선 수행 및 지속적 확대를 권장하는 사업이다. 영양플러스사업은 미국의 WIC 프로그램The special supplement nutrition program for Women, Infants, and Children program을 우리 실정에 맞게 수정 · 보완한 것으로, 생리적 요인과 환경적 요건 등 상대적으로 영양상태가 취약한 영 · 유아 및 임산부의 영양개선을 위해 맞춤형 영양교육 및 영양지원을 제공한다(**그림 12-1**). 2005~2007년 동안 시범사업을 실시한 후, 2008년 전국 153개 보건소가 참여하였고, 점차 확대되었다.

대상자는 영양플러스사업을 운영하고 있는 보건소 관할지역 내에 살고 있으며 가구 규모별 기준 중위소득의 80% 이하로 만 6세까지의 영 · 유아와 임신부, 출산 · 수유부 중에서 빈혈, 저체중, 성장부진, 영양섭취상태 중 한 가지 이상의 영양 위험요인을 가진 사람이다. 영양위험요인은 혈액검사, 신체계측, 24시간 회상법을 이용한 영양섭취상태 조사, 영양지식 · 태도 조사 등을 통해 판정한다(**표 12-2**).

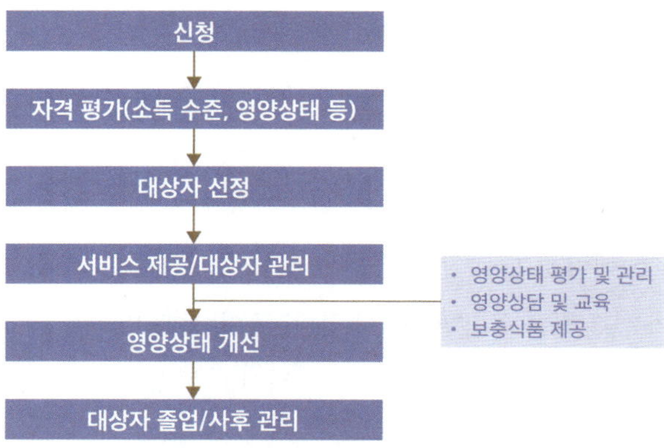

그림 12-1 영양플러스사업 흐름도

출처: 보건복지부, 한국건강증진개발원. 2025년 지역사회 통합건강증진사업 안내(영양). 2025.

표 12-2 영양플러스사업 영양 위험요인 평가시기 및 판정기준

<table>
<tr><th rowspan="2">조사항목</th><th colspan="3">평가 시기</th><th rowspan="2">판정기준</th></tr>
<tr><th>사업 전</th><th>사업 중</th><th>사업 종료</th></tr>
<tr><td>신체계측</td><td>○</td><td>○</td><td>○</td><td>성장부진 또는 저체중
• 영·유아: '2017년 소아 및 청소년 표준 성장도표'에 근거 연령별 신장, 연령별 체중, 신장별 체중, 연령별 BMI 백분위수 10백분위수 미만이거나 표준체중에 대한 비율이 80% 미만인 경우
• 임신·출산·수유부: 현재 BMI 18.5 미만인 경우</td></tr>
<tr><td>혈액검사</td><td>○</td><td>○</td><td>○</td><td>혈중 헤모글로빈 검사결과 빈혈(WHO 기준)
• 6~59개월 영유아: 11g/dL 미만
• 5세 유아 : 11.5g/dL 미만
• 임신부 : 11g/dL 미만
• 출산·수유부 : 12g/dL 미만</td></tr>
<tr><td>영양섭취조사</td><td>○</td><td>○</td><td>○</td><td>24시간 회상법으로 조사한 영양소 섭취량이 2020년 한국인 영양소 섭취기준(보건복지부, 한국영양학회)과 비교하여 영양소 섭취 부족 또는 부적절한 섭취로 판단된 경우
• 에너지 섭취량이 필요추정량(EER)의 75% 미만
• 단백질, 칼슘, 철, 비타민 A, 리보플라빈, 니아신, 티아민, 비타민 C 중 한 가지라도 평균필요량(EAR) 미만</td></tr>
<tr><td>영양지식·태도 조사</td><td>○</td><td>※</td><td>○</td><td>(※ 사업 중 영아에서 유아로 변경 시 평가)</td></tr>
<tr><td>만족도 조사</td><td>-</td><td>-</td><td>○</td><td>-</td></tr>
</table>

출처: 보건복지부, 한국건강증진개발원. 2025년 지역사회 통합건강증진사업 안내(영양). 2025.

영양플러스사업은 보충식품 제공과 영양교육 및 상담으로 구성된다. 보충식품이란 부족하기 쉬운 영양소 보충에 도움을 주기 위한 식품이라는 의미로, 대상자의 생애주기에 따라 6가지 패키지로 준비하여 제공된다(**표 12-3**). 보충식품 선정 시 고려되는 사항은 다음과 같다. 첫째, 관리영양소(에너지, 단백질, 칼슘, 철, 비타민 A, 티아민, 리보플라빈, 니아신, 비타민 C)의 영양밀도가 높은 식품 공급원이어야 한다. 둘째, 보관 및 운반 과정에서 품질과 선도를 유지하기 용이해야 한다. 셋째, 구하기 쉽고 가격이 너무 높지 않아야 한다. 넷째, 사업 수혜자의 선호도가 높은 식품이어야 한다.

표 12-3 보충식품 패키지의 종류

패키지 종류	대상	제공 식품
식품 패키지 1	영아(생후 0~5개월)	조제분유
식품 패키지 2	영아(생후 6~12개월)	조제분유, 감자, 달걀, 당근, 쌀
식품 패키지 3	유아(만 1~5세)	감자, 달걀, 당근, 쌀, 우유, 검은콩, 김
식품 패키지 4	임신부 및 혼합수유부(출산 후 12개월까지) *모유수유와 조제유를 함께하는 출산 후 여성	감자, 달걀, 당근, 쌀, 우유, 검은콩, 김, 미역
식품 패키지 5	출산부(출산 후 6개월까지) *모유수유를 하지 않는 출산 후 여성	감자, 달걀, 당근, 쌀, 우유, 검은콩, 김, 미역
식품 패키지 6	완전모유수유부(출산 후 12개월까지) *완전 모유수유를 실시하는 수유부	감자, 달걀, 당근, 쌀, 우유, 검은콩, 김, 미역, 닭가슴살 통조림, 귤/오렌지주스

출처: 보건복지부, 한국건강증진개발원. 2025년 지역사회 통합건강증진사업 안내(영양). 2025.

영양교육 및 상담은 지역 특성 및 대상자 특성에 따라 집단교육, 개인상담, 가정방문 교육의 형태로 진행된다. 최소한 1개월에 1회 이상 교육 및 상담을 실시하는 것을 원칙으로 하나 부득이한 경우 비대면으로 진행할 수 있다. 교육 및 상담의 목표는 대상자 스스로 식생활을 관리할 수 있는 능력을 향상시키는 것으로, 그 내용은 보충식품 이용 방법, 식생활 및 영양관리, 식사계획 방법 등으로 구성된다. 만약 대상자가 심각한 건강 및 영양상의 문제를 가지고 있다고 판단되는 경우 의료기관 혹은 타 사업과 연계하도록 한다.

영양플러스사업의 주요 성과 지표는 빈혈 유병률 변화, 평균 영양섭취 적정도Mean Adequacy Ration, MAR 변화, 영유아 신체계측에 의한 영양위험 보유자 비율 변화, 영양지식 및 태도 변화, 사업 만족도로, 성과 지표가 꾸준히 개선되어 왔다(**그림 12-2**).

평균 영양섭취 적정도
여러 영양소들에 대하여 권장섭취량 대비 실제 섭취량의 비율을 산출한 후 평균낸 값. MAR은 0과 1 사이의 값을 가지며, 1에 가까울수록 영양섭취가 적정함을 의미함

a. 빈혈 유병률

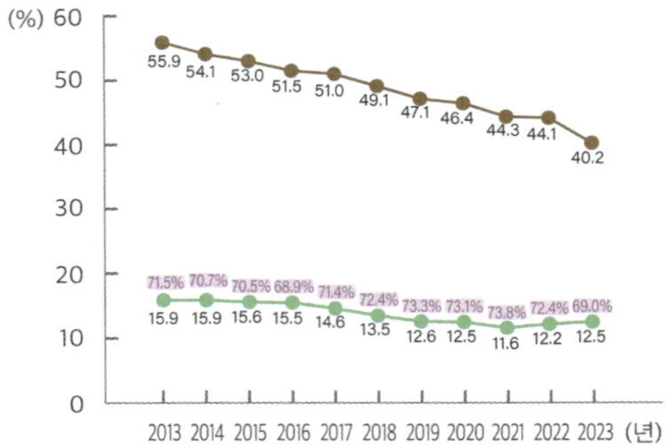

대상자의 빈혈 개선 정도는 사업 참여 전후 혈중 헤모글로빈 농도 측정을 통해 분석하였으며, 빈혈 판정은 WHO 기준을 사용함

- 영아는 생후 6개월 이후에만 혈액검사 실시
- 임신부의 빈혈 개선 정도는 철 보충제의 효과와 구분할 수 없어 결과 분석에서 제외

b. 영유아 영양위험 보유자 비율

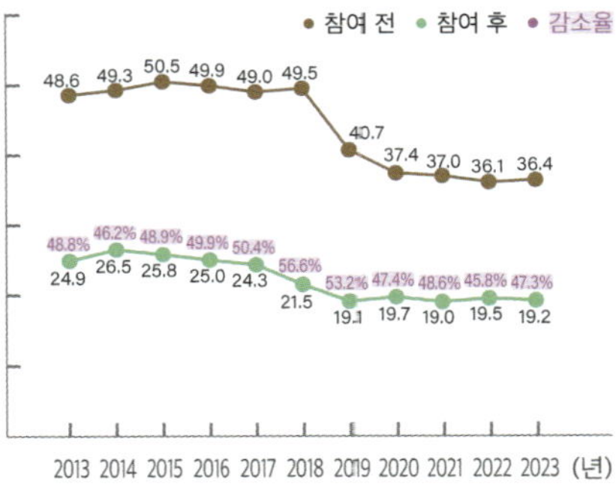

영유아의 키, 몸무게 측정을 통해 '2017 소아 및 청소년 표준 성장도표(질병관리본부)'에 근거하여 저체중, 저신장, 성장부진 등을 판정

- 연령별 신장·영양별 체중·신장별 체중 또는 영양별 BMI가 10백분위수 미만 혹은 이상체중 대비 실제체중 비율이 80% 미만인 경우

c. 영양지식 및 태도

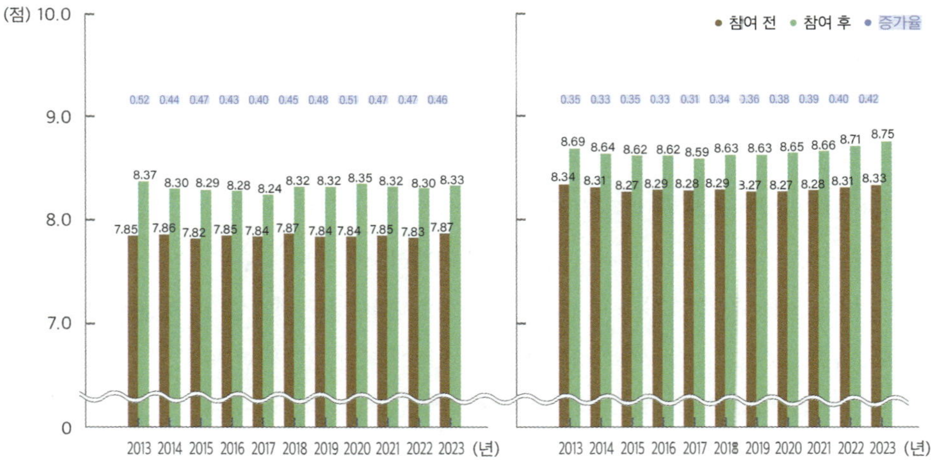

d. 영양플러스사업 전체 만족도

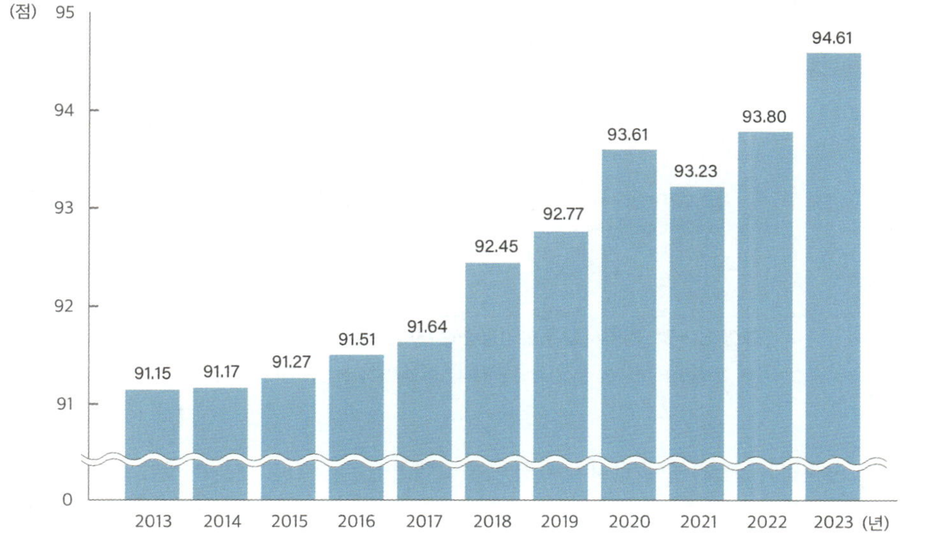

그림 12-2 영양플러스사업 효과 평가

출처: 보건복지부, 한국건강증진개발원. 2023년 영양플러스사업 성과자료집. 2024.

2) 모바일 헬스케어사업

모바일 헬스케어사업은 정보통신기술ICT을 활용해 주민이 일상생활 속에서 건강 생활습관을 실천하고 만성질환을 예방할 수 있도록 지원하는 것을 목적으로 한다. 이를 위해 모바일 헬스케어 플랫폼(채움건강 애플리케이션)과 손목형 활동량계 등의 디바이스를 활용하여 건강관리 서비스를 제공하고, 주민의 자가 건강관리 능력을 향상시키는 것을 목표로 한다(**그림 12-3**). 이 사업은 2016년 10개 보건소에서 1,000명을 대상으로 한 시범사업으로 시작되었으며, 2024년에 통합건강증진사업에 편성되어 220개 보건소로 확대되었다.

대상자는 만 19세 이상 성인으로, 해당 보건소 관내에 거주하고 있거나 직장을 둔 사람이며, 현재 관련 질환을 진단받거나 해당 질환의 치료를 위해 약물 처방을 받지 않은 사람이다. 참여 우선순위는 건강 위험요인(혈압, 공복혈당, 허리둘레, 중성지방, HDL-콜레스테롤)이 많거나 보건소 모바일 헬스케어 서비스에 참여한 경험이 없는 경우, 경제적·시간적·지리적 문제 등으로 보건소 방문이 어려운 경우이다.

구분		
비전	지역사회 만성질환 이환율 감소 및 건강수명 연장	
목적	ICT를 활용한 공공형 건강관리 서비스 제공으로 지역주민의 건강수준 향상	
목표	ICT를 활용한 공공형 건강관리 서비스 활성화	지역주민의 자가 건강관리 능력 향상
	• ICT를 활용한 건강관리 서비스 대상자 확대 • 모바일 헬스케어 서비스 모델 다양화 • 새로운 건강관리 서비스 프로그램 적용 • ICT를 활용한 보건소 건강관리 서비스 확대	• 보건소 모바일 헬스케어 서비스 이용자의 이용률 증대 • 보건소 모바일 헬스케어 서비스 이용자의 건강생활 실천 향상 • 보건소 모바일 헬스케더 서비스 이용자의 만성질환 발병 위험 감소 • ICT를 활용한 자가 건강관리 서비스 이용자 확대

그림 12-3 지역사회 통합건강증진 모바일 헬스케어사업 체계도

출처: 보건복지부, 한국건강증진개발원. 2025년 지역사회 통합건강증진사업 안내_모바일 헬스케어. 2025.

사업 이용자에게는 24주에 걸쳐 모바일 애플리케이션(채움건강 애플리케이션)을 통해 건강정보와 온라인 맞춤형 건강상담을 제공한다(**그림 12-4**). 건강 위험요인 보유 수에 따라 자가관리군(0~2개)과 건강위험군(3~5개)으로 분류하여, 건강위험군에게는 보다 자주 건강정보서비스를 제공하고 보건소에서 대면 상담 및 건강검진을 실시하며, 집중 영양상담 및 교육도 실시한다(**그림 12-5**).

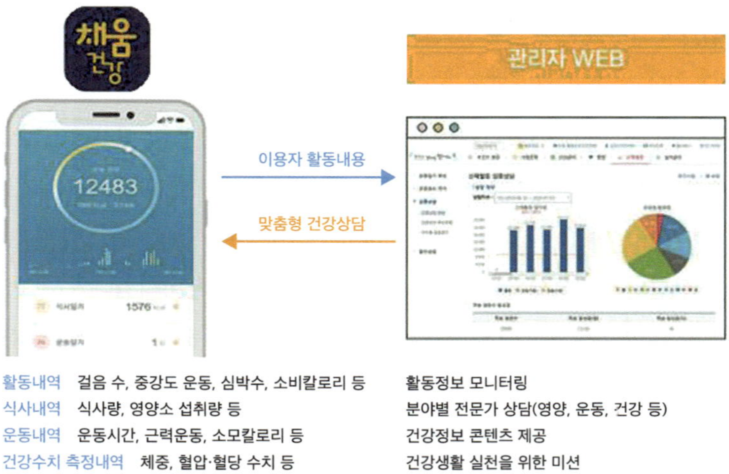

그림 12-4 모바일 헬스케어 서비스 운영 과정

출처: 보건복지부, 한국건강증진개발원. 2025년 지역사회 통합건강증진사업 안내_모바일 헬스케어. 2025.

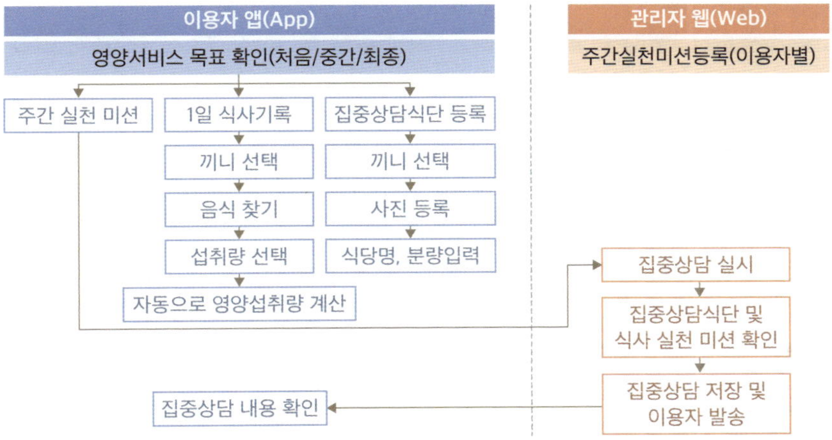

그림 12-5 모바일 헬스케어 영양상담 과정

출처: 보건복지부, 한국건강증진개발원. 2025년 지역사회 통합건강증진사업 안내_모바일 헬스케어. 2025.

모바일 헬스케어사업의 성과 지표는 당해 목표 대비 신규 등록률, 서비스 참여 완료율, 서비스 만족도 점수, 건강행태 1개 이상 개선율, 건강위험요인 1개 이상 감소율이다. 평가 결과는 표 12-4와 같다.

표 12-4 모바일 헬스케어 서비스의 주요 성과

연도	참여 완료율 (완료자 수)	건강행태 1개 이상 개선율 (개선자 수)	건강위험요인 1개 이상 감소율	서비스 만족도
2016	91.1% (911명)	54.2% (494명)	46.8% (426명)	4.48점
2017	93.7% (3,824명)	53.5% (2,045명)	63.0% (2,410명)	4.47점
2018	87.5% (7,619명)	58.5% (4,458명)	56.4% (4,296명)	4.29점
2019	88.3% (10,990명)	60.5% (6,656명)	59.3% (6,512명)	4.30점
2020	81.7% (14,709명)	59.8% (8,797명)	53.7% (7,906명)	4.34점
2021	98.0% (20,215명)	57.9% (11,704명)	47.6% (9,605명)	4.33점
2022	99.8% (20,929명)	55.4% (11,606명)	45.9% (8,772명)	4.32점
2023	90.7% (25,731명)	54.2% (13,957명)	55.9% (11,162명)	4.27점

주 1) 참여 완료율: 중도탈락자를 제외하고 24주차 서비스를 완료하고 27주차까지 최종 설문을 완료한 이용자의 비율
2) 건강행태 1개 이상 개선율: 서비스 참여 완료자 중 건강행태 지표(운동, 식습관 등)가 1개 이상 개선된 비율
3) 건강위험요인 1개 이상 감소율: 건강위험요인(혈압, 혈당, 체중 등)이 1개 이상 감소한 비율
4) 서비스 만족도: 서비스 참여 완료자가 느낀 전반적 만족도(5점 만점)

출처: 보건복지부, 한국건강증진개발원. 2025년 지역사회 통합건강증진사업 안내_모바일 헬스케어. 2025.

더 알아보기 12-1

방문건강관리(AI · IoT 기반 어르신 건강관리사업)

지역사회 통합건강증진사업 내 방문건강관리사업은 보건소를 직접 방문하기 어려운 지역 주민을 대상으로 간호사, 영양사, 작업치료사 등 전문인력이 직접 방문하여 건강관리 서비스를 제공한다. 지역 주민의 자가건강관리 능력 향상과 허약 예방 등을 통한 건강수준 향상을 목적으로 건강행태 개선, 만성질환 관리, 노인의 허약(노쇠) 속도 지연을 목표로 한다.

2020년 정부의 디지털 뉴딜 정책에 따라 AI·IoT 기술을 활용해 비대면 어르신 건강관리 서비스를 제공하는 모형을 개발해 운영하고 있다. 주요 사업 내용은 다음과 같다. 첫째, 어르신 친화적 건강관리 애플리케이션 '오늘건강'을 개발 및 적용하고, 다양한 디바이스(손목 활동량계, 블루투스 체중계, 혈압계, AI 생활스피커)를 도입하여 어르신 스스로 건강 측정 및 건강 활동을 실천하도록 한다. 둘째, 더르신의 허약 정도 및 건강 행태 등에 따라 전문가 비대면 건강관리 서비스를 제공한다.

출처: 보건복지부, 한국건강증진개발원. 2025년 지역사회 통합건강증진사업 안내_방문건강관리(AI·IoT 기반 어르신 건강관리사업). 2025.

2. 일차의료 만성질환관리사업

일차의료 만성질환관리사업은 동네 의원이나 보건소에서 고혈압, 당뇨병 환자들에게 개인별 맞춤형 교육 및 상담 서비스를 통해 자기관리 능력을 강화시키는 사업이다. 사업의 목표는 동네 의원 진료환자의 고혈압 및 당뇨병 조절률 향상, 근거 기반 진료지침에 따른 환자 진료 및 관리 적용 확대, 지역사회 만성질환관리 거버넌스governance 구축 기반 마련, 의사와 케어코디네이터 간 팀 어프로치team-approach 활성화 등이다.

일차의료 만성질환관리사업은 기존의 지역사회 일차의료 시범사업과 만성질환관리 수가 시범사업을 통합하여 2019년부터 시범사업으로 시행하였으며, 2024년부터는 본 사업으로 전환되었다. 보건복지부, 질병관리청, 국민건강보험공단, 건강보험심사평가원, 한국건강증진개발원 등이 관여하고 있다.

대상자는 사업에 참여하는 동네 의원을 이용하는 고혈압 또는 당뇨병 환자며, 사업의 주요 내용은 다음과 같다(**그림 12-6**).

① 포괄평가 및 개인별 케어플랜 수립 의사가 문진, 신체검사, 임상검사 등으로 평가하고 개인별 혈압 또는 혈당관리 계획을 세운다.

② 교육 및 상담 의사, 간호사, 영양사가 개인별 혈압 또는 혈당 관리를 위한 교육 및 상담을 하며, 기본교육과 집중교육으로 구분된다.

③ 주기적 환자 관리 전화, 문자, 애플리케이션을 이용하여 환자의 혈압 및 혈당 수치, 약물복용 및 합병증 발생 여부 등을 모니터링하여 상담을 진행한다.

④ 점검 및 평가 최대 연 2회까지 개인별 케어플랜을 점검하고 필요시 수정 · 보완한다.

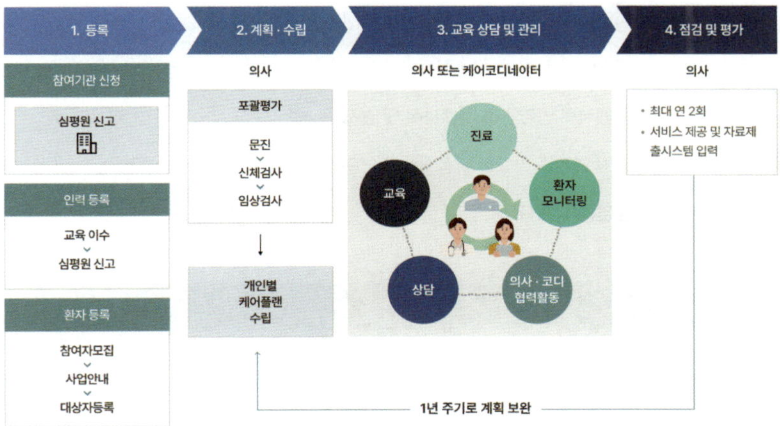

그림 12-6 일차의료 만성질환관리사업 흐름도

출처: 보건복지부, 한국건강증진개발원.

참여 의원의 서비스 제공자(의사, 간호사, 영양사)는 '일차의료 만성질환관리 교육'을 이수해야 하는데, 영양사의 교육 내용의 예시는 **표 12-5**와 같다. 영양사는 케어코디네이터로서 참여하며, 환자의 건강상태와 식습관 등을 고려하여 맞춤형 영양상담을 제공한다.

표 12-5 대한영양사협회 교육 프로그램(예)

구분	교육 내용	교육 시간
기본교육(8시간)	고혈압의 병태생리 및 치료	30분
	당뇨병의 병태생리 및 치료	30분
	만성질환 영양관리의 최신지견	60분
	만성질환 교육상담의 이해와 활용	60분
	표준 영양관리 과정의 이해(영양판정 및 진단)	60분
	만성질환 영양관리를 위한 식사계획 및 실습 Ⅰ, Ⅱ	120분
	만성질환 영양관리 사례분석 및 실습 Ⅰ, Ⅱ	120분
심화교육(4시간)	다양한 상황에서의 영양관리 사례분석 및 실습	60분
	지역사회 자원 연계가 필요한 만성질환 영양관리 사례분석 및 실습	60분
	고급 영양상담의 실제 Ⅰ, Ⅱ	120분

더 알아보기 12-2

어린이·사회복지급식관리지원센터

어린이·사회복지급식관리지원센터는 어린이와 노인·장애인 등 취약계층의 단체급식 위생·영양관리를 개선하는 것을 목적으로 한다.

- 어린이급식지원센터는 「어린이 식생활안전관리 특별법」 제21조에 근거하여 어린이들이 균형잡힌 식사와 간식을 섭취하고 올바른 식습관을 형성하여 건강을 증진할 수 있도록 설립되었다. 이는 영양사 고용 의무가 없는 소규모 어린이집, 유치원, 아동복지시설 등에 체계적이고 철저한 위생·안전 및 영양관리를 지원해 주는 기관으로, 2011년 경기도 하남시를 시작으로 12개 어린이급식관리지원센터가 운영되었고 2024년 12월 기준 전국 236개가 개소하였다. 주요 업무로는 어린이급식소의 위생 및 영양관리를 위한 순회방문지도, 급식환경 개선을 위한 컨설팅 등 지원, 어린이의 영양관리를 위한 연령별 식단과 조리법의 개발·보급, 어린이, 조리원, 원장·교사, 부모 등 대상별 위생 및 영양교육 프로그램 운영, 어린이급식소의 위생 및 영양관리에 관한 정보 제공 및 홍보 등이 있다.

(계속)

- 사회복지급식관리지원센터는 「노인·장애인 등 사회복지시설의 급식안전 지원에 관한 법률」 제5조에 근거하여 영양사가 없는 소규모 노인·장애인 복지시설에 안전하고 영양이 확보된 양질의 급식이 제공될 수 있도록 지원하는 기관으로, 2024년 12월 기준 전국 120개소가 개소하였다. 급식 위생·영양 관리 등 식품안전 지도, 급식종사자 및 이용자 등 대상으로 식생활교육, 시설특성 등을 고려한 식단 및 식품안전정보를 제공하며, 당뇨병, 고혈압 등 기저질환이나 씹고 삼키는 능력 등을 고려한 개별 식단 및 조리방법을 제공하기도 한다.

더 알아보기 12-3

민간 영양개선사업 사례: Natural Alternative Health and Wellbeing

Natural Alternative Health and Wellbeing은 영국 전역의 기업체를 대상으로, 임직원 영양개선 서비스를 제공하는 업체다. 경영학 전공자로서 기업 금융에 종사하던 안자네트 프레이저(Anjanette Fraser)가 영양학 석사를 취득하고 이 회사를 창립했다. 이 회사의 주요 서비스는 직장인들을 대상으로 영양 세미나 및 워크숍을 제공하고, 기초적인 건강검진을 시행하는 것으로, 하루 혹은 반나절에 걸쳐 영양 세미나 및 워크숍, 건강검진, 1:1 영양 상담, 조리 시연 및 시식 등을 진행하는 웰빙 이벤트를 주관하기도 한다. 2016년부터 시작된 이 사업은 기업체와 그 임직원들로부터 긍정적인 반응을 얻고 점차 확장하고 있다.

그림 12-7 Natural Alternative Health and Wellbeing의 영역

요약

1. 영양플러스사업은 저소득 영·유아 및 임산부의 영양개선을 위해 보충식품 제공과 영양교육 및 상담을 제공함

2. 모바일 헬스케어사업은 모바일 헬스케어 플랫폼과 손목형 활동량계 등을 활용하여 건강관리 서비스를 제공함으로써 지역사회의 만성질환 이환율을 감소시키고 건강수명을 연장하고자 함

3. 일차의료 만성질환관리사업은 동네 의원이나 보건소에서 고혈압, 당뇨병 환자들에게 개인별 맞춤형 교육 및 상담 서비스를 제공해 자기관리 능력을 강화시키는 사업임

활동

다음 사례를 통해 영양문제를 파악하고 이를 해결하기 위한 영양사업을 기획해보자.

1. 보건소에 5개월차 임산부가 방문하였다. 혈액검사 결과, 헤모글로빈 수치 9.9g/dL로, 빈혈로 판명되었다. 해당 임산부는 기초수급대상자로, 입덧으로 식사량이 부족하고, 경제적인 어려움으로 식사재료 준비 및 외식 등이 힘든 상황이다. 향후 임신·출산 등으로 발생할 수 있는 영양문제를 생각해보고, 이를 해결하기 위한 지역사회 영양사업을 기획해보자.

2. A는 45세 직장인으로, 최근 체중이 10kg 정도 늘었고 처음으로 당뇨병을 진단받았다. 식사는 불규칙적이며, 저녁 술자리 회식이 많았고, 운동이 부족한 상황이다. 또한, 직장을 다니고 있어 병원을 직접 방문하는데 어려움이 있다고 한다. 당뇨병을 처음 진단받은 A에게 필요한 지역사회 영양사업을 기획해보자.

CHAPTER 13

국제 영양문제와 국제기구 활동

영양불량은 영양부족과 영양과잉을 모두 포함하며, 영양부족과 영양과잉이 공존하는 이중부담이 전 세계적으로 커지고 있다. 또한, 기후변화 등 환경문제가 심각해짐에 따라 지속가능한 식생활에 대한 관심도 높아지고 있다. 이에 따라 다양한 국제기구들이 이중부담과 지속가능한 식생활을 포함한 국제 영양문제의 파악 및 해결을 위해 노력하고 있다. 이 장에서는 이러한 국제 영양문제의 현황과 국제기구 및 민간단체의 활동에 대해 살펴보고자 한다.

학 습 목 표

1 국제 영양문제의 종류와 현황을 설명할 수 있다.
2 국제 영양문제 개선을 위해 노력하는 국제기구와 민간단체의 활동을 소개할 수 있다.

1. 국제 영양문제

> **질병으로 인한 영양불량**
> 질병으로 인해 식품 소화 및 영양소 흡수가 제한되거나 영양소가 과도하게 배설되어 영양부족이 발생하기도 한다.

영양불량malnutrition은 영양소의 부적절한 섭취 혹은 질병으로 인하여 유발되는 비정상적인 생리적 상태를 의미하며, 영양부족undernutrition과 영양과잉overnutrition을 모두 포함한다. 전 세계적으로 영양부족과 영양과잉이 공존하는 이중부담double-burden이 커지고 있다.

영양불량은 전 생애에 걸쳐 개인의 건강 및 삶의 질을 크게 저해하고, 개인이 속한 사회의 생산성과 발전에도 악영향을 미치므로, 국가 차원에서 국민의 영양상태 개선과 건강증진을 위해 체계적으로 노력할 필요가 있다. 이에 국제연합United Nations, UN에서는 2000년에 빈곤 및 기아 퇴치를 포함한 새천년개발목표Millenium Development Goals, MDGs를 발표해 국제사회의 영양 개선 활동을 장려했다. 그리고 2015년 새천년개발목표가 종결됨에 따라 후속 목표인 지속가능발전목표Sustainable Development Goals, SDGs를 발표하고 국제 영양문제 해결을 위한 노력을 지속하고 있다(**그림 13-1**). 지속가능발전목표의 17개의 주요 목표 중 하나인 'SDG 2. 기아 해결Zero Hunger'에는 '2. 1. 2030년까지 기아를 종식시키고 모든 사람, 특히 영유아를 포함한 빈곤층 및 취약계층이 안전하고 영양가 있으며 충분한 식량에 접근할 수 있도록 보장' 그리고 '2. 2. 2025년까지 5세 미만의 발육부진 및 쇠약에 관한 국제 목표 달성을 포함하여 2030년까지 모든 형태의 영양 부족을 종식시키고 여성 청소년, 임산부, 수유여성 및 노년층의 영양상태 개선' 등의 세부 목표가 포함되어 있다.

그림 13-1 지속가능발전목표

출처: 전국지속가능발전협의회. 2025.

1) 기아 및 식품불안정성

기아hunger는 식품 섭취 부족으로 인한 불편감과 고통, 즉 굶주림을 의미한다. 국제연합식량농업기구Food and Agriculture Organization of the United States, FAO에서는 1974년부터 전 세계의 기아 실태를 조사해왔는데, 기아를 측정하기 위하여 기아를 에너지 섭취가 정상적이고 활동적이며 건강한 삶을 유지하는 데 불충분한 상태를 의미하는 영양결핍undernourishment으로 정의해 왔다.

국제연합식량농업기구를 포함하여 5개 국제연합 산하 전문기구가 매년 발간하는 〈2024 세계 식량안보 및 영양보고서〉에 따르면, 2023년 세계 기아인구수는 약 7억 3,300만 명으로 추정되며, 이는 전 세계 11명 중 1명이 기아에 직면해 있다는 의미이다(**그림 13-2**). 전 세계 기아 수준은 코로나19 팬데믹이 시작된 2020년에 크게 증가한 후 3년 연속 답보 상태에 머물러, 지속가능발전목표의 '기아 해결'의 목표를 달성하기에 한참 부족했다. 지역별 동향은 매우 상이했는데, 아프리카의 기아인구 비율은 지속적으로 상승하여 2023년에는 20.4%, 즉 5명 중 1명이 기아를 겪고 있는 것으로 나타났다. 반면, 아시아의 경우 기아인구 비율이 8.1%로 변동이 미미하였고, 중남미와 카리브 지역은 기아인구 비율이 6.2%로 전년도보다 감소하였다.

식품불안정성food insecurity은 "정상적인 성장과 발달 및 활동적이고 건강한 삶을 위한 안전하고 영양가 있는 충분한 식품에 정기적으로 접근할 수 없는 상태"를 의미한다. 식품불안정성은 식품안정성, 경증mild 식품불안정성, 중등도moderate 식품불안정성, 중증severe 식품불안정성의 네 가지 단계로 구분된다. 중증 식품불안정성 상태인 경우, 기아를 경험하고 있을 가능성이 매우 높으며, 영양부족의 위험이 매우 높아진다. 중등도 식품불안정성 상태인 경우에는 구하기 쉽거나 저렴한 식품을 주로 섭취하게 되는데, 이러한 식품은 주로 영양가가 낮고 에너지 함량만 높은 경우가 많다. 따라서, 중등도 식품불안정성은 오히려 비만 위험을 높이기도 한다. 이같이 기아 및 식품불안정성은 어떤 형태든 영양불량의 위험을 높이므로, 건강과 삶의 질을 심각하게 저해할 수 있다.

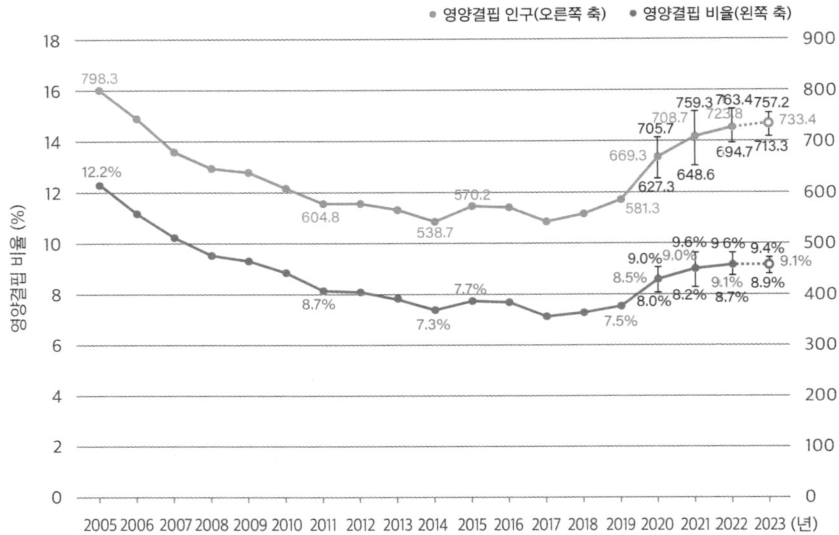

그림 13-2 전 세계의 기아 현황

출처: FAO, IFAD, UNICEF, WFP and WHO. The State of Food Security and Nutrition in the World 2024 - Financing to end hunger, food insecurity and malnutrition in all its forms. 2024.

〈2024 세계 식량안보 및 영양보고서〉에서는 식량불안경험척도를 이용해 측정한 전 세계의 식품불안정성 현황을 발표하고 있다(**그림 13-3**). 2023년 전 세계에서 중등도 혹은 중증 식품불안정성을 겪고 있는 인구수는 약 23억 3,000만 명으로 추정되며, 이 중 8억 6,400만 명 이상은 중증 식품불안정 상태에 놓여있는 것으로 나타났다. 특히, 아프리카의 경우 전체 인구의 58%가 중등도 혹은 중증 식품불안정성을 겪고 있었다.

기아 및 식품불안정성이 발생하는 이유는 매우 다양하지만, 주로 분쟁, 가뭄이나 홍수 등의 자연재해, 경기침체, 불평등한 사회구조, 감염병 등으로 인해 발생하거나 심화된다. 또한, 많은 국가에서 식품 가격이 상승하면서 건강한 식사에 대한 경제적 접근성이 부족한 사람들이 많아지고 있다.

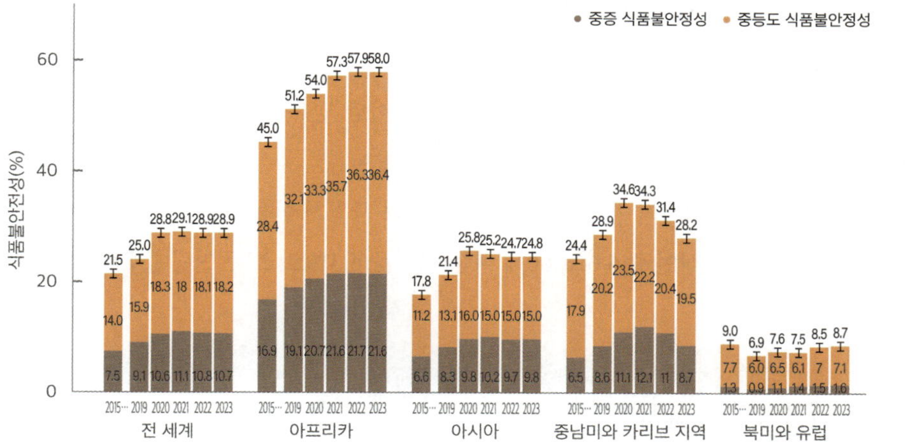

그림 13-3 전 세계 및 지역별 식품불안정성 현황

출처: FAO, IFAD, UNICEF, WFP and WHO. The State of Food Security and Nutrition in the World 2024-Financing to end hunger, food insecurity and malnutrition in all its forms. 2024.

2) 영양부족

영양부족은 에너지 및 영양소의 섭취가 부족하거나 질병으로 인해 나타나는 생리적 상태를 의미하며 성장부전stunting, 쇠약증wasting, 저체중thinness or underweight, 미량영양소 결핍deficiencies in vitamins and minerals으로 분류된다. 임산부 및 영유아는 특히 영양부족에 취약하다. 영양부족을 겪은 태아와 영유아는 성장 및 발달이 저해되어 전 생애에 걸쳐 건강 문제를 겪게 될 수 있다.

(1) 성장부전, 쇠약증, 저체중

성장부전, 쇠약증, 저체중은 에너지 섭취 부족과 밀접한 관련이 있다. 성장부전(저신장)은 연령에 비해 신장이 작은 상태를 지칭하며, 만성적 영양부족의 결과로 발생한다. 쇠약증은 신장에 비해 체중이 적은 상태이며, 비교적 최근에 겪은 영양부족의 결과로 발생하는 경우가 많다. 저체중은 연령에 비해 체중이 적은 상태를 지칭한다. 저체중인 영유아는 성장부전 혹은 쇠약증일 가능성이 높다.

저체중

19세 이하 아동의 저체중(thinness)은 세계보건기구(WHO)의 표준성장도표 기준으로 체질량지수(Body Mass Index, BMI)가 하위 2표준편차(-2SD) 미만인 경우를 말하며, 20세 이상 성인의 저체중(underweight)은 BMI가 18.5 미만인 경우로 정의됨

〈2024 세계 식량안보 및 영양보고서〉에 의하면, 2022년 전 세계 5세 미만 영유아 중 성장부전 비율은 22.3%로, 전 세계 약 1억 4,810만 명의 영유아가 성장부전이었다. 이는 2012년의 26.3%보다 감소한 수치이다. 한편, 전 세계 5세 미만 영유아 중 쇠약증 비율은 6.8%(약 4,500만 명)로, 2012년의 7.5%보다 소폭 감소하였다.

한편, 2022년 전 세계의 저체중 비율은 5~9세의 학령기 아동 중 8.5%, 10~19세 청소년 중 10.2%, 20~59세 성인 중 6.6%, 60세 이상 노인 중 6.3%로, 모든 연령대에서 2000년보다 감소하였다.

(2) 미량영양소 결핍

미량영양소 결핍은 에너지 섭취가 충분하더라도 특정 비타민 혹은 무기질 섭취가 부족할 때 발생할 수 있다. 심지어, 비만인 경우도 미량영양소 부족일 수 있으며, 이러한 상태를 숨은 기아hidden hunger라고 부르기도 한다. 미량영양소는 체내에서 다양한 대사를 조절하는 역할을 하므로, 결핍 시 정상적인 성장 및 발달을 저해하고, 심각한 건강 문제를 야기할 수 있다. 전 세계적으로 결핍되기 쉬운 미량영양소로는 철, 비타민 A, 요오드 등이 있다.

① 철 결핍

철은 적혈구 내에 있는 혈색소인 헤모글로빈과 근육 내에 있는 혈색소인 미오글로빈의 구성요소로서 산소의 운반과 저장에 참여하며, 신경전달물질 합성에 관여하는 효소의 보조인자로서 뇌 · 신경계 기능 유지에 관여한다. 따라서, 철 섭취가 부족하면 빈혈이 발생하여 피로감, 쇠약감, 호흡곤란 등의 증상이 나타날 수 있고, 성장기 아동의 경우 뇌 · 신경계 발달과 기능이 저해되어 학습과 행동 문제를 일으킬 수 있다. 가임기 여성, 임산부, 아동이 철 결핍성 빈혈에 취약하며, 아동 중에도 체내에 저장된 철이 고갈되어 음식으로부터 철을 섭취해야 하는 6개월 이후의 영유아가 특히 취약하다.

세계보건기구World Health Organization, WHO는 전 세계적으로 가임기 여성의 30%, 임산부의 37%, 5세 미만(6~59개월) 아동의 40%가 빈혈일 것으로 추정하고 있다. 빈혈의 가장 주요한 원인은 철 결핍이다. 지역별로는 사하라 이남 아프리카 및 남부 아시아의 빈혈 유병률이 40%를 넘어서는 심각한 수준인 것으로 나타났다(**그림 13-4**).

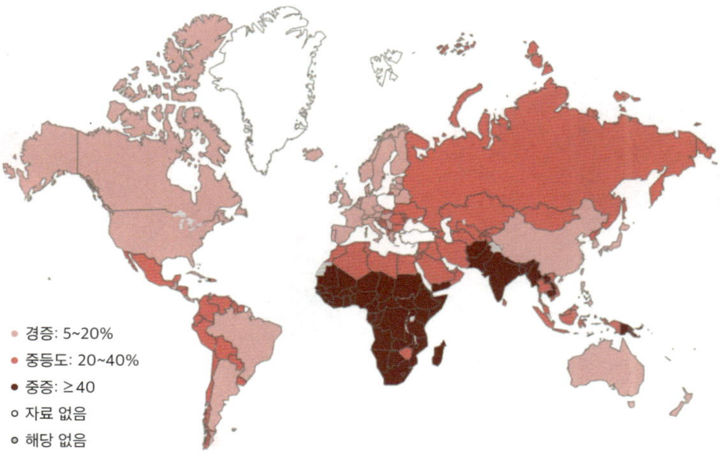

그림 13-4 2019년 기준 국가별 6~59개월 아동의 빈혈 유병률

출처: WHO. 2025.

② 비타민 A 결핍

비타민 A는 시각과 면역 기능 유지에 중요한 역할을 하는 영양소로, 비타민 A 섭취가 부족하면 야맹증, 결막염, 각막염 등의 안질환이 발생하며, 설사나 호흡기 감염 위험이 커진다. 특히, 아동의 경우 비타민 A 결핍으로 인해 실명과 사망에까지 이를 수 있다.

비타민 A 결핍은 개발도상국에서 주로 발생한다. WHO는 2013년 기준으로 전 세계 5세 미만(6~59개월) 아동 3명 중 1명이 비타민 A 결핍일 것으로 추정했는데, 대다수가 사하라 이남 아프리카와 남부 아시아에 집중되어 있었다. 이에 WHO는 5세 미만 아동의 비타민 A 결핍이 심각한 수준인 국가에서는 고용량 비타민 A 보충제를 제공하는 정책을 시행하도록 권고하였다. 국제연합아동기금United Nations for Children's Fund, UNICEF에 의하면 2022년 기준으로 비타민 A 보충 프로그램이 필요한 국가는 64개국이었으며, 그중 자료가 있는 54개국의 비타민 A 보충 현황은 **그림 13-5**와 같다. 14개국에서는 80%가 넘는 아동이 연 2회 비타민 A 보충제를 제공받았으나 일부 국가는 그 비율이 20%도 되지 않았다.

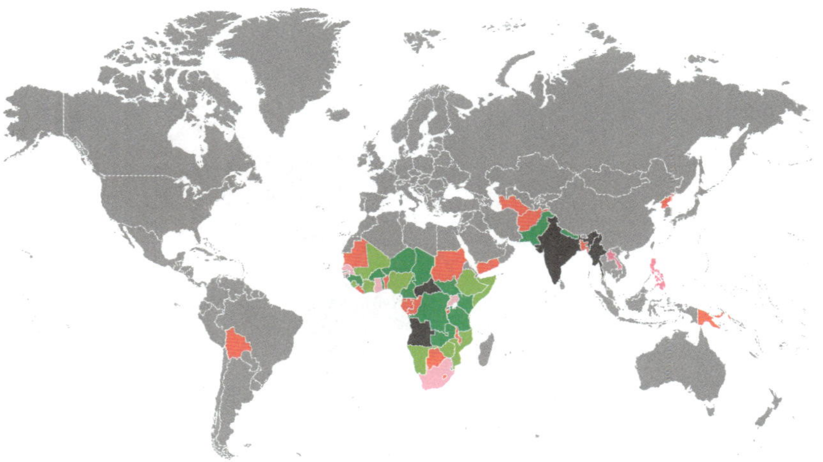

그림 13-5 2022년 기준 국가별 6~59개월 아동 중 연 2회 비타민 A 보충제를 제공받은 비율

출처: UNICEF. 2025.

③ 요오드 결핍

요오드는 갑상선호르몬의 필수 구성요소로서, 기초대사와 체온 조절에 관여한다. 요오드 섭취가 부족하면 갑상선호르몬 생성량이 감소하여 무기력과 체온조절 실패 등이 나타나며, 갑상선이 비대해지는 갑상선종이 발생할 수 있다. 또한, 임산부가 요오드 결핍인 경우 태아의 발육이 저해되어 출생 후 정신박약, 성장장애, 왜소증 등을 나타내는 크레틴병에 걸릴 수 있다.

요오드는 해조류와 어패류에 풍부하기 때문에, 해조류 섭취량이 많은 우리나라에서는 요오드 결핍이 흔하지 않다. 그러나 전 세계적으로는 요오드 결핍이 매우 흔하여 1960년에는 WHO가 전 세계 인구의 20~60%가 갑상선종을 가지고 있을 것이라고 추정했다. 따라서 많은 국가에서 요오드 결핍을 예방하기 위한 중재 프로그램을 시행했다. 그중 대표적인 중재 프로그램은 자주 섭취하는 식품인 소금에 요오드를 강화하는 것으로, 국제연합아동기금의 자료에 따르면 2021년 기준으로 전 세계 가구의 89%가 요오드 강화 소금을 소비하고 있는 것으로 나타났다(**그림 13-6**). 그 결과 요오드 결핍 비율은 대폭 감소하였으나 여전히 선진국과 개발도상국 모두에서 결핍 사례가 발견되고 있다.

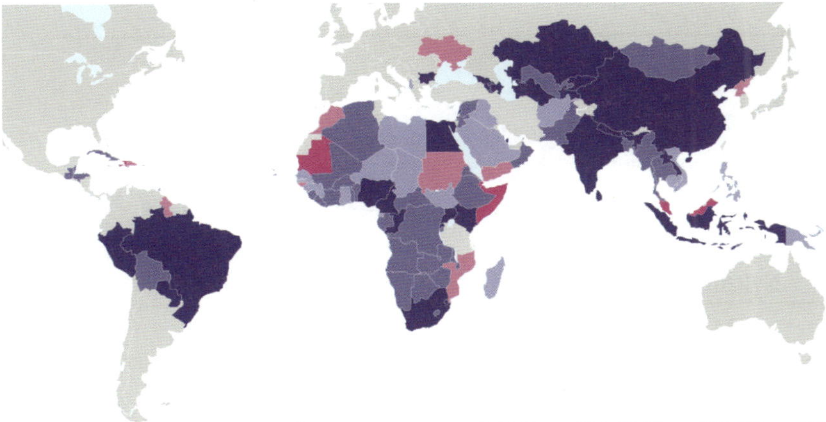

그림 13-6 2021년 기준 요오드 강화 소금을 소비하는 가구의 비율

출처: UNICEF. 2025.

3) 영양과잉

영양과잉은 주로 에너지 및 다량영양소의 섭취가 필요 수준 이상일 때 나타나는 생리적 상태를 의미한다. 영양과잉의 대표적인 형태는 과체중overweight 혹은 비만obesity으로, 신장에 비해 체중이 많이 나가는 상태를 지칭한다. 비만의 기준은 연령, 인종에 따라 차이가 있지만, 성인의 경우 체질량지수Body Mass Index, BMI가 30 이상일 때 비만으로 간주하는 것이 일반적이다. 비만은 심혈관질환, 당뇨, 암 등 연관된 만성질환의 위험을 높이므로, 전 세계적으로 큰 문제가 되고 있다.

2022년 기준, 전 세계 18세 이상 성인 중 비만 인구 비율은 15.8%(약 8억 8,100만 명)에 달했다. 비만 인구 비율은 전 연령대에서 꾸준히 증가하여, 영양불량의 이중부담을 가중시켰다(**그림 13-7**). 특히, 다른 연령대에 비해 60세 이상 노인의 비만 인구 비율이 높았는데, 2000년에는 13.1%였으나 꾸준히 증가하여 2022년에는 18.9%가 되었고, 2030년에는 21.6%에 달할 것으로 예상되었다.

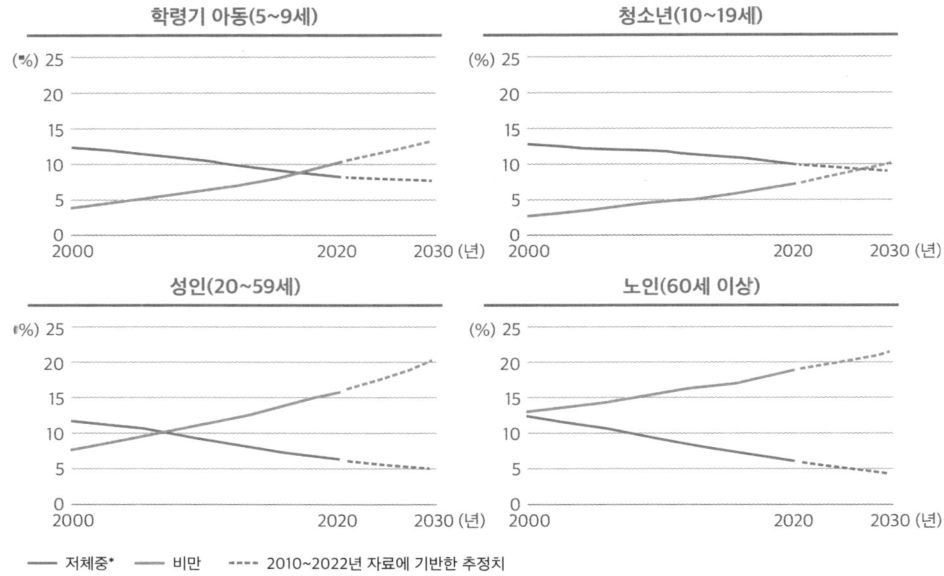

* 학령기 아동 및 청소년의 경우 '저체중(thinness)', 성인 및 노인의 경우 '저체중(underweight)'으로 표시됨.

그림 13-7 전 세계 영양불량의 이중부담(저체중과 비만) 추이

출처: FAO, IFAD, UNICEF, WFP and WHO. The State of Food Security and Nutrition in the World 2024-Financing to end hunger, food insecurity and malnutrition in all its forms. 2024.

4) 지속가능한 식생활

전 지구적으로 환경 파괴가 가속화되면서 지속가능성에 대한 국제사회의 관심이 커지고 있다. 국제연합의 지속가능발전목표SDGs도 이를 반영한 것으로 환경 보호, 사회적 포용, 경제 성장의 세 가지 요소를 아우르고 있다. 따라서, 식생활의 지속가능성에 대한 논의도 활발하게 진행되고 있다.

국제연합식량농업기구에 따르면, 지속가능한 식생활이란 환경 부담이 적은 식생활로서, 현재와 미래 세대 모두의 식량 안보와 건강한 삶에 기여하는 것이다. 또한, 지속가능한 식생활은 생물 다양성과 생태계를 보호하고 존중해야 하며, 문화적으로 용인 가능하고, 쉽게 접근할 수 있고, 경제적으로 공정하고 감당할만하며, 영양적으로도 적절하고 안전하며 건강하면서도, 자연과 인적 자원을 최대한 적절하게 활용해야 한다.

지속가능한 식생활을 실현하기 위해서는 식량의 생산도 지속가능한 방식으로 해야 한다.

이를 위해, 다음과 같은 접근법이 필요하다.

- 다양한 작물을 재배하고 다양한 식물과 동물의 유전자원을 보존한다.
- 지역에서 생산된 식품(로컬푸드) 소비를 장려하고, 단거리 식품 유통망을 구축한다.
- 식품의 제조와 가공 과정에서 발생하는 식품 손실과 폐기량을 줄여야 한다.
- 화학비료와 살충제 사용을 줄이고, 지속가능한 농업 방식을 촉진해야 한다.

서울시에서 제안하는 지속가능한 식생활 실천 지침은 **그림 13-8**과 같다.

그림 13-8 서울미래밥상: 서울시 지속가능한 식생활 실천 지침

출처: 서울특별시. '서울 미래밥상' 길라잡이. 2023.

2. 국제기구 및 민간단체의 영양 개선 활동

1) 국제기구의 활동

다양한 국제기구와 관련 국가들이 영양 개선을 통한 건강증진을 위해 노력하고 있다. 특히, 국제연합 산하의 여러 국제기구가 다양한 영양 개선 활동을 수행하고 있으며, 그중 많은 활동이 개발도상국이나 전쟁이나 재해 등을 겪고 있는 국가에 집중되어 있다.

2016년 국제연합 총회에서 선언된 '영양을 위한 10년 행동계획Decade of Action on Nutrition'은 국제연합 산하 국제기구들이 영양 개선을 위한 다양한 사업을 수행할 수 있는 발판이 되었다. 국제연합에서 2025년까지 달성하고자 한 목표는 모성 및 영유아 영양 개선을 위한 성장부전, 빈혈, 저체중 출생아, 아동 비만, 완전모유수유, 쇠약증 관련 지표 개선과 만성질환 예방을 위한 소금/나트륨 섭취, 고혈압, 당뇨, 비만 관련 지표 개선 등이다(**그림 13-9**). 이를 달성하기 위해 국제연합식량농업기구, 세계보건기구, 국제연합아동기금, 세계식량계획World Food Programme, WFP 등 여러 국제연합 산하 국제기구들이 단독으로 혹은 합동으로 역할을 수행하고 있다.

모성과 영유아 영양 개선을 위한 목표	만성질환 목표 달성을 위한 영양 목표
1. 5세 미만 성장부전 영유아 수 40% 감소 2. 가임기 여성의 빈혈 유병률 50% 감소 3. 저체중 출생아 비율 30% 감소 4. 아동의 과체중 증가 방지 5. 생후 6개월간 완전모유수유 비율 최소 50% 증가 6. 아동의 쇠약증 유병률 5% 미만으로 감소 및 유지	• 평균 소금/나트륨 섭취량 30% 감소 • 고혈압 비율 25% 감소 • 당뇨와 비만 증가 방지

그림 13-9 국제연합의 영양 및 식이 관련 목표

출처: WHO. Ambition and Action in Nutrition 2016~2025. 2017.

(1) 국제연합식량농업기구

국제연합식량농업기구Food and Agriculture Organization of the United Nations, FAO는 1945년 설립된 국제연합 산하 전문기구로서, 식량농업 분야에서 국제협력 및 전문 지식 보급을 통해 기아 종식 달성과 생활 및 영양 수준 개선에 기여하고 있다. 2020년 기준으로 회원국이 194개, 준회원국이 2개 가입되어 있다. 우리나라는 1949년 회원국으로 가입했으며, 1957년에는 FAO 한국협회가 설립되었다. 한편, 북한은 1977년 FAO에 가입했으며, FAO는 단독으로 혹은 WFP 등과 합동으로 북한에 조사단을 파견하여 북한의 작황 및 식량안보를 평가하고 있다.

FAO의 주요 역할은 다음과 같다.

① 전문 지식 보급을 통해 지속가능한 농업 실현 지원
② 회원국의 농촌 개발 및 기아 종식 달성을 위해 농업 관련 정책 · 계획 · 규제 · 전략 수립 지원
③ 농가 지원을 위해 다양한 이해관계자 간의 협력 촉진
④ 다양한 현지 기술지원 프로젝트를 통해 전문지식을 제공하고 위기상황에서는 인도주의적 기관과 협력하여 농촌생계 보호 및 복원 지원
⑤ 농업, 식량안보, 영양에 대한 위험 요소들을 모니터링하여 관련 정보 제공

FAO의 영양개선사업의 한 예시로, 아프리카 말라위Malawi에서 시행한 주황색 고구마 보급 사업이 있다. 말라위를 비롯한 아프리카 일부 지역에서는 비타민 A 결핍이 흔하게 나타나므로, FAO가 이를 해결하기 위해 지역 농민들과 협력하여 비타민 A 함량이 높은 주황색 고구마를 재배하고 이를 식단에 적극 반영하도록 장려하는 사업을 수행했다. 이 사업을 통해 지역사회 전체의 영양상태가 개선되었으며, 특히 어린이와 임산부를 비롯한 취약계층의 비타민 A 섭취량이 증가하였다.

(2) 세계보건기구

세계보건기구World Health Organization, WHO는 1948년 설립된 국제연합 산하 전문기구로서, 모든 사람들이 가능한 한 최고의 건강 수준에 도달하는 것을 목표로, 국제협력을 통해 건강증진

에 기여하고 있다. 2022년 기준으로 194개 회원국을 두고 있으며, 우리나라는 1949년 회원국으로 가입했다. 북한은 1973년에 WHO에 가입했으며, 1997년에 긴급구호지원 사무소가, 2001년에 국가사무소가 설립되어, 북한 주민들의 건강 및 인권을 개선하기 위한 활동을 수행했다.

WHO의 주요 기능은 다음과 같다.

① 보건 관련 핵심 사안들에 대한 리더십을 제공하고 필요시 파트너십 형성
② 보건 연구 의제를 설정하고 가치 있는 지식의 생성 · 전환 · 확산 촉진
③ 보건 관련 규범 및 기준을 설정하고, 그 이행을 장려하고 모니터링
④ 윤리적이고 근거에 기반한 보건정책 제시
⑤ 기술적 지원을 제공하고, 변화를 촉진하며, 지속가능한 제도적 역량 강화
⑥ 보건 상황을 모니터링하고 건강 동향 평가

WHO의 영양식품안전부서Nutrition and Food Safety Department는 영양불량과 식품매개질병을 해결하기 위한 다양한 사업을 총괄하고 있다. 2023년 영양식품안전부서가 수행한 사업 중에는 비만 관리에 대한 리더십 제공 및 파트너십 형성, 각 회원국의 나트륨 저감 정책을 평가하는 보고서 발간을 통해 근거에 기반한 보건정책 제시 등이 있다. 또한, 5세 미만 영유아의 쇠약증 및 영양성 부종 예방 및 관리에 관한 지침, 지방 · 포화지방 및 트랜스지방 · 탄수화물 · 대체당 섭취에 관한 지침, 영유아의 이유식 관련 지침, 아동 대상 식품 마케팅 지침 등을 발표해 국제 표준을 제시했다.

(3) 국제연합아동기금

국제연합아동기금 혹은 유니세프United Nations for Children's Fund, UNICEF는 1946년 제2차 세계대전 피해 어린이를 돕기 위해 설립된 국제 아동 긴급기금을 전신으로 한다. 같은 해 국제연합총회에서 현재의 이름을 갖게 되었으며, 1953년 유엔 상설 기구로 지정되었다. 유니세프는 '차별 없는 구호'의 정신으로 전 세계 어린이를 위한 구호활동을 펼쳐왔으며, 점차 지변이 확대되어 어린이의 건강한 성장과 발달을 위한 다양한 프로그램을 수행하고 있다. 특히, 유니세프는 모든 어린이와 임산부가 필요한 영양소를 골고루 섭취할 수 있도록 모유수유 캠페인,

미량영양소 분말 및 강화식품 지원, 비타민 A 및 철분 보충제 지원, 식환경 개선 등을 위해 노력하고 있다(**그림 13-10**).

유니세프는 1950년 유니세프한국사무소를 설치하고 한국전쟁으로 고통받는 어린이들을 돕기 위해 식량, 담요, 의류, 위생용품 등의 물자를 지원했다. 1960~70년대에는 유니세프의 한국 지원사업이 다양한 형태로 변화해 지역사회 보건 요원에 대한 훈련사업, 농촌영양개선사업, 모자보건사업, 질병 퇴치사업, 교사훈련과 교과 과정 현대화, 농촌청소년을 위한 직업훈련 등을 수행했으며, 1980년대에는 유아교육사업을 중점적으로 수행했다. 한국의 경제가 발전함에 따라 1993년 유니세프한국사무소가 철수하고, 1994년 선진국형 기구인 유니세프한국위원회가 창립되었다. 이로써 한국은 도움을 받던 수혜국에서 도움을 주는 공여국으로 탈바꿈한 유일한 사례가 되었다. 유니세프한국위원회는 개발도상국 어린이를 지원하기 위한 기부를 적극적으로 장려했고, 2020년에는 미국, 일본, 독일, 영국과 함께 5대 모금대국으로 성장하였다. 또한, 한국 아동의 권리 증진을 위해 모유수유 캠페인, 아동 친화 도시 · 학교 · 기업 인증 등의 활동을 펼치고 있다.

그림 13-10 유니세프의 아동 영양개선사업

출처: UNICEF. 2025.

(4) 세계식량계획

세계식량계획World Food Programme, WFP은 1961년 설립된 국제연합 산하 전문기구로, 현재 세계 최대 규모의 인도적 지원 기관이다. WFP는 긴급 상황에서 생명을 구하고, 분쟁 · 재난 · 기후 위기를 극복 중인 지역에 식품 지원을 통해 평화 · 안정 · 번영으로 가는 길을 만드는 것을 목표로 한다. WFP는 이를 위해 매년 수백만 톤의 식품과 기타 필수품을 트럭, 항공기, 선박 등을 이용하여 구호지역에 전달하고 있다. 또한, 지역 경제를 활성화하기 위해 지역 주민들이 토지 복원과 같은 공공사업에 참여했을 경우 식품 혹은 현금을 대가로 지급하는 취로사업 Food Assistance for Assets을 적극 수행하고 있다. 이같이 WFP는 영양 분야에 전문화된 기구로서, 긴급구호 시 영양부족을 해결하는 것에서 더 나아가 미량무기질 결핍, 과체중 및 비만까지 점차 활동 영역을 확대하고 있다.

WFP는 1963년에 한국이 수해 지원을 요청한 후부터 1984년까지 20년간 한국에 식량 원조 및 개발 지원을 제공하며, 한국의 기아 해결에 크게 기여하였다. 한국의 상황이 개선됨에 따라 사업이 종료된 후, 1996년부터는 오히려 한국이 WFP를 통해 긴급 식량 지원을 제공하기 시작했고, 2005년에는 서울에 WFP 방콕 출장소가, 2011년에는 정식 WFP 한국사무소가 설립되며, 한국은 WFP의 주요 공여국으로 거듭났다. 현재 한국은 WFP와 함께 여러 식량 위기 지역에서 아동 영양지원사업, 급식사업, 취로사업, 회복력 증대사업, 상수도사업, 새마을 제로헝거 커뮤니티, 긴급구호사업 등을 진행하고 있다.

더 알아보기 13-1

한국국제협력단

한국국제협력단(Korea International Cooperation Agency, KOICA)은 정부 차원에서 개발도상국의 경제 발전이나 복지 증진을 도모하기 위한 원조를 제공하는 공적개발원조(Official development assistance, ODA) 전담 기관이다. KOICA는 1991년 설립되었으며, 설립 목적은 '개발도상국의 빈곤감소 및 삶의 질 향상, 여성·아동·장애인·청소년의 인권 향상, 성평등 실현, 지속가능한 발전 및 인도주의를 실현하고, 협력 대상국과의 경제 협력 및 우호협력관계 증진, 국제사회의 평화와 번영에 기여'하는 것이다. 국내외 정부부처, 공공기관, 시민사회, 기업, 학계 등과 함께 지속가능발전목표 달성에 기여하기 위한 여러 개발협력사업을 수행하고 있으며, 2022년 약 8천억 원을 공공행정(18%), 보건의료(17%), 기술환경에너지(16%), 교육(14%), 농림수산(12%) 등의 분야에 지원했다.

2) 민간단체의 활동

국제기구뿐만 아니라 민간단체Nongovernmental organization, NGO도 국제 영양문제 해결을 위한 여러 활동을 수행하고 있다. 민간단체는 민간의 기부금이나 후원으로 유지되며, 설립 목적이나 규모도 매우 다양하다. 민간단체는 각 국가의 정부부처, 공공기관, 기업, 학계 등과 다각화된 파트너십을 구축하여 영양개선활동을 수행하기도 한다. 국제연합 경제사회이사회는 민간단체에게 협의 지위를 부여하기도 하는데, 이를 획득한 민간단체는 국제연합 경제사회이사회 및 산하단체의 각종 회의에 참여하여 의견을 제시할 수 있다.

(1) 세이브더칠드런

세이브더칠드런Save the Children은 1919년에 제1차 세계대전 이후 패전국 아이들의 기아를 해결하기 위해 설립된 민간단체로, 세계 최초로 아동 구호활동을 시작한 단체로 알려져 있다. 창립자인 에글렌타인 젭Eglantyne Jebb이 1923년 작성한 '아동권리선언'은 이듬해인 1924년 국제연맹에서 채택되어 현재의 유엔아동권리협약으로 발전하기도 했다. 세이브더칠드런은 제2차 세계대전 이후 피해국 아동의 구호를 위한 인도적 지원활동을 펼쳤으며, 베트남전쟁 이후 최초로 베트남에서 구호활동이 허락된 단체로서 전쟁 피해지역에서 인도적 지원활동을 전개했다. 2023년 기준, 세이브더칠드런은 전 세계 116개국에서 기아 종식을 위한 활동을 펼쳐, 3,500만 명 이상의 어린이에게 치료 및 기아 개선을 위한 지원을 제공했다. 또한, 세이브더칠드런의 아동 구호활동에는 모자보건 시스템 강화, 글로벌 감염병 대응 및 면역력 강화, 소외열대질환 유병률 감소 및 식수 위생환경 개선 등 보건영양 서비스를 제공하는 사업이 포함되어 있다. 세이브더칠드런은 국제연합 경제사회이사회로부터 최상위 지위인 포괄적 협의지위를 부여받았다.

한국에서는 1953년 한국전쟁 이후 부산을 중심으로 전쟁 고아 등을 위한 구호활동을 시작했으며(**그림 13-11**), 1950년대 말부터는 농촌지역 개발사업으로 영역을 확대했다. 이후 1981년부터는 한국은 도움을 주는 입장으로 활동을 시작했다. 1997년부터는 영양의료지원사업을 시작으로 북한아동지원사업을 시작했으며, 2007년부터 2022년까지 '신생아살리기 모자뜨기캠페인'을 시작해 14개 개발도상국가에 신생아 저체온증 방지를 위한 털모자를 보내기도 했다.

그림 13-11 세이브더칠드런의 한국전쟁 고아 대상 구호활동

출처: 세이브더칠드런. 2025.

(2) 월드비전

월드비전World Vision은 1950년 밥 피어스Bob Pierce 목사가 한국을 포함한 동아시아의 소외된 어린이들을 돕기 위해 시작한 단체로, 기독교 정신을 바탕으로 설립된 세계 최대 국제구호개발 민간단체이다. 특히 선교사이자 한국전쟁 종군기자였던 밥 피어스 목사는 한국전쟁 고아와 유가족 여성들에 대한 구호활동을 중점적으로 펼쳤다. 한국 활동 초기에는 고아를 위한 시설을 설립해 의식주를 지원하는 것에 초점을 맞추었으나 점차 교육, 의료분야로 지원 분야가 확대되었다. 또한, 1980년대에는 낙후된 농어촌 지역의 개발을 지원하는 사업도 실시했다.

한국월드비전은 1991년을 기점으로 해외 원조 없이 경제적으로 자립했으며, 다양한 국내 및 해외 지원사업을 수행하고 있다. 1994년부터는 북한지원사업을 개시하여, 단기적인 영양개선을 위한 식량지원뿐만 아니라, 씨감자 생산지원사업 등 장기적인 농업사업을 통해 북한주민이 자체적으로 식량 문제를 개선할 수 있도록 역량을 강화하고 있다. 월드비전은 국제연합 경제사회이사회로부터 최상위 지위인 포괄적 협의지위를 부여받았다.

국제월드비전은 지역개발사업, 긴급구호사업, 아동옹호사업을 핵심적으로 전개하고 있으며, 2022년 기준으로 1,300만여 명에게 식량지원을, 300만여 명에게 깨끗한 물을, 8,800여 명의 농부에게 새로운 농법을 보급하였다.

(3) 위드

위드WITH는 2006년 한국에서 설립된 국제 보건·영양 전문 민간단체로, 식품영양 전문인들이 모여 국내 결식 아동들을 위한 도시락을 제공하는 것으로부터 시작되었다. 위드는 여러 개발도상국과 북한 이탈주민을 대상으로 보건영양지원사업, 식수 및 환경개선사업, 여성 자립을 위한 교육사업, 해외장학멘토링사업, 구호구제사업 등을 전개하고 있다. 특히, 몽골에서는 어린이의 영양개선을 위해 유치원 및 학교 급식관리 운영체계 구축을 지원하고, 성인의 영양개선을 위해 보건소 중심의 만성질환 예방 영양서비스를 제공하고 임상영양 전문인력을 양성하는 사업 등을 장기간에 걸쳐 수행해왔다. 그 외에도 위드는 지속가능한 개발사업을 주도할 수 있는 인재를 양성하기 위해, 국내외에서 영양 관련 현장 활동 기획 및 역량 강화를 위한 교육 과정을 운영하고 있다.

요약

1. 전 세계적으로 기아 및 식품불안정성, 영양부족, 영양과잉 등의 영양문제가 만연하며, 지속가능한 식생활에 대한 관심도 커지고 있음

2. 국제연합 산하의 국제영양식량농업기구(FAO), 세계보건기구(WHO), 국제연합아동기금(UNICEF), 세계식량계획(WFP) 등의 국제기구가 각 국가의 지원을 받아 국제 영양문제 개선을 위한 활동을 수행하고 있음. 또한 세이브더칠드런, 월드비전, 위드 등 여러 민간단체가 민간의 지원을 받아 영양개선활동을 펼치고 있음

활동

영양개선사업을 수행하는 민간단체를 조사해보자.

민간단체	단체 개요	주요 활동(영양개선활동을 중심으로)
(예시) 굿네이버스 https://goodneighbors.kr	• 1991년 한국에서 설립된 국제 아동권리 전문 NGO • 국제연합 경제사회이사회로부터 포괄적 협의 지위를 부여받음	• 국내와 해외 40여 국가에서 사회복지사업과 국제개발협력사업을 수행하고 있음 • 주요 국제구호개발사업: 교육보호, 식수위생, 보건의료(영양식 지원 등), 소득증대, 권리옹호, 긴급구호(식량 공급 등) • 대북지원사업: 아동보호지원사업(영양식 지원 등), 보건의료지원사업, 농축산개발사업(낙농·양계지원사업 등) • 국내복지사업: 학대피해아동보호 및 예방, 마음건강지원, 위기가정아동지원(방학 중 점심 지원 등), 지역사회복지사업(급식지원, 식품 지원 등), 아동권리옹호
(예시) 퍼스트 스텝스 https:// ko.firststepscanada.org		

참고문헌

1장

Boyle MA. Community Nutrition in Action. Cengage Learning; 2017:20-35.

Goeppinger J, Lassiter PG, Wilcox B. Community health is community competence. Nurs Outlook. 1982;30(8):464-467.

Goist PD. City and community: The urban theory of Robert Park. Am Q. 1971;23(1):46-59.

Harvard Health Publishing. Nutrition. Published online. Accessed February 3, 2025. https://www.health.harvard.edu/topics/nutrition

National Academies of Sciences, Engineering, and Medicine. The Future of Nursing 2020-2030: Charting a Path to Achieve Health Equity. National Academies Press; 2021.

Spark A, Dinour LM, Obenchain J. Nutrition in Public Health: Principles, Policies, and Practice. 2nd ed. CRC Press Taylor & Francis Group; 2016.

UN-Nutrition. UN-Nutrition. Published online. Accessed February 3, 2025. https://www.unnutrition.org

World Health Organization. Community Engagement: A Health Promotion Guide for Universal Health Coverage in the Hands of the People. Published 2020. https://www.who.int/publications/i/item/9789240010529

World Health Organization. Health Promotion Glossary of Terms 2021. Published 2021. https://www.who.int/publications/i/item/9789240038349

World Health Organization. Health Promotion Glossary. Published 1998. https://www.who.int/publications/i/item/WHO-HPR-HEP-98.1

World Health Organization. Health promotion. Published online. Accessed February 3, 2025. https://www.who.int/health-topics/health-promotion#tab=tab_3

World Health Organization. Nutrition. Published online. Accessed February 3, 2025. https://www.

who.int/health-topics/nutrition#tab=tab_1

World Health Organization. The 7th Global Conference on Health Promotion, Nairobi, 2009. Published 2009. https://www.who.int/teams/health-promotion/enhanced-wellbeing/seventh-global-conference/community-empowerment

2장

국가암정보센터. 성별 주요암 사망분율. Published 2024. Accessed March 20, 2025. https://www.cancer.go.kr/lay1/S1T645C647/contents.do

국립암센터. '암 예방'이 가능하다는 사실은 다 아시죠? 이제는 적극적으로 실천하는 노력이 필요한 때 [보도 자료]. Published March 21, 2024. Accessed February 5, 2025. https://www.ncc.re.kr/prBoardView1.ncc?nwsId=9416

김동식. 여성의 신체이미지 왜곡 및 외모관리 행동과 정책적 시사점. 보건복지포럼. 2021;(299):40-58. 한국보건사회연구원

대한고혈압학회. Korea Hypertension Fact Sheet 2024. Published 2024. Accessed July 19, 2025. https://www.koreanhypertension.org/reference/guide?mode=read&idno=10270

대한비만학회. 2024 Obesity Fact Sheet. Published 2024. Accessed July 19, 2025. https://www.kosso.or.kr/popup/obesity_fact_sheet.html

대한비만학회. 제59차 대한비만학회 춘계학술대회. Published 2024.

법제처. 식품의 기준 및 규격[식품의약품안전처고시 제2024-71호, 2024.11.14., 일부개정]. Published 2024. Accessed July 19, 2025. https://www.law.go.kr/행정규칙/식품의%20기준%20및%20규격

보건복지부. 2022년 암등록통계 주요결과[보도 자료]. Published December 26, 2024. Accessed July 19, 2025. https://www.mohw.go.kr/boardDownload.es?bid=0027&list_no=1484074&seq=4

보건복지부. 암환자 5년 생존율 72.9%, 전국민의 5%(259만 명) 암 유병자 [보도 자료]. Published December 26, 2024. Accessed July 19, 2025. https://www.mohw.go.kr/board.es?mid=a10503010100&bid=0027&act=view&list_no=1484074&tag=&nPage=1

서미혜. 비타민 D 결핍 선별 검사와 예방. Korean J Med. 2024;99(6):279-283. https://doi.org/10.3904/kjm.2024.99.6.279

서울대학교병원. 당뇨병[diabetes mellitus]. Accessed February 5, 2025. http://www.snuh.org/health/nMedInfo/nView.do?category=DIS&medid=AA000260

식품의약품안전처. 식약처, 국민의 나트륨·당류 섭취 실태분석 결과 발표 [보도 자료]. Published May 30, 2024. Accessed July 19, 2025. https://www.mfds.go.kr/brd/m_99/view.do?seq=48313

식품의약품안전처. 식품공전. Published 2024. Accessed July 19, 2025. https://various.foodsafetykorea.go.kr/fsd/#/ext/Document/FC?searchNm=음료류&itemCode=FC0A006001002A034

심재용 외. 대한민국 성인에서 대사증후군의 예방 및 치료. Korean J Fam Pract. 2015;5(3):375-382. https://www.kjfp.or.kr/journal/download_pdf.php?spage=375&volume=5&number=3

질병관리청. 2023 국민건강통계. Published 2024. Accessed July 19, 2025. https://knhanes.kdca.go.kr/knhanes/postSendPage.do?url=/archive/wsiStatsClct.do&postparam=%7B%22menuId%22:%2210041001%22%7D

질병관리청. 2024 만성질환 현황과 이슈. Published 2024. Accessed July 19, 2025. https://www.kdca.go.kr/gallery.es?mid=a20503020000&bid=0003&b_list=9&act=view&list_no=146797&nPage=1

질병관리청. 국민건강영양조사 2023년 결과 발표[보도 자료]. Published December 3, 2024. Accessed July 19, 2025. https://www.kdca.go.kr/board/board.es?mid=a20501010000&bid=0015&list_no=726622&act=view

질병관리청. 국민건강영양조사 영양소별 주요 급원 식품군. 2019;12(32):1132-1140. Accessed July 19, 2025. https://www.kdca.go.kr/board/board.es?mid=a20607020000&bid=0034&list_no=364655&act=view

질병관리청. 나트륨 섭취 현황. 국민건강통계플러스. 2024;(4). Accessed July 19, 2025. https://knhanes.kdca.go.kr/knhanes/postSendPage.do?url=/archive/wsiNationHealthStatsPlus.do&postparam=%7B%22menuId%22:%2210041002%22%7D

질병관리청. 대사증후군 [Metabolic syndrome]. 질병관리청 국가건강정보포털. Published 2021. Accessed July 19, 2025. https://health.kdca.go.kr/healthinfo/biz/health/gnrlzHealthInfo/gnrlzHealthInfo/gnrlzHealthInfoView.do?cntnts_sn=5427

질병관리청. 비만 아동 · 청소년에서 초가공식품섭취가 많을수록, 대사 질환 위험 증가 [보도 자료]. Published November 12, 2024. Accessed July 19, 2025. https://www.kdca.go.kr/board/board.es?act=view&bid=0015&list_no=726416&mid=a20501010000

질병관리청. 영양소 섭취기준에 대한 섭취 비율, 2023년. 주간 건강과 질병. 2024;18(3):155-156. https://doi.org/10.56786/PHWR.2025.18.3.4

질병관리청. 우리 국민의 비타민 D, 비타민 E 섭취 현황. 주간 건강과 질병. 2022;15(27):1935-1943. Accessed July 19, 2025. https://www.phwr.org/journal/view.html?pn=vol&uid=366&vmd=Full

질병관리청. 우리나라 성인의 지방 섭취 추이. 국민건강통계플러스. 2021;(2). Accessed July 19, 2025. https://knhanes.kdca.go.kr/knhanes/postSendPage.do?url=/archive/wsiNationHealthStatsPlus.do&postparam=%7B%22menuId%22:%2210041002%22%7D

질병관리청. 음료류 섭취량 추이, 2013-2022년. 주간 건강과 질병. 2024;17(24):1068-1069. https://doi.org/10.56786/PHWR.2024.17.24.4

질병관리청. 음료섭취현황. 국민건강통계플러스. Published 2022. Accessed July 19, 2025. https://knhanes.kdca.go.kr/knhanes/postSendPage.do?url=/archive/wsiNationHealthStatsPlus.do&postparam=%7B%22menuId%22:%2210041002%22%7D

질병관리청. 이상지질혈증. 질병관리청 국가건강정보포털. Accessed July 19, 2025. https://health.kdca.go.kr/healthinfo/biz/health/gnrlzHealthInfo/gnrlzHealthInfo/gnrlzHealthInfoView.do?cntnts_ sn=6054

질병관리청. 제9기 2차년도(2023) 국민건강영양조사 결과발표회. Published 2024. Accessed July 19, 2025. https://knhanes.kdca.go.kr/knhanes/postSendPage.do?url=/archive/wsiRsltPrsntnData.do&postparam=%7B%22menuId%22:%2210041003%22%7D

질병관리청. 하루 과일 및 채소 500 g 이상 섭취자 분율 추이, 2016-2023년. 주간 건강과 질병. 2025;18(4):222-223. https://doi.org/10.56786/PHWR.2025.18.4.4

한국산업안전보건공단. 생활습관과 건강 I (건강영향 요인). Published 2010. Accessed February 3, 2025. https://www.kosha.or.kr/kosha/data/business/occuHealthBusinessData.do?mode=download&articleNo=241257&attachNo=117902

한국지질·동맥경화학회. Korea Dyslipidemia Fact Sheet in Korea 2024. Published 2024. Accessed July 19, 2025. https://www.lipid.or.kr/reference/factsheets.php?mode=view&idx=1266

Institute for Health Metrics and Evaluation(IHME). Global Burden of Disease - Risk factors. Published 2024. Accessed March 20, 2025. https://ourworldindata.org/grapher/number-of-deaths-by-risk-factor

Lee H, Yim Y, Cho Y, et al. Long-term trends and patterns in ultra-processed food consumption among Korean adults from 1998 to 2022. Sci Rep. 2025;15:4131. https://doi.org/10.1038/s41598-025-88489-0

Maher A. NOVA food classification. The Urban Co-op. Published February 6, 2023. Accessed July 19, 2025. https://www.theurbanco-op.ie/blogs/nova-food-classification

Miller V, Reedy J, Cudhea F, et al. Global, regional, and national consumption of animal-source foods between 1990 and 2018: Findings from the Global Dietary Database. Lancet Planet Health. 2022;6(3):e243-e256. https://doi.org/10.1016/S2542-5196(21)00352-1

Monteiro CA, Cannon G, Moubarac JC, et al. The UN Decade of Nutrition, the NOVA food classification and the trouble with ultra-processing. Public Health Nutr. 2018;21(1):5-17. https://doi.org/10.1017/S1368980017000234

Oh JK, Park E, Kim B, et al. Awareness of and practice toward cancer prevention recommendations: Results of the Korean National Cancer Prevention Awareness and Practice Survey in 2021. Epidemiol Health. 2022;44:e2022068. https://doi.org/10.4178/epih.e2022068

Sung H, Park JM, Oh SU, Ha K, Joung H. Consumption of ultra-processed foods increases the likelihood of having obesity in Korean women. Nutrients. 2021;13(2):698. https://doi.org/10.3390/nu13020698

World Health Organization. Cancer. Published 2025. Accessed February 5, 2025. https://www.who.int/news-room/fact-sheets/detail/cancer

World Health Organization. Diabetes. Published 2024. Accessed February 5, 2025. https://www.who.int/news-room/fact-sheets/detail/diabetes

World Health Organization. Draft Recommendations for the Prevention and Management of Obesity Over the Life Course, Including Potential Targets. Published 2021. Accessed July 19, 2025. https://www.who.int/publications/m/item/who-discussion-paper-draft-recommendations-for-the-prevention-and-management-of-obesity-over-the-life-course-including-potential-targets

World Health Organization. Hypertension. Published 2023. Accessed February 5, 2025. https://www.who.int/news-room/fact-sheets/detail/hypertension

World Health Organization. Obesity and overweight. Published 2024. Accessed February 5, 2025. https://www.who.int/news-room/fact-sheets/detail/obesity-and-overweight

World Health Organization. The top 10 causes of death. Published 2024. Accessed March 20, 2025. https://www.who.int/news-room/fact-sheets/detail/the-top-10-causes-of-death

3장

농식품수출정보. 대체식품. 한국농수산식품유통공사. Accessed March 18, 2025. https://www.kati.net/product/newBasisInfo.do?lcdCode=MD1444

메조미디어. 업종 분석 리포트 No.4. Published 2024. Accessed July 19, 2025. https://cjmezzomedia.com/data/insight_m_file/insight_m_file_1670.pdf

법제처. 식품위생법 시행령[대통령령 제35173호, 2024.12.31., 일부개정]. Published 2024. Accessed July 19, 2025. https://www.law.go.kr

삼일PwC경영연구원. Paradigm Shift Vol.5: 푸드테크의 시대가 온다. 2부. 대체식품. PwC Korea Insight Research; 2023

서울특별시 식생활종합지원센터. 서울미래밥상. Published November 8, 2023. Accessed July 19, 2025. https://www.seoulnutri.co.kr/foodinfo_sub/2452.do

서현정. 2023년 식품 온라인 업체들 실적. 하나증권 리서치센터. Published 2024. Accessed January 9, 2025. https://www.hanaw.com/download/research/FileServer/WEB/industry/industry/2024/03/27/Retail_Brief_HJ_240327_FINAL.pdf

수입식품현황. 수입식품현황. 지표누리 e-나라지표. Published December 13, 2024. Accessed January 9, 2025. https://www.index.go.kr/unity/potal/main/EachDtlPageDetail.do?idx_cd=3055

식품의약품안전처. 집단급식소 급식안전관리 기준 [식품의약품안전처 고시 제2023-32호, 2023.5.22., 일부개정]. Published 2023. Accessed July 19, 2025. https://impfood.mfds.go.kr/CFBDD02F02?active=00035&cntntsSn=518816&cntntsMngId1=00035

이슬비. "대체육, 왜 필요할까… 그냥 고기 먹으면 되지 않나?" 헬스조선. Published May 3, 2023. Accessed March 18, 2025. https://health.chosun.com/site/data/html_dir/2023/05/03/2023050301021.html

정선영. 국내서 즐기는 현지의 맛 세계 맛 곁들이는 식품 업계. 굿모닝경제. Published December 5, 2023.

Accessed January 9, 2025. https://www.goodkyung.com/news/articleView.html?idxno=223401

질병관리청. 식이보충제 복용 현황. 국민건강통계플러스. 2024;2022(5). Accessed July 19, 2025. https://knhanes.kdca.go.kr/knhanes/postSendPage.do?url=/archive/wsiNationHealthStatsPlus.do&postparam=%7B%22menuId%22:%2210041002%22%7D

질병관리청. 제9기 2차년도(2023) 국민건강영양조사 결과발표회. Published 2024. Accessed July 19, 2025. https://knhanes.kdca.go.kr/knhanes/archive/wsiRsltPrsntnDataDtl.do

학교급식 실시 현황. 학교급식 실시 현황. 지표누리 e-나라지표. Published July 29, 2024. Accessed January 9, 2025. https://www.index.go.kr/unity/potal/main/EachDtlPageDetail.do?idx_cd=1543

한국건강증진개발원, 양윤희, 이예란. HP2030 팩트시트. 한국건강증진개발원; 2022. Accessed July 19, 2025. https://www.khepi.or.kr/board/view?pageNum=6&rowCnt=8&no1=3&linkId=1005993

한국건강증진개발원. 제3차 국민영양관리기본계획. 보건복지부; 2022. Accessed July 19, 2025. https://www.mohw.go.kr/board.es?mid=a10107010100&bid=0046&act=view&list_no=372341

한국농수산식품유통공사. 2023 음료류 - 가공식품 세분시장 현황 보고서: 탄산음료 시장 및 제로 탄산음료 동향. 식품산업통계정보(FIS); 2023. Accessed July 19, 2025. https://www.atfis.or.kr/home/board/FB0002.do?act=read&bpoId=4879

한국농수산식품유통공사. 간편조리세트(밀키트) 2023 가공식품 세분시장 현황. 농림수산식품부; 2023. Accessed July 19, 2025. https://www.atfis.or.kr/home/board/FB0027.do?act=read&bpoId=4819

한국농촌경제연구원, 이계임 외. 2023 식품소비행태조사 기초분석보고서. 한국농촌경제연구원; 2023. Accessed July 19, 2025. https://repository.krei.re.kr/handle/2018.oak/31053

한국농촌경제연구원. 대체육의 기회와 과제. 이두영. 한국농촌경제연구원; 2023. Accessed July 19, 2025. https://repository.krei.re.kr/handle/2018.oak/29943

한국농촌경제연구원, 홍연아 외. 푸드테크 산업의 혁신 트렌드와 미래전망. 한국농촌경제연구원; 2023. Accessed July 19, 2025. https://www.krei.re.kr/krei/page/53?cmd=view&biblioId=532761&pageIn-

dex=1

행정안전부, 식품의약품안전처. 전국집단급식소표준데이터[Data set]. 공공데이터포털; 2024. Accessed July 19, 2025. https://www.data.go.kr/data/15096971/standard.do

4장

김정순. 역학원론. 개정판. 신광출판사. 2011.

안윤옥, 유근영, 박병주, 김동현, 배종면, 강대희, 신명희, 이무송. 역학의 원리와 응용. 개정판. 서울대학교출판문화원. 2013.

이복희 외. 영양판정. 7판. 라이프사이언스. 2021.

Willett W 저. 한국역학회 영양역학연구회 역. 영양역학. 교문사. 2013.

Adolph TE, Tilg H. Western diets and chronic diseases. Nat Med. 2024;30(8):2133-2147. https://doi.org/10.1038/s41591-024-03165-6

Carroll KK. Experimental evidence of dietary factors and hormone-dependent cancers. Cancer Res. 1975;35(11 Pt 2):3374-3383.

Celentano DD, Szklo M, Farag Y. Gordis Epidemiology. 7th ed. Elsevier. 2023.

Clinton SK, Giovannucci EL, Hursting SD. The World Cancer Research Fund/American Institute for Cancer Research Third Expert Report on Diet, Nutrition, Physical Activity, and Cancer: Impact and future directions. J Nutr. 2020;150(4):663-671. https://doi.org/10.1093/jn/nxz268

Framingham Heart Study. Framingham Heart Study. Accessed March 25, 2025. https://www.framinghamheartstudy.org

Ganbat K, Nasan Ulzii B, Shin S. Association between plant-based diets and the risk of coronary heart disease predicted using the Framingham Risk Score in Korean men: Data from the HEXA cohort study. Epidemiol Health. 2024;46:e2024035. https://doi.org/10.4178/epih.e2024035

Greenberg RS, Daniels SR, Flanders WD. Medical Epidemiology. 3rd ed. McGraw-Hill. 2005.

Jun S, et al. Association of the inflammatory balance of diet and lifestyle with colorectal cancer among Korean adults: A case-control study. Epidemiol Health. 2022;44:e2022084. https://doi.org/10.4178/epih.e2022084

Kim SA, et al. Effect of a balanced Korean diet on metabolic risk factors among overweight/obese Korean adults: A randomized controlled trial. Eur J Nutr. 2020;59(7):3023-3035. https://doi.org/10.1007/s00394-019-02141-y

Lane MM, et al. Ultra-processed food exposure and adverse health outcomes: Umbrella review of epidemiological meta-analyses. BMJ. 2024;384:e077310. https://doi.org/10.1136/bmj-2023-077310

Menotti A, Puddu PE. How the Seven Countries Study contributed to the definition and development of the Mediterranean diet concept: A 50-year journey. Nutr Metab Cardiovasc Dis. 2015;25(3):245-252. https://doi.org/10.1016/j.numecd.2014.12.001

Shin S, et al. Association of food groups and dietary pattern with breast cancer risk: A systematic review and meta-analysis. Clin Nutr. 2023;42(3):282-297. https://doi.org/10.1016/j.clnu.2023.01.003

Tan LJ, Hwang SB, Shin S. The longitudinal effect of ultra-processed food on the development of dyslipidemia/obesity as assessed by the NOVA system and Food Compass Score. Mol Nutr Food Res. 2023;67(20):e2300003. https://doi.org/10.1002/mnfr.202300003

Willett W, et al. Food in the Anthropocene: The EAT-Lancet Commission on healthy diets from sustainable food systems. Lancet. 2019;393(10170):447-492. https://doi.org/10.1016/S0140-6736(18)31788-4

5장

교육부, 질병관리청. 제1차(2005)~제20차(2024) 청소년건강행태조사 원시자료 이용지침서. 질병관리청 만성질환관리국 건강영양조사분석과. 2024.

국립보건연구원. 한국인유전체역학조사사업. Accessed March 26, 2025. https://www.nih.go.kr/ko/main/contents.do?menuNo=300563

농촌진흥청 국립식량과학원. 국가표준식품성분 DB 10.2. Accessed March 26, 2025. https://koreanfood.rda.go.kr/kfi/fct/fctFoodSrch/list?menuId=PS03563

보건복지부, 대한영양사협회. 2021 한국인을 위한 9가지 식생활 지침. Accessed March 26, 2025. https://www.dietitian.or.kr/index.do

보건복지부. 2020 한국인 영양소 섭취기준 - 무기질. 보건복지부. 2020.

보건복지부. 2020 한국인 영양소 섭취기준 - 비타민. 보건복지부. 2020.

보건복지부. 2020 한국인 영양소 섭취기준 - 에너지와 다량영양소. 보건복지부. 2020.

보건복지부. 2020 한국인 영양소 섭취기준 활용. 보건복지부. 2022.

보건의료연구자원정보센터. 보건의료연구자원정보센터 홈페이지. Accessed March 26, 2025. https://coda.nih.go.kr/frt/index.do

식품의약품안전처. 식품영양성분 데이터베이스. Accessed March 26, 2025. https://various.foodsafetykorea.go.kr/nutrient/

질병관리청. 2023 국민건강통계. 질병관리청 만성질환관리국 건강영양조사분석과. 2024.

질병관리청. 국민건강영양조사 제9기 1·2차년도(2022-2023) 원시자료 이용지침서. 2024.

질병관리청. 국민건강영양조사 홈페이지. Accessed March 26, 2025. https://knhanes.kdca.go.kr/knhanes/main.do

질병관리청. 지역사회건강조사 2024년 원시자료 이용지침서. 질병관리청 만성질환관리과. 2025.

질병관리청. 지역사회건강조사. Accessed March 26, 2025. https://chs.kdca.go.kr/chs/index.do

질병관리청. 청소년건강행태조사. Accessed March 26, 2025. https://www.kdca.go.kr/yhs

질병관리청. 한국인유전체역학조사사업 식품섭취빈도조사 활용지침서. 국립보건연구원. 2019.

Centers for Disease Control and Prevention(CDC). KNHANES: Korea National Health and Nutrition Examination Survey. Accessed March 26, 2025. https://knhanes.kdca.go.kr/knhanes/main.do

European Food Information Resource(EuroFIR). FoodEXplorer. Accessed March 26, 2025. https://www.eurofir.org

Food and Agriculture Organization of the United Nations(FAO). FAO/INFOODS Global Food Composition Database. Accessed March 26, 2025. https://www.fao.org/infoods/infoods/en/

Ministry of Education, Culture, Sports, Science and Technology(MEXT). Standard Tables of Food Composition in Japan(STFCJ). Accessed March 26, 2025. https://fooddb.mext.go.jp

Public Health England. McCance & Widdowson's Composition of Foods. Accessed March 26, 2025. https://www.gov.uk/government/publications/composition-of-foods-integrated-dataset-cofid

United States Department of Agriculture(USDA). FoodData Central. Accessed March 26, 2025. https://fdc.nal.usda.gov

6장

박재은, 정슬기, 서진환. 여자청소년의 음주의도에 관한 연구: 계획된 행동이론(Theory of Planned Behavior)의 적용. 학교사회복지. 2012;23:71-99.

질병관리청. 아침식사 결식률 추이, 2013-2022년. 주간 건강과 질병. 2024;17(2):72-73.

Bandura A. Social Foundations of Thought and Action. Prentice-Hall. 1986.

Becker MH, Maiman LA. Sociobehavioral determinants of compliance with health and medical care recommendations. Med Care. 1975;134(1):10-24.

Eldredge LKB, Markham CM, Ruiter RA, Fernández ME, Kok G, Parcel GS. Planning Health Promotion Programs: An Intervention Mapping Approach. John Wiley & Sons. 2016.

Fielding JE. Health Program Planning, Implementation, and Evaluation: Creating Behavioral, Environmental, and Policy Change. JHU Press. 2022.

Fried EI. Theories and models: What they are, what they are for, and what they are about. Psychol Inq. 2020;31(4):336-344.

Rogers EM. Diffusion of Innovations. 5th ed. Free Press. 2003.

Sandoval B, Karpyn A, Aquilante J. Philadelphia's Healthy Corner Store Initiative. The Food Trust. 2012.

US Department of Health and Human Services. Theory at a Glance: A Guide for Health Promotion Practice. 2018.

7장

서울대학교 보건대학원. 외식산업 건강증진사업 개발을 위한 실태조사 및 역량평가. 2007.

유승현, 김혜경. 건강증진 기획모형의 중재기획 단계 비교: PRECEDE-PROCEED와 Intervention Mapping. 보건교육건강증진학회지. 2010;27(2):141-149.

정영일, 윤병준, 박나영, 손창우, 윤난희, 황종남. 보건프로그램 개발 및 평가. 한국방송통신대학교. 2021.

정효지, 김복희, 송윤주, 이정은. 보건영양학. 한국영양학회. 2013.

한국영양학회. "한국인을 위한 식생활지침 제/개정 연구 및 가이드북 개발에 관한 연구" 결과보고서. 2012.

홍경의, 정효지. 서울시 외식경영자의 건강식당사업 참여의지. 한국영양학회지. 2009;42(3):268-277.

Arshad A, Shaheen F, Safdar W, et al. A PRECEDE-PROCEED model-based educational intervention to promote healthy eating habits in middle school girls. Food Sci Nutr. 2022;11(3):1318-1327.

Boyle MA. Community Nutrition in Action. 8th ed. Cengage. 2022.

Green L, Kreuter M. Health Program Planning: An Educational and Ecological Approach. McGraw Hill. 2005.

Hughes R, Margetts BM. Practical Public Health Nutrition. Wiley-Blackwell. 2011.

NACCHO. Guide to Prioritization Techniques. 2020.

Neiger BL, Thackeray R, Fagen MC. Basic Priority Rating Model 2.0: Current applications for priority setting in health promotion practice. Health Promot Pract. 2011;12:166-171.

Zenk SN, Schulz AJ, Hollis-Neely T, et al. Fruit and vegetable intake in African Americans: Income and store characteristics. Am J Prev Med. 2005;29(1):1-9.

8장

대한민국정책브리핑. 3월 31일 삼삼한 데이. Published 2025. Accessed July 19, 2025. https://www.korea.kr/multi/visualNewsView.do?newsId=148941159

정효지, 김복희, 송윤주, 이정은. 보건영양학. 양서원. 2013.

질병관리청. 제20차(2024년) 청소년건강행태조사 통계. 2024.

한국건강증진개발원. 2024년 지역사회통합건강증진사업 우수사례. 2024.

한국건강증진개발원. 2025년 지역사회 통합건강증진사업 안내. 2025.

Boyle MA. Community Nutrition in Action. 8th ed. Cengage. 2022.

Glasgow RE, Estabrooks PE. Pragmatic applications of RE-AIM for health care initiatives in community and clinical settings. Prev Chronic Dis. 2018;15:E02.

Glasgow RE, Harden SM, Gaglio B, et al. RE-AIM planning and evaluation framework: Adapting to new science and practice with a 20-year review. Front Public Health. 2019;7:64.

Hughes R, Margetts BM. Practical Public Health Nutrition. Wiley-Blackwell. 2011.

Ory MG, Altpeter M, Belza B, et al. Perceived utility of the RE-AIM framework for health promotion/disease prevention initiatives for older adults: A case study from the U.S. Evidence-Based Disease Prevention Initiative. Front Public Health. 2015;2:143.

World Health Organization. Logic Model for Micronutrient Interventions in Public Health: Vitamin and Mineral Nutrition Information System. 2016.

9장

이주열. 보건프로그램 개발 및 평가. 5판. 계축문화사. 2021.

American Marketing Association. What is marketing? Accessed March 26, 2025. https://www.ama.org/the-definition-of-marketing-what-is-marketing

Cooper J, Murphy J, Woods C, et al. Barriers and facilitators to implementing community-based physical activity interventions: A qualitative systematic review. Int J Behav Nutr Phys Act. 2021;18:118.

Durlak JA. Studying program implementation is not easy but it is essential. Prev Sci. 2015;16:1123-1127.

Durlak JA, DuPre EP. Implementation matters: A review of research on the influence of implementation on program outcomes and the factors affecting implementation. Am J Community Psychol. 2008;41:327-350.

Eldredge LKB, Markham CM, Ruiter RA, Fernández ME, Kok G, Parcel GS. Planning Health Promotion Programs: An Intervention Mapping Approach. 4th ed. John Wiley & Sons. 2016.

Fernandez ME, Damschroder L, Balasubramanian B. Understanding barriers and facilitators for implementation across settings. In: Weiner BJ, Lewis CC, Sherr K, eds. Practical Implementation Science: Moving Evidence Into Action. Springer Publishing. 2022. https://doi.org/10.1891/9780826186935

Mathieson A, Grande G, Luker K. Strategies, facilitators and barriers to implementation of evidence-based practice in community nursing: A systematic mixed-studies review and qualitative synthesis. Prim Health Care Res Dev. 2019;20:e6.

Parcel GS. Diffusion research: The smart choices project. Health Educ Res. 1995;10(3):279-281.

Saunders RP. Implementation Monitoring and Process Evaluation. Sage Publications. 2015.

10장

이주열. 보건프로그램 개발 및 평가. 5판. 계축문화사. 2021.

American Evaluation Association. What is evaluation? Accessed March 26, 2025. https://www.eval.org/Portals/0/What%20is%20evaluation%20Document.pdf

Baek Y, Fisher J, Tran T, et al. Economic returns on investing in early childhood development in Vietnam: A cost-benefit analysis. BMC Health Serv Res. 2025;25:384. https://doi.org/10.1186/s12913-025-11115-1

Centers for Disease Control and Prevention. CDC approach to program evaluation. Accessed March 26, 2025. https://www.cdc.gov/evaluation/php/about/index.html

Chen HT. Practical Program Evaluation: Theory-Driven Evaluation and the Integrated Evaluation Perspective. 2nd ed. Sage Publications. 2014.

Mathison S. Encyclopedia of Evaluation. Sage Publications. 2004.

Public Health Accreditation Board. The 10 essential public health services. Published 2020. Accessed March 26, 2025. https://phaboard.org/wp-content/uploads/EPHS-English.pdf

Saunders RP, Evans MH, Joshi P. Developing a process-evaluation plan for assessing health promotion program implementation: A how-to guide. Health Promot Pract. 2005;6(2):134-147. https://doi.org/10.1177/1524839904273387

Shadish WR, Cook TD, Campbell DT. Experimental and Quasi-Experimental Designs for Generalized Causal Inference. 2nd ed. Cengage Learning. 2001.

11장

농촌진흥청. 국가표준식품성분표. Accessed April 1, 2025. https://koreanfood.rda.go.kr

법제처. 국가법령정보센터. Accessed April 1, 2025. https://www.law.go.kr

보건복지부, 한국건강증진개발원. 제5차 국민건강증진종합계획(Health Plan 2030, 2021~2030). 2020.

보건복지부. 제3차 국민영양관리기본계획(2022~2026년). 보건복지부. 2022.

식품의약품안전처. 고열량·저영양 식품개요. Accessed April 1, 2025. https://www.foodsafetykorea.go.kr/hilow/content/view.do?contentKey=1&menuKey=1

식품의약품안전처. 식품 중 위해가능 영양성분 저감화 연구 - 트랜스지방, 당, 나트륨 중심으로. Published 2010. Accessed July 19, 2025. https://scienceon.kisti.re.kr/srch/selectPORSrchReport.do?cn=TRKO201200006792

식품의약품안전처. 식품안전나라 가공식품 영양표시. Published 2020. Accessed July 19, 2025. https://www.foodsafetykorea.go.kr/portal/board/boardDetail.do?menu_no=3714&bbs_no=bbs420&ntctxt_no=1069325&menu_grp=MENU_NEW03

식품의약품안전처. 한눈에 보는 영양표시 가이드라인_민원안내서(2023.2). 2023.

정효지, 김복희, 송윤주, 이정은. 보건영양학. 양서원. 2013.

정효지, 이경무. 보건영양. 한국방송통신대학교출판문화원. 2014.

질병관리청. 2023 국민건강통계, 국민건강영양조사 제9기 2차년도(2023). 2023.

질병관리청. 국가건강정보포털. Accessed April 1, 2025. https://health.kdca.go.kr/healthinfo/biz/health/gnrlzHealthInfo/gnrlzHealthInfo/gnrlzHealthInfoView.do?cntnts_sn=5346

Bengoa JM, Rueda-Williamson R. Planning and organization of a national food and nutrition policy.

In: Nutrition in Preventive Medicine. 1976.

Centers for Disease Control and Prevention(CDC). Updated estimates of neural tube defects prevented by mandatory folic acid fortification — United States, 1995-2011. MMWR Morb Mortal Wkly Rep. 2015;64(1):1-5. Accessed July 19, 2025. http://www.cdc.gov/mmwr/preview/mmwrhtml/mm6401a2.htm?s_cid=mm6401a2_w

Crider KS, Bailey LB, Berry RJ. Folic acid food fortification—its history, effect, concerns, and future directions. Nutrients. 2011;3(3):370-384. https://doi.org/10.3390/nu3030370

Food and Agriculture Organization (FAO). Formulation of food and nutrition policies. FAO Nutr Newsl. 1972;10:1-13.

Genesee County Health Department. A Model Process for Enhancing the Health of Community. Published 2008. Accessed July 22, 2013. http://www.gchd.us/ReportAndData/ClioModelPlanningProcess/default.asp

Junod SW. Folic acid fortification: Fact and folly. Published 2001. Accessed July 19, 2025. https://www.fda.gov/files/about%20fda/published/Folic-Acid-Fortification%E2%80%94Fact-and-Folly.pdf

Margetts B. An overview of public health nutrition. In: Gibney MJ, Margetts BM, Kearney MJ, Arabob L, eds. Public Health Nutrition. Blackwell. 2004.

World Health Organization(WHO). The First Action Plan for Food and Nutrition Policy for the WHO European Region(2000-2005). 2001.

12장

강희정, 윤강재, 이재은, 고제이, 김수경, 문석준, 홍재석, 김승욱, Arbanas JC, Damberg CL, 오인숙. 한국의료시스템의 혁신 성과 평가(8년차): 일차의료 만성질환 관리의 혁신 성과와 과제. 보건사회연구원. 2023.
건강보험심사평가원. 건강보험심사평가원 홈페이지. Accessed April 1, 2025. https://www.hira.or.kr
보건복지부, 질병관리청, 한국건강증진개발원, 국민건강보험, 건강보험심사평가원. 일차의료 만성질환 관리 시범사업 지침. 2024.
보건복지부, 한국건강증진개발원. 2023년 영양플러스사업 성과자료집. 2024.
보건복지부. 2025년 지역사회 통합 건강증진 사업 안내(영양). 보건복지부. 2025.
보건복지부. 2025년 지역사회 통합 건강증진 사업 안내_모바일 헬스케어. 보건복지부. 2025.
보건복지부. 2025년 지역사회 통합건강증진사업 안내_방문건강관리(AI · IoT 기반 어르신 건강관리사업). 보건복지부. 2025.
보건복지부. 보도자료. Published September 29, 2024. Accessed April 1, 2025. https://www.mohw.go.kr/board.es?mid=a10503000000&bid=0027&list_no=1483237&act=view
송은주, 김영은, 지선미. 일차의료 만성질환 관리 시범사업 소개 및 효과. Korean J Med. 2021;96(1):7-12.
질병관리청. 2023 국민건강통계: 국민건강영양조사 제9기 2차년도(2023). 2023.
질병관리청. 국민건강영양조사 2023년 결과발표[보도자료]. Published December 3, 2024.
한국건강증진개발원. AI · IoT기반 어르신 건강관리사업. Accessed April 1, 2025. https://www.khepi.or.kr/board?menuId=MENU01692&siteId=null-
한국건강증진개발원. 보건소 방문건강관리 통합서비스 사업. Accessed April 1, 2025. https://www.khepi.or.kr/board?menuId=MENU01691&siteId=null-
한국건강증진개발원. 2024년 보건소 모바일 헬스케어사업 운영매뉴얼. 2024.
한국건강증진개발원. 일차의료만성질환관리사업. Accessed Aprㅍil 1, 2025. https://www.khepi.or.kr/ncd
Genesee County Health Department. A Model Process for Enhancing the Health of Community.

Published 2008. Accessed July 22, 2013. http://www.gchd.us/ReportAndData/ClioModelPlanningProcess/default.asp

Natural Alternative Health and Wellbeing. Accessed April 1, 2025. https://www.natural-alternative.co.uk

13장

세계식량계획(WFP). Accessed July 19, 2025. http://ko.wfp.org

세이브더칠드런(Save the Children). Accessed July 19, 2025. https://www.sc.or.kr/intro/history.do

월드비전(World Vision). Accessed July 19, 2025. http://www.worldvision.or.kr

위드(WITH). Accessed July 19, 2025. https://www.iwith.or.kr

유니세프 한국위원회. Accessed July 19, 2025. https://www.unicef.or.kr

유엔식량농업기구 한국협회(FAO Korea). Accessed July 19, 2025. http://www.fao.or.kr

통계청 KOSIS. 지속가능발전목표(SDGs) 지표 2번: 기아 종식. Accessed July 19, 2025. https://www.index.go.kr/unity/potal/sdg/2/SDGIndicator.do

한국국제협력단(KOICA). Accessed July 19, 2025. https://www.koica.go.kr/sites/koica_kr/index.do

Food and Agriculture Organization(FAO), International Fund for Agricultural Development(IFAD), United Nations Children's Fund(UNICEF), World Food Programme(WFP), World Health Organization(WHO). The State of Food Security and Nutrition in the World 2024 - Financing to End Hunger, Food Insecurity and Malnutrition in All Its Forms. Rome; 2024.

Food and Agriculture Organization(FAO), World Health Organization(WHO). Sustainable Healthy Diets: Guiding Principles. 2019.

Food and Agriculture Organization(FAO). Hunger. Accessed July 19, 2025. https://www.fao.org/hunger/en

Food and Agriculture Organization(FAO). Plates, Pyramids and Planets: Developments in National Healthy and Sustainable Dietary Guidelines - A State of Play Assessment. 2016.

Food and Agriculture Organization(FAO). Sustainable dietary guidelines. Accessed July 19, 2025. https://www.fao.org/nutrition/education/dietary-guidelines/background/sustainable-dietary-guidelines/en/

Kelly FC, Snedden WW. Prevalence and Geographical Distribution of Endemic Goiter. Monograph Series: World Health Organization. Geneva: World Health Organization; 1960.

UN SDGs 협회. Accessed July 19, 2025. https://asdun.org

UNICEF. Iodine deficiency. Accessed July 19, 2025. https://data.unicef.org/topic/nutrition/iodine/

UNICEF. Vitamin A deficiency. Accessed July 19, 2025. https://data.unicef.org/topic/nutrition/vitamin-a-deficiency

World Health Organization(WHO). Ambition and Action in Nutrition 2016-2025. 2017.

World Health Organization(WHO). Department of Nutrition and Food Safety Key Achievements. 2023.

World Health Organization(WHO). Malnutrition fact sheet. Accessed July 19, 2025. https://www.who.int/news-room/fact-sheets/detail/malnutrition

World Health Organization(WHO). Prevalence of anaemia in children under 5 years. Accessed July 19, 2025. https://www.who.int/data/gho/data/indicators/indicator-details/GHO/prevalence-of-anaemia-in-children-under-5-years-(-)

World Health Organization(WHO). Vitamin A supplementation in children 6-59 months of age. Accessed July 19, 2025. https://www.who.int/tools/elena/interventions/vitamina-children

찾아보기

저자 소개

정효지
서울대학교 가정대학 식품영양학과 학사
서울대학교 보건대학원 보건학 석사
오하이오주립대학 인체영양 및 식생활관리 박사
현 서울대학교 보건대학원 보건학과 교수

위경애
서울대학교 생활과학대학 식품영양학과 학사
서울대학교 보건대학원 보건학 석사
서울대학교 보건대학원 보건학 박사
현 국립암센터 임상영양실 임상영양사

신상아
서울대학교 생활과학대학 식품영양학과 학사
서울대학교 보건대학원 보건학 석사
서울대학교 보건대학원 보건학 박사
현 중앙대학교 생명공학대학 식품영양학과 교수

최슬기
서울대학교 생활과학대학 식품영양학과 학사
서울대학교 보건대학원 보건학 석사
사우스캐롤라이나대학교 보건대학원 보건학 박사
현 서울시립대학교 도시보건대학원 교수

전신영
서울대학교 생활과학대학 식품영양학과 학사
서울대학교 보건대학원 보건학 석사
퍼듀대학교 영양학 및 노인학 박사
현 순천향대학교 자연과학대학 식품영양학과 교수

하경호
경희대학교 생활과학대학 식품영양학과 학사
서울대학교 보건대학원 보건학 석사
서울대학교 보건대학원 보건학 박사
현 제주대학교 자연과학대학 식품영양학과 교수